森林可燃物生态调控与分区管理

王明玉 舒立福 等◎著

中国林業出版社
CFPH China Forestry Publishing House

图书在版编目(CIP)数据

森林可燃物生态调控与分区管理 / 王明玉等著. —北京：中国林业出版社，2024. 6
ISBN 978-7-5219-2110-6

Ⅰ. ①森… Ⅱ. ①王… Ⅲ. ①森林防火-研究 Ⅳ. ①S762. 3

中国国家版本馆 CIP 数据核字(2023)第 004035 号

著者名单

王明玉　舒立福　田晓瑞　司莉青
赵凤君　李伟克　何　诚

责任编辑：肖　静
封面设计：时代澄宇

出版发行：中国林业出版社
（100009，北京市西城区刘海胡同 7 号，电话 83223120）
电子邮箱：cfphzbs@163. com
网址：https：//www. cfph. net/
印刷：河北京平诚乾印刷有限公司
版次：2024 年 6 月第 1 版
印次：2024 年 6 月第 1 次
开本：787mm×1092mm　1/16
印张：15. 5
插页：8
字数：345 千字
定价：79. 00 元

前 言

森林可燃物研究是进行火行为分析和防火林带规划的前提，森林可燃物是森林燃烧的基本条件。在3.5亿~4亿年前，地球上就具备了发生森林火灾的条件。近年来，世界气候异常，气温升高，包括中国在内，全球正在经历一次大的以气候变暖为特征的气候变化过程。天气异常与森林可燃物变化相结合，森林火灾发生危险性有增加的趋势。生物防火林带可以对森林火灾的蔓延进行有效阻隔，是预防大面积森林火灾发生的重要措施之一。可燃物和火行为特征是其中最关键的两个因素。森林火灾的发生和蔓延与可燃物尺寸、结构、组成、理化燃烧特性、载量、含水率等密切相关。可燃物的空间分布特征与森林火灾行为特征密切相关，包括可燃物的水平分布和垂直分布，以及不同空间分布下的载量分布，对于火行为的强度和燃烧类型均有不同程度的影响。对可燃物的研究涉及可燃物的理化性质、可燃物的含水率、可燃物分类、可燃物载量估算等多个方面，可以采用遥感、立地调查，模型分析、实验分析等研究方法。林火行为是指森林可燃物在点燃后所产生的火焰和火蔓延以及发展过程的特征，亦即是林火发生、发展，直至熄灭的全过程中着火、蔓延、能量释放、火强度、火灾种类等特征的综合。对火行为的描述可以通过野外火烧试验、室内试验、模型模拟、遥感分析等方法，基于不同的尺度和不同的研究目的可以采用不同的研究方法。

生物防火林带的研究一直受到国内外研究者的重视。热带、亚热带地区防火林带一般建在山脊、山冲，多以水相隔。无河流地域山冲林地潮湿肥沃，自然分布常绿阔叶林，只需略加改造，即可形成较为规范的防火林带。对于重山叠岭，在主山脊营造防火主林带，在小山脊、山坡及林道处营建副林带。在林地和农田交界处设置田边防火林带，防止农事用火引起的火灾；在居民区和场界也要设置林带。根据实际情况可以设置多级网络，进行多重防火。一般认为，山脊防火带的阻火效能最好，这是因为山脊的特殊空气动力和热辐散综合作用的结果，山脊防火林带能有效阻止火星传播，阻止飞火的发生。

生物防火林带是景观尺度的可燃物管理措施之一，尽管对于生物防火林带的空间布局还没有统一的标准，但是生物防火林带总是要与当地的火发生状况相联系的，要在考虑火发生状况的背景下综合考虑可燃物、地形、气象等因素。因此，调查现有的自然条件、火源情况等，科学地评价现有防火设施，在对不同森林类型的燃烧性能进行评价的基础上，要充分利用乡土树种，充分利用农田、水渠、河流、水库、公路、铁路等作为天然屏障。在规划生物防火林带时，应充分利用防火林带，如加宽、改造，使之与生物林带接合，形成完整的闭合网络。这样既可减少成本，又可起阻隔林火的作用。

本书综合考虑可燃物、地形、气象等因素，在地理信息系统(GIS)平台上对生物防火林带的空间格局进行优化布置。分析不同可燃物的空间分布特征，并根据历史气数据，分析得到当地的主风向及平均最大风速，在此背景下结合地形数据对风场进行模拟，进而计算地表火和树冠火的潜在火行为特征，通过对潜在火行为相关特征的计算，对防火林带规划提供量化的指标，对防火林带宽度和防火林带管理等提出相应技术标准，对可燃物管理、扑火安全防范也有借鉴意义。

本书得到国家重点研发计划项目(2023YFD2202000)、中央级公益性科研院所基本科研业务费专项资金(CAFYBB2021ZB001)和森林雷击火防控“揭榜挂帅”项目(2023132032)等项目资助。对在本书写作过程中提供帮助的单位和个人表示感谢。

由于时间仓促、作者水平有限，书中难免有诸多缺点、不足，甚至错误，恳请读者批评指正。

著者

2024 年 3 月于北京

目 录

第1章 华北地区可燃物特点和防火林地规划

1.1 华北地区森林可燃物分类研究——以北京市为例

近年来，野火成为一种严重威胁生态环境和资源的重要灾害。解决这一问题，首先需要了解可燃物状况。可燃物类型是描述可燃物状态的基本概念，通常用于森林火险等级系统火行为模型的基本输入因子。可燃物类型是一组易于识别的不同可燃物种类、形状、大小、排列或其他特征的可燃物要素组合，用来预测在一定天气条件下火烧蔓延速率和控制火烧的难易程度。具体地说，一种可燃物类型就是一个可燃物复合体，具有充分的同质性并且具有足够大的面积可以维持稳定的火行为。可燃物类型和地形、小气候条件一样是制定林火管理计划时需要考虑的最重要因子。可燃物分类是一项很困难和复杂的过程，要求熟悉遥感影像分类、火行为、可燃物模型、生态学和地理信息系统分析等方面的知识，当前还没有一个能为所有用户提供令人满意的结果的分类方法，目前大多采用具有不同光谱信息的航片或卫片进行可燃物分类。

制取可燃物图有4种主要方法：野外踏查、直接制图、间接制图、梯度模型(Keane，2001)。可燃物状况会随着时间发生变化，这就要求进行大量的野外调查对可燃物图进行更新，否则就限制了它的实用性。卫星遥感技术是获得可燃物数据的一个重要方法，与传统的航空遥感或野外调查方法相比经济成本大大降低，覆盖的空间面积大，并且有高的时间分辨率，可以及时更新可燃物图(Oswald，1999)。另外，卫星传感器提供的数字信息可以容易地用于GIS分析，可以快速输入火行为和火增长模型中。应用遥感数据进行植被分类和制图正在成为可燃物评估的基本方法。

本文的目的是以北京市为例，利用北京市土地利用图和Landsat TM影像，采用监督分类方法对植被进行分类，划分可燃物类型，制得可燃物分布图，用于北京市的森林火险等级预报，这也是未来发展森林火险等级系统和火行为预报系统的基础。

1.1.1 研究地区概况和研究方法

1.1.1.1 研究地区概况

北京市位于华北平原的西北端，地理坐标为东经115°20′~117°30′，北纬39°28′~41°05′，总面积16807km^2。北京市周围山系属燕山和太行山两个山系，山区占总面积的62%。地势是西北高，东南低。一般山区高为海拔500~800m；丘陵区为海拔200~300m。北京市有森林面积 69.53 万 hm^2，地带性植被为暖温带落叶阔叶和常绿针叶林。该地区的原始森林植被基本被破坏殆尽，经过近 50 年的封山育林和大力植树造林，植被得到了更新和恢复，形成了针、阔叶人工林与大量天然次生植被类型镶嵌状分布。自然植被多为松栎林、杨桦林或灌丛草本群落。森林植被的特点是天然次生林和人工林多，防护林多，中幼林比重大。北京的气候属暖温带半湿润大陆性季风气候，气候特点是冬季寒冷干燥，夏季炎热多雨，春季干旱多风。因此，每年的 10 月到翌年的 5 月底是防火期。林火主要是人为引起的，火灾类型主要是地表火。林火多发生在近山、浅山地区。

1.1.1.2 研究方法

采用的数据有 1∶10 万北京市土地利用图、Landsat TM 影像(2000 年 4 月 30 日)和森林资源清查数据。数据处理主要有以下几个步骤：对卫星图像进行过地面和几何校正；利用土地利用图划分城市与居民区、农田、灌木、森林、草地、水和其他用地；根据研究地区森林的燃烧特点，把森林划分为针叶林、阔叶林和针阔混交林 3 类；根据可燃物的分类，制取可燃物图。图像分类过程如图 1-1 所示。

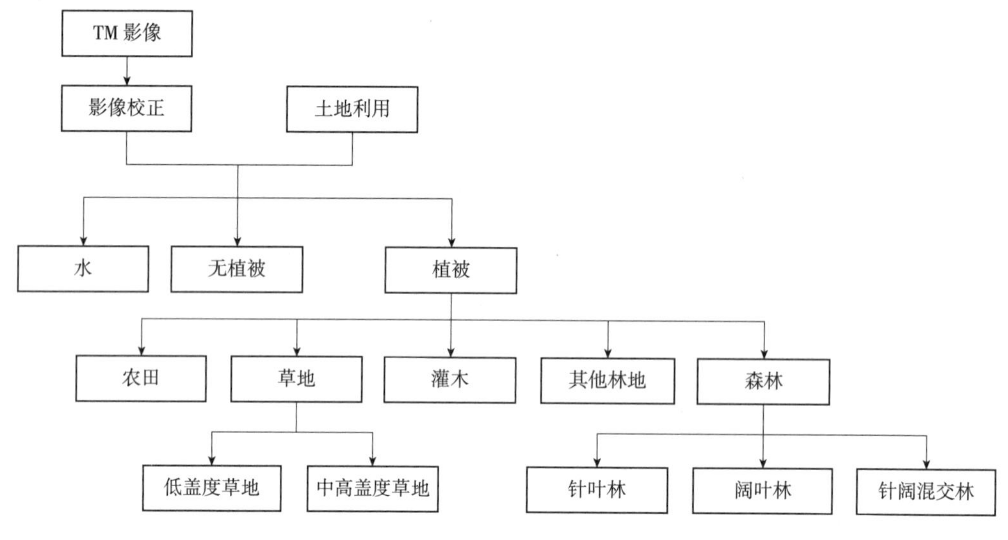

图 1-1 图像分类过程

1.1.2 结果分析

1.1.2.1 可燃物分布图

从土地利用图和卫星影像不能分辨出具体的树种，考虑到北京地区的森林类型和火行为特征相对比较简单，所以，根据现有资料只把森林划分成针叶林、针阔混交林和阔叶林 3 个可燃物类型。将郁闭度>40%、高度在 2m 以下的矮林地和灌丛林地划为 S-1，根据盖度把草地划分成 O_1(覆盖度在 5%～50%)和 O_2(覆盖度>50%)。未成林造林地、迹地、苗圃和疏林地(郁闭度 10%～30%)的可燃物火行为特征与灌丛基本类似，所以定义为S_2。森林的垂直结构对火行为影响很大，梯状可燃物的存在与否能影响地表火是否容易发展成为树冠火。因为根据卫星影像很难区分出林下是否有灌木层，所以详细的可燃物分类还需要大量的地面调查资料。由于火险等级预报主要是根据天气因子进行确定后，再对不同的可燃物类型进行火行为预测，所以，这样的可燃物分类结果能够满足当前火险等级预报的需要。本文具体采用的可燃物分类原则见表 1-1。利用 GIS 对不同的可燃物分类图层进行合并，生成北京市的可燃物分布图，分布结果如图 1-2 所示。

表 1-1 可燃物分类原则

植被类型	分类特征	可燃物类型
草地	覆盖度在 5%~50%的草地，草被较稀疏	O_1
	覆盖度>50%的草地，草被生长茂密	O_2
森林	郁闭度>30%的针叶林	C_1
	郁闭度>30%的阔叶林	B_1
	郁闭度>30%的针阔混交林	M_1
灌木林	郁闭度>40%、高度在 2m 以下的矮林地和灌丛林地	S_1
其他林地	未成林造林地、迹地、苗圃、稀疏矮林和疏林地(郁闭度10%~30%)	S_2

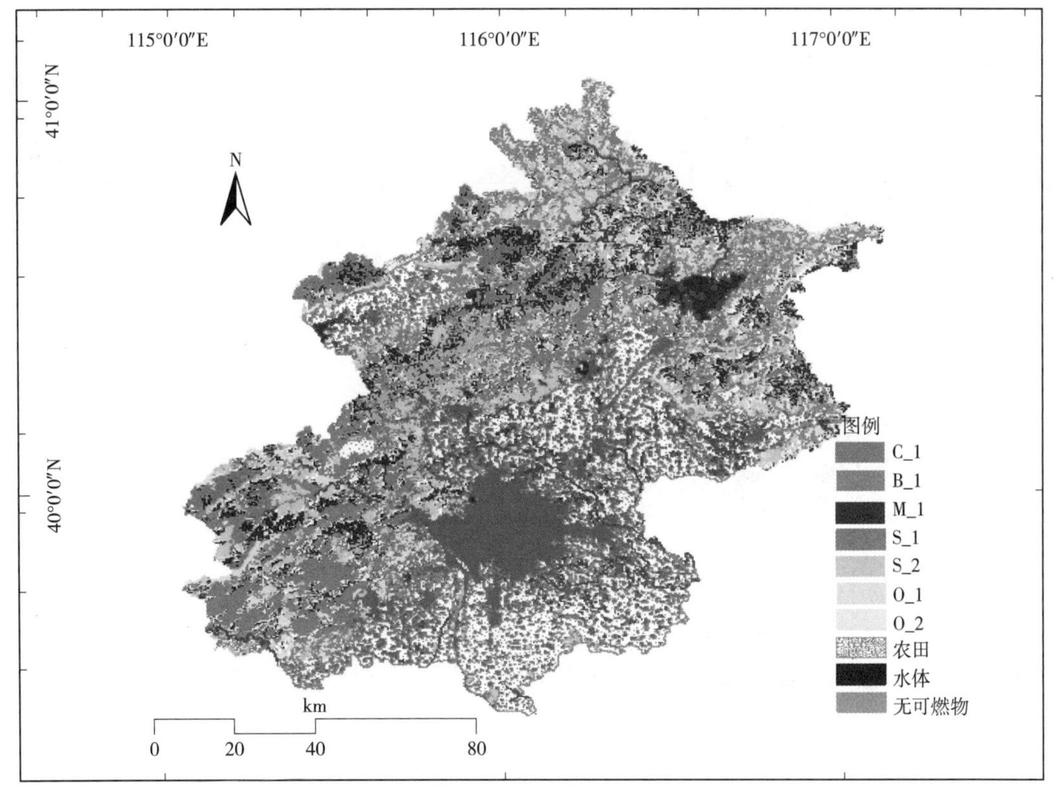

图 1-2 北京市森林可燃物分布

1.1.2.2 各类可燃物的特征描述

根据对各类可燃物类型的地面调查和火行为分析，分别对北京市各类可燃物的特征进行具体描述如下。

(1)O_1 草地(低盖度)和 O_2 草地(高盖度)

这类可燃物类型的特征是主要有草本覆盖，偶尔有灌木或灌丛出现，但不明显影响火行为特征。北京地区的草地主要有白羊草(*Bothriochloa ischaemum*)草丛、野青茅(*Clamagrostis arundianacea*)草甸、大齿山芹—梅花草—日本乱子草(*Ostericum grosseserratum-Parnassia palustris-Muhcenbergia japonica*)草甸、远东芨芨草—红柴胡—拳参(*Achnatherumext remiorientale-Bupleurum scorzonerifolium Polygonum bistorta*)草甸等类型，它们主要分布在沟谷和亚高山部分地段。根据覆盖度的不同将草地划分为 2 类，草本盖度在 5%~50%，植被较稀疏的，被定义为可燃物类型 O_1，草本盖度大于 50%，植被生长茂密的，被定义为 O_2。草本平均高度和疏密度可影响草地的火行为。O_1 的植被稀疏，容易发生地表火，但火烧蔓延速度慢；而 O_2 容易发生连续的地表火烧，火蔓延速度快，火强度低或中等。

(2)C_1 针叶林

针叶林包括寒温性针叶林和温性针叶林，以人工林为主，有部分天然次生林，天然林比较少见。人工针叶林的特征是纯林、林冠郁闭，没有明显的下木层或灌木层。林地覆盖物主要是针叶凋落物，腐殖质层薄(不超过 10cm)。林冠的枝下高度可影响火蔓延速度和树冠火的形成。北京地区常见的针叶林有：华北落叶松(*Larix principis*)人工林，主要分布在山坡上部阴坡或半阴坡；侧柏(*Platycladus orientalis*)林，主要分布在阳坡、半阳坡；油松(*Pinus tabulaeformis*)林，在阴坡、半阴坡有大面积分布。有些早期的人工林，现在呈现为半天然状态。林中乔木层有少量栎树[如，栓皮栎(*Quercus variabilis*)，蒙古栎(*Quercusmongolica*)]，有的林分有明显林下植被，有灌木和草本分布。这些空间可燃物的存在，有利于地表火向树冠火的蔓延。

(3)B_1 阔叶林

这类可燃物的特征是阔叶纯林，常伴有发育良好的灌木层。火烧多发生在春季树木发芽前或秋季阔叶后，以地表火为主，火消耗的可燃物主要是阔叶树凋落物和枯死的草本，在干燥的防火期内林地腐殖质也可能成为有效可燃物。北京地区常见的阔叶林有蒙古栎(*Quercusmongolica*)、栓皮栎(*Quercus variabilis*)、山杨(*Populus davidiana*)、白桦(*Bebula platyphylla*)、北京杨(*Populus×beijingensis*)等天然次生林或人工林。天然次生林多分布在阴坡、半阴坡，林下灌木层以荆条(*Vitex negundo* var. *heterophylla*)、三裂绣线菊(*Spiraea fritschiana*)、多花胡枝子(*Lespedeza floribunda*)等为主，林下草本植物主要有北京隐子草(*Cleistogenes squarrosa*)、半夏(*Pinellia ternata*)、地黄(*Rehmannia glutinosa*)、紫花地丁(*Violae phillica*)、茜草(*Rubiae cordifolia*)、苦荬菜(*Ixeris denticulata*)、南蛇藤(*Celastrus orbiculatus*)等，盖度一般在 70%以上。人工林则主要分布在居民区附近的沟谷，林下灌木和草类较少。

(4)M_1 针阔混交林

这类可燃物以针叶树种和阔叶树种以不同比例混交为特征，主要树种有油松、华北落叶松、蒙古栎、栓皮栎、山杨、白桦等。北京地区的针阔混交林以松栎混交林为主。除了树种组成变化，针阔混交林在结构和发育程度上也有很大变化，但通常分布在立地条件较好的地段。随着季节变化(树木生长期)，林分燃烧性发生变化。夏季，林冠层和林下阔叶树种有叶片，火蔓延速度大大降低，最高的火蔓延速度只发生在春季阔叶树萌芽前或秋季相似的火烧条件下。火烧类型和蔓延速度与针阔叶树种组成比例相关。

(5)S_1 灌木林

这类可燃物的主要特征是郁闭度>40%、高度在2m以下的矮林地和灌丛林地，主要树种有二色胡枝子(*Lespedeza bicolor*)、山杏(*Armenica sibirica*)、榛子(*Corylus chinensis*)、三裂绣线菊、荆条、酸枣(*Ziziphus acidojujuba*)、虎榛子(*Ostryopsis davidiana*)、黄栌(*Cotinus coggygria*)等。火烧多发生在其春季萌芽前或秋季落叶后，有效可燃物主要由地表凋落物和直接暴露在风和阳光下的草本组成，在春季腐殖质层常常因为含水率低而成为有效可燃物。北京地区常见的灌丛有荆条灌丛、绣线菊(*Spiraeat rilobata*)灌丛、照山白(*Rhododendronmicranthum*)灌丛、平榛(*Corylus heterophylla*)灌丛、毛榛(*Corylusmanshurica*)灌丛、胡枝子(*Lespedeza bicolor*)灌丛、大果榆—山杏(*Ulmusmacrocarpa-Armeniaca vulgaris*)灌丛；灌草丛主要有荆条—白羊草群丛、荆条—矮丛苔草+猪毛蒿(*Carex pumila+Artemisia scoparia*)群丛、荆条—北京隐子草群丛、胡枝子+荆条—矮丛苔草群丛、荆条+三裂绣线菊—矮丛苔草群丛等。灌草丛是森林或次生灌丛经反复砍伐后，导致土壤日益贫瘠，生境趋于干旱造成的(李清河等，2002)。灌草丛的枯落物较多，有效可燃物多，容易发生中高强度火烧。

(6)S_2 幼林等

这类可燃物的主要特征是未成林地，郁闭度为10%~30%，主要造林树种是油松、侧柏和少量阔叶树种山杏、黄栌。由于造林整地破坏了原有植被，可燃物的不连续分布是这类可燃物的一个主要特征。地表可燃物载量比S_1的少，主要地表可燃物是灌木(荆条、酸枣、胡枝子等)落叶和草本(白羊草、苔草)，腐殖质层也呈不连续分布。春季和秋季易发生地表火，但蔓延速度和火烧强度比S_1的降低。

1.1.3 结论与讨论

利用土地利用图和TM遥感影像把北京地区的森林可燃物分成7类，即O_1草地(覆盖度在5%~50%)、O_2草地(覆盖度>50%)、S_21灌丛、S_2幼林、C_1针叶林、M_1针阔混交林和B_1阔叶林。由于TM卫星影像分辨率的限制，很难分辨出林分垂直结构的差异。本文的分类结果基本可以满足森林火险等级预报的需要。但对于进行火行为预报来说，这个分类结果还不够详细，特别是对针叶林需要根据林分燃烧性、林分垂直结构及可燃物分布状态进一步分类。

可燃物分类是建立火险等级系统和进行火行为预报的基础，许多国家很早就完成了可燃物分类的工作。例如，加拿大森林火险等级系统(CFFDRS)包括两个主要子系统：加拿大火险天气指标(FWI)系统和加拿大林火行为预报(FBP)系统。FWI只采用了一种可燃物类型进行火险预报，FBP系统包括5组(针叶林，阔叶林，混交林，采伐迹地和草地)共16个可燃物类型。美国的国家火险等级系统采用一系列的可燃物模型来描述可燃物床的特征，作为运行罗森迈尔火蔓延模型的输入因子。可燃物模型把主要的可燃物类型分成4个植被组：草地、灌木、森林和采伐迹地。这4个植被组被进一步细分为20个具体的可燃物模型用于火险等级预测，每个可燃物模型具有不同的参数用于火行为的计算。火行为预测系统对20个可燃物模型进行整合形成了13个可燃物模型。希腊把可燃物分成7个类型，分别是：①地表可燃物，包括农田和草地；②低矮灌木，包括草地、低矮灌木(30~60cm)，也包括采伐迹地；③中等灌木林，包括中等到大型的灌木(0.60~2.0m)盖度可能大于50%，也包括新恢复的自然或人工植被；④高的灌木林，包括高的灌木(>2.0m)和人工幼林；⑤没有下木的森林，包括采用机械或化学的方法清理了下层林木的森林；⑥有中等下木的森林，林冠远远高于下层植被；⑦有高且稠密下木的森林，林冠和下木层之间没有间隙或间隙很小，有可燃物梯，容易发生高强度树冠火。澳大利亚的火险等级系统采用了3类可燃物类型：草地、桉树(*Eucalyptus* spp.)林和石南(*Erica* spp.)树丛/灌木，采用草地火险尺和森林火险尺来预测火险和火行为。我国也亟须开展全国森林可燃物的分类研究，为建立国家火险等级系统奠定基础。

目前，国外普遍采用的可燃物图多是根据土地利用图和遥感影像制取的。加拿大火险等级预报系统采用的可燃物图就来源于根据卫星影像数据制取的土地分类图，该土地分类图采用的是1988—1991年获得的NOAA-AVHRR数据，该土地分类图也没有划分针叶林种，因此，这种可燃物图用于描述可燃物概况和大尺度火险预测。欧洲根据自然植被图和土地利用图制取的欧洲可燃物图已经用于欧洲大尺度的林火管理，改善了单一图像制图的缺点，根据植物的季节变化特点，采用多时相Landsat TM影像来确定可燃物类型，提高了可燃物分类的精度。可以考虑采用高分辨率卫星遥感数据或航片进行更加详细的可燃物分类，特别是区分可燃物垂直结构的变化，用于火行为预报系统的建立。

1.2 华北地区森林燃烧性研究——以北京市为例

北京的气候属暖温带半湿润大陆性季风气候，每年的10月到翌年的5月底是防火期，每年都有森林火灾发生。受灾森林主要是油松(*Pinus tabulaeformis*)和侧柏(*Platycladus orientalis*)林。除油松、侧柏，元宝枫(*Acer truncatum*)、洋槐(*Robinia pseudoacacia*)、栓皮栎(*Quercus variabilis*)等树种在北京森林中占的比例较大。通过比较各种林分的燃烧性，提出降低森林火灾的营林措施，对该地区的森林经营实践有指导意义。

1.2.1 研究地区概况

西山国家森林公园地处北京西郊，地理位置为东经116°25′，北纬39°54′；平均海拔为300~400m，最高海拔为823m。一般山坡坡度为15°~35°。母岩以硬砂岩为主，其次为辉绿岩、花岗岩、石灰岩等。土壤为山地褐色土，含石砾多，腐殖质较少，pH为7.5。年均温度为11.6℃，年降水量为630mm，年日照2662h，无霜期193天。冬春干旱多风，夏季炎热多雨，属暖温带大陆性季风区。植被属温带落叶阔叶林带。

1.2.2 研究方法

1.2.2.1 乔木地上生物量的测定

1998年9月，在北京西山森林公园油松、侧柏、元宝枫、洋槐、栓皮栎林内，选择有代表性的地段设置20m×33.3m的标准地，对乔木层林木逐一进行每木调查，根据调查结果将林木按径级分布分成 5 个等级，每个等级选择样木 1 株，加上林分平均木 1 株，共 6 株。将样木伐倒后，按 2m 区分并测定各段的树干、树枝和树叶的鲜重，在各区分段截取圆盘和标准枝，求出树皮率和枝叶比，并在不同区分段随机抽取干、皮、枝和叶等组分的亚样品，置入 85℃恒温箱烘干至恒重，求算各组分的干湿比，计算各组分的干物质重。

1.2.2.2　下木层、草本层及枯落物层现存量的测定

在标准地内设 lm×lm 的样方各 5 个，分别进行下木层(地上部分)、草本层(地上部分)、枯落物层(分未分解、半分解)现存量的直接收获测定，先将地上部分全部割下，按灌木、草本分开称鲜重，并取部分样品，然后将死地被物按未分解、半分解分别称重、取样，所有样品经烘干后，再换算成单位面积的干物质质量。

1.2.3　结果分析

1.2.3.1　各林分基本特征

各林分的基本特征见表 1-2。油松林为实生苗造林；林内土壤为山地褐土，土层浅薄，30~60cm，并较干旱。侧柏林为人工林，林分内灌木层平均覆盖度为 80%左右，以荆条、孩儿拳头为主，并有少量酸枣、胡枝子等。洋槐人工林林龄为 39~41 年生，保存密度为每公顷 700~900 株，林分管理不良，林内枯立木较多，林下植物以荆条为主，酸枣亦常见。草本植物以隐子草最多，且分布均匀，其他还有鸦葱等。元宝枫是人工林，年龄为 39~41 年，由于土层较薄，林分生长状况一般。栓皮栎林可以明显地分为乔木、灌木和草本三层，虽为人工营造，但大多已郁闭成林，天然的灌木和草本不断侵入。乔木层以栓皮栎占绝对优势，灌木层以荆条和栓皮栎的萌蘖条为主，还有酸枣、多花胡枝子等，草本植物有羊胡子草、克草、白草、苔草等，种类少，盖度稀。

表 1-2　各林分基本特征

林分	林龄(年)	密度(N/hm^2)	胸径(cm)	树高(m)
油松	42	1125	15.6	7.8
侧柏	42	1025	13.2	8.5
洋槐	40	810	16.8	14.0
元宝枫	40	1350	15.2	8.9
栓皮栎	36	817	14.5	8.5

1.2.3.2　地表可燃物载量

调查地林分的地表可燃物载量见表 1-3，栓皮栎林地表可燃物载量最高，达到 8.56t/hm^2，油松林地表可燃物载量次之，为 7.14t/hm^2，其后依次为洋槐、元宝枫和侧柏林。元宝枫林地表可燃物载量为 4.21t/hm^2，只有油松林分地表可燃物载量的 59%。由于北京地区主要发生地表火，地表火消耗的主要可燃物是林下地表可燃物，而且针叶林掉落物比阔叶林凋落物更容易燃烧，所以这些林分发生地表火的可能性都比较大。

表 1-3 各林分地表可燃物 t/hm²

林分类型	地上部分		枯落物		合计
	灌木	草本	未分解	半分解	
油松	1.24	0.25	3.83	1.82	7.14
侧柏	1.47	0.97	1.03	1.61	5.08
洋槐	0.47	2.20	1.98	2.24	6.89
元宝枫	1.46	0.44	0.83	1.48	4.21
栓皮栎	1.76	0.13	3.93	4.50	8.56

各林分灌木地上部分生物量由多到少的顺序为：栓皮栎>侧柏>元宝枫>油松>洋槐，而草本载量由多到少的顺序为：洋槐>侧柏>元宝枫>油松>栓皮栎，地表枯落物的载量是栓皮栎最多(8.43t/hm²)，油松林次之(5.65t/hm²)。

最易引起森林火灾的可燃物是地表可燃物和草本，因此根据草本和未分解地表枯落物的量确定林分的易燃性。表 1-3 列出的是各林分草本和未分解地表枯落物的量，从中可以看出洋槐林内的易燃可燃物最多(4.18t/hm²)，在防火期是最易发生森林火灾的林分类型。对针叶林来说，油松林内的草本和未分解枯落物量(4.08t/hm²)大约是侧柏林(2.00t/hm²)的两倍，而且这两种林分的死活可燃物都非常易于燃烧，相比而言，油松林更容易燃烧。

1.2.4 结论

(1)栓皮栎林、油松林、洋槐、栓皮栎和侧柏林都容易发生地表火；

(2)油松林内的草本和地表可燃物载量高，林分平均树高只有 7.8m，林分平均枝下高度也低，地表火易发展成为树冠火；

(3)虽然洋槐林内的草本和地表可燃物载量高(4.18t/hm²)，但林分平均树高 14m，自然整枝能力强，乔木层枝下高度高，洋槐树皮也不易燃烧，一般情况下地表火不会发展成为树冠火，但地表火发生的概率大。

(4)侧柏林内的地表可燃物和林下草本总载量为 2.00t/hm²，但侧柏自然整枝能力弱，林木枝下高度低，且林下灌木较多，侧柏也易于燃烧，侧柏林发生地表火和树冠火的可能性大。

(5)根据林分的燃烧性特点，在营林过程中应更注意林下枯枝的清理，特别是油松林和侧柏林，在有条件的情况下，可以采取修剪、清理枯枝和清除枯死木的方法，改变可燃物的空间分布，防止树冠火的发生。

1.3 华北地区可燃物和防火林地规划——以北京市为例

1.3.1 研究区域概况

北京市西山林场位于北京市近郊小西山，地跨海淀、石景山、门头沟三区，如图 1-3 所示，是以经营风景林为主的城市景观生态公益型国有林场，总面积为 5949hm²，森林覆盖率为 92.22%。西山林区是距北京市区最近的一处山林，与香山公园、卧佛寺、碧云寺、八大处等名胜古迹相邻，共同构成著名的西山风景旅游区。西山林场所处小西山属太行山系的低海拔石质山，山区平均海拔 200~400m，最高峰克勒峪海拔 800m，年降水量660mm，但近几年连续干旱，实际年降水量仅 400mm 左右。

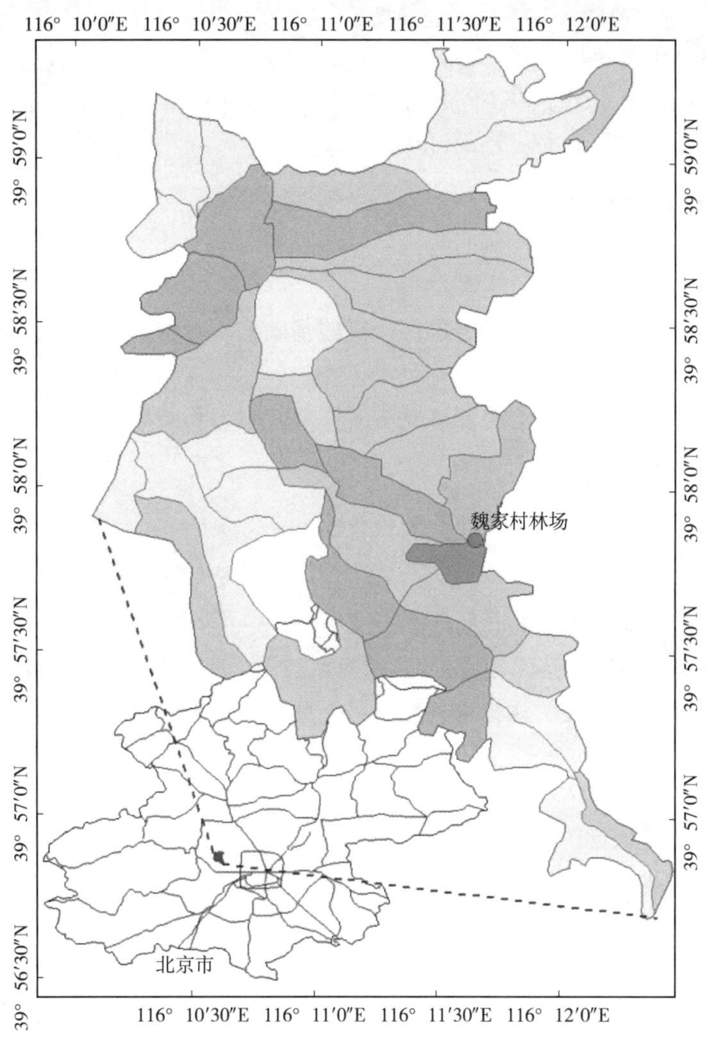

图 1-3 研究区域

小西山土层较薄，一般为 30~50cm，土壤中石砾含量多，立地条件较差，不利于造林和树木生长。小西山有维管束植物 90 科 286 属 517 种。自 1981 年以来，西山林场共发生森林火灾 200 多起，火灾成为威胁该地生态安全的重要因素。本文以西山林场分场魏家村林场作为研究区域，区域面积为 701. 2hm^2。

当地的植被类型乔木类主要包括：侧柏(*Platycladus orientalis*)、油松(*Pinus tabulaeformis*)、栓皮栎(*Quercus variabilis*)、刺槐(*Robinia pseudoacacis*)，还有少量的山桃(*Amygdalus davidiana*)、黄栌(*Cotinus coggygria*)、桑树(*Morus alba*)、山杏(*Prunus Armeniaca*)、元宝枫(*Acer truncatum*)、槲栎(*Quercus aliena*)、臭椿(*Ailanthus altissima*)、榆树(*Ulmus pumila*)、白蜡(*Fraxinus chinensis*)、蒙桑(*Morus mongolica*)、栾树(*Koelreuteria paniculata*)等。

灌木植被类型主要包括：荆条(*Vitex negundo* var. *heterophylla*)、孩儿拳头(*Grewia biloba* var. *parviflora*)、绣线菊(*Spiraea salicifolia*)、鼠李(*Rhamnus davurica*)、酸枣(*Ziziphus acidojujuba*)、胡枝子(*Lespedeza bicolor*)、君迁子(*Diospyros lotus*)、河朔荛花(*Wikstroemia chamaedaphne*)、蛇葡萄(*Ampelopsis sinica*)等。

草本植被类型主要包括：荩草(*Arthraxon hispidus*)、隐子草(*Cleistogenes sp.*)、龙芽草(*Agrimonia eupatoria*)、紫花地丁(*Viola philippica*)、细叶苔草(*Carex stenophylla*)、铁杆蒿(*Artemisia sacrorum*)、野菊(*Flos chrysanthemi*)等。

1.3.2 研究材料和研究方法

1.3.2.1 火历史分析

本文是在对研究区域火历史情况进行分析的基础上，确定防火林带网络的最小闭合面积和密度的。

火灾轮回期是指燃烧完整个研究区域所需要的时间，它是用来表征林火出现时间长短的一个量，可以用下式表达：

$$FC = \frac{S}{S_a} \tag{1-1}$$

式中 FC——火灾轮回期，a；

S——研究区域面积，hm^2；

$T\text{-}S_a$——平均每年火烧面积，hm^2。

火灾发生概率是用来表示森林火灾发生可能性的一个量，它与火灾轮回期有关，可以用下式表示。

$$P(t) = 1 - e^{-1/FC} \tag{1-2}$$

式中 FC——火灾轮回期，a；

P——火发生初始概率。

1.3.2.2 样地调查、可燃物载量和热值

根据森林清查数据及样地调查，将可燃物分为阔叶林、针叶林、混交林和疏林地4种可燃物类型，每一种类型设置3块20m×20m样地，并用全球定位系统(GPS)标定。对乔木，主要测定胸径、树高、活枝枝下高、死枝枝下高，树种；对灌木，设置5m×5m样方(每个标准地1个)，调查灌木基径、灌高，灌木种类，采用收割法，对全部样本称取鲜重；对草本，采用1m×1m样方(每个标准地3个)，调查草本层盖度、草高、草本种类，并用收割法取样，称取鲜重；对地表枯落物和半分解层，采用20m×20cm样方(每个标准地3个)，主要测量枯落物和半腐层厚度，并取样，称取鲜重。

把取回的样品放入烘箱内，在105℃下连续烘干24h至绝干重，用电子天平称重，计算出每个样方内不同种类可燃物的含水率，进而计算出样方内灌木、草本、枯枝落叶层和半分解层可燃物的载量。

对于乔木可燃物载量的估算，本文以研究区域的优势树种侧柏(*Platycladus orientalis*)、油松(*Pinus tabulaeformis*)、栓皮栎(*Quercus variabilis*)、刺槐(*Robinia pseudoacacis*)为主要

乔木可燃物估算对象，用相对生长模型对生物量进行估算。关于乔木生物量的估算方法，国内外学者普遍接受相对生长模型 $W=a(D^2H)^b$，根据当地典型乔木类型选择适当的生长模型，基于其生长模型，对乔木的树叶、树枝和树干的生物量进行计算，进而得到各部分可燃物载量。根据研究区域内主要乔木类型—油松、侧柏、刺槐和栓皮栎，采用生长曲线模型，对乔木可燃物不同层次的载量进行估算，具体数值见表 1-4。

表 1-4 不同乔木类型地上长生量模型

	树干	枝条	叶重
油松*	$W=10^{2.327}(D^2H)^{0.664}$ 0.904	$W=10^{1.317}(D^2H)^{0.992}$ 0.878	$W=10^{1.417}(D^2H)^{0.833}$ 0.872
侧柏	$W=125.31(D^2H)^{0.733}$ 0.990	$W=137.403+12.887(D^2H)$ 0.848	$W=53.49+9.97(D^2H)$ 0.941
刺槐**	$W=55.2697(D^2H)^{0.86764}$ 0.989	$W=24.2543(D^2H)^{0.79079}$ 0.932	$W=54.5455(D^2H)^{0.45739}$ 0.795
栓皮栎*	$W=10^{1.7}(D^2H)^{0.92}$ 0.9877	$W=10^{1.3}(D^2H)^{0.98}$ 0.9265	$W=10^{0.47}(D^2H)^{0.91}$ 0.9312

注：D 的单位为 cm，H 的单位为 m，W 的单位为 g。* 表示原文缺 10 作为底数，这里为更正后公式。** 表示原文 W 单位为 kg，这里变换为 g。

可燃物的热值与火烧强度密切相关，关于不同植被热值的测定已有大量的研究，本文在查阅相关文献(田晓瑞等，2002；徐永荣等，2004)基础上，对不同可燃物类型的热值进行确定，其具体数值见表 1-5。

表 1-5 不同可燃物热值

可燃物类型	热值	可燃物类型	热值
针叶林	21080.50	疏林地	20269.75
阔叶林	19459.00	灌木	17777.00
混交林	20269.75	草本	17456.70

1.3.2.3 火行为的计算公式

(1)蔓延速度

蔓延速度是指火头在单位时间内前进的距离，本文采用修正后王正非(1992)的计算公式：

$$R=R_0K_sK_wK_\varphi \tag{1-3}$$

式中 R_0——初始蔓延速度，取决于可燃物种类及可燃物湿度；

K_s——可燃物配置格局更正系数；

K_w——风力更正系数；

K_φ——地形坡度更正系数。

K_s 用来表征可燃物的易燃程度(化学特性)及是否有利于燃烧的配置格局(物理特性)的一个订正系数，它随地点和时间而变。对于某时、某地来说，整个燃烧范围和燃烧过程中，K_s 可以假定为常数，对于连续的林地类型，K_s 取值 1。

式中，R_0 取决于细小可燃物的含水率，而细小可燃物的含水率又受气温、风速和空气湿度和影响。王正非(1992a)通过100余次野外试验，通过回归计算得出细小可燃物初始蔓延速度与日最高气温、中午平均风级、日最小湿度的回归方程。

风速更正系数为：

$$K_w = e^{0.1783V} \tag{1-4}$$

地形更正系数为：

$$K_\varphi = e^{3.533(tg\varphi)^{1.2}} \tag{1-5}$$

$$R_0 = aT + bV + cH - D \tag{1-6}$$

式中 T——日最高气温；

V——中午平均风级；

H——日最小湿度，%。

a，b，c，D 为常数，分别为，0.03，0.05，0.01，0.3。统计2000—2006年北京地区相关气象指标，求得 $R_0 = 0.01113$m/s。

(2)火线强度

火线强度是指在单位时间内单位火线长度上向前推进发出的热量。一般火线强度的计算式采用白兰姆公式

$$I_l = mcv \tag{1-7}$$

式中 I_l——火线强度，kJ/(ms)；

m——单位面积内的可燃物重量，kg/m^2；

c——可燃物的平均发热量，kJ/kg；

v——火线前进速度，m/s。

1.3.2.4 风速、风向的模拟

风速和风向对林火蔓延影响很大，统计2000—2006北京地区两个气象站点(站点号：54416，54511)日值数据，计算得到最大平均风速和平均最大风速的最大值，确定主风向为东北、西南方向，确定主风向和最大平均风速和平均最大风速的最大值后，在此背景下对风场进行模拟，如图1-4(彩图1-4)、图1-5所示。

地形可以改变风速、风向，也可以产生涡流现象，地形和风场的共同作用会对火行为产生很大影响，用于天气预报的全球尺度和中尺度的风场模型并不能满足小尺度的火行为模拟的需要。其原因在于许多全球尺度的模型假设重力场与压力场存在平衡，然而在小尺度上由于惯性载荷在垂直方向对压力的影响并不能完全忽略，并且中尺度模型不能很好地解决地形的变化对风产生的影响(Butler et al.，2007)。本文使用 wind_ ninja 软件对风场进行模拟，建立风向和风速图层，然后再转换为栅格数据，在 ArcGIS 中进行火行为模拟。

一般认为，在裸地或林冠上的风廓线均呈对数规律变化，但是在单株树木和林分内风速随高度的变化则不呈对数规律。单株针叶树树冠内的风速廓线呈指数形式分布，在林分内的风速廓线可用风的减弱系数来表示(Zhu et al.，2004)。关德新等(2000)根据风洞模型实验，分析了树冠结构参数疏透度 β 和透风系数 α 与附近的风速场特征，表明透风系数与疏透度之间符合幂函数关系。邓湘雯等(2002)通过实验确定防火林带疏透度 β 与透风系数之间有一定的相关性，关系式为：$\alpha = 1.09258\beta^{0.50847}$。

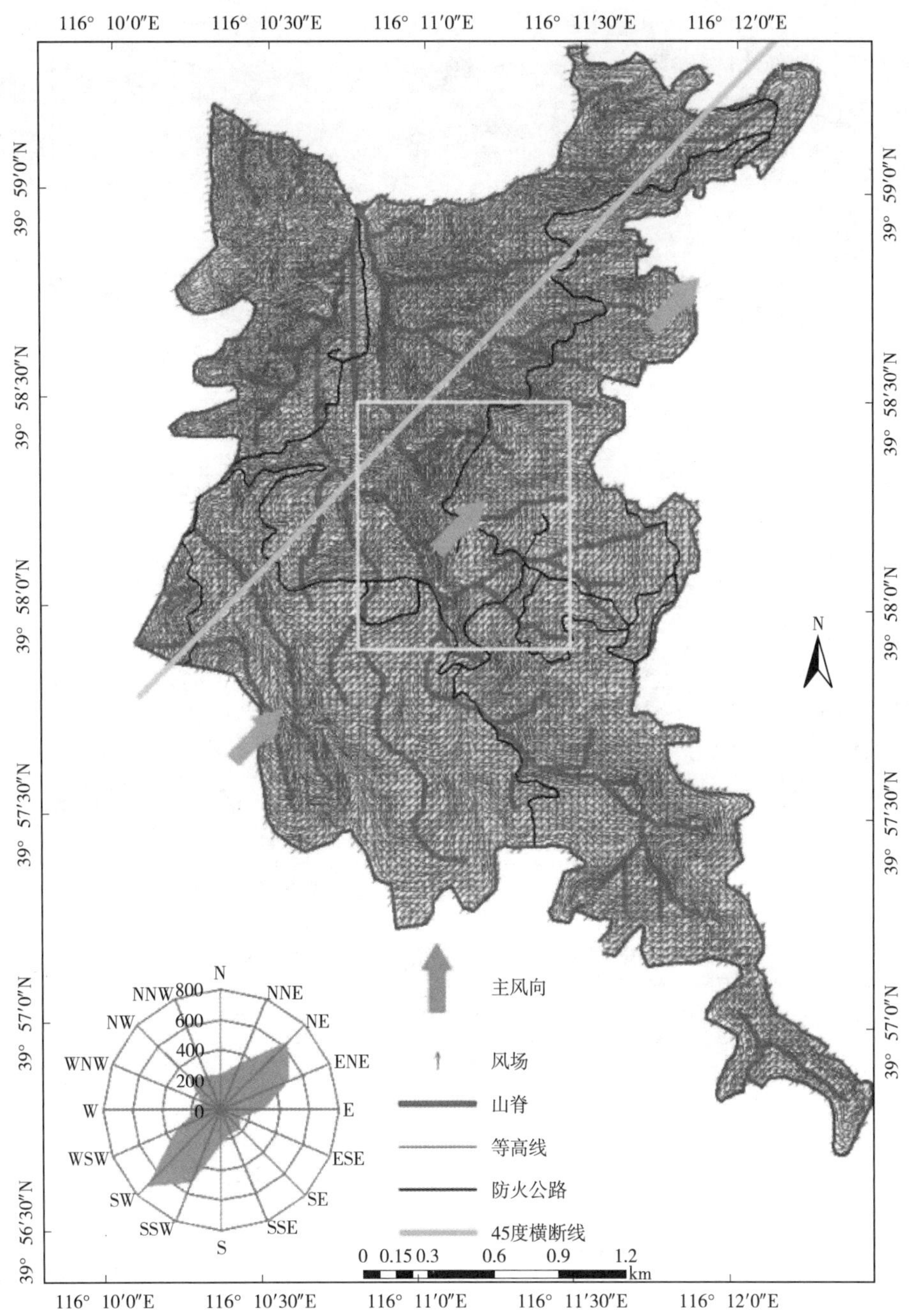

图 1-4　风速 3.6m/s 条件下的风速场

疏透度又称透光度，是表示林带疏密状况和透风程度的指标，可用林带纵断面透光孔隙总面积和林带纵断面垂直投影面积之比来表示，采用方格景框法、照相法和目测法测定。而疏透度的测量比透风系数方便，可用树木的测量数据计算得到，也可目测估计或用数字图像处理法，由照片精确测定。本文利用目测法估测林内疏透度，根据透风系数与疏透度之间的幂函数(邓湘雯等，2002)近似计算林内风速，进而计算地表火模延速度、火强度和火焰高度。

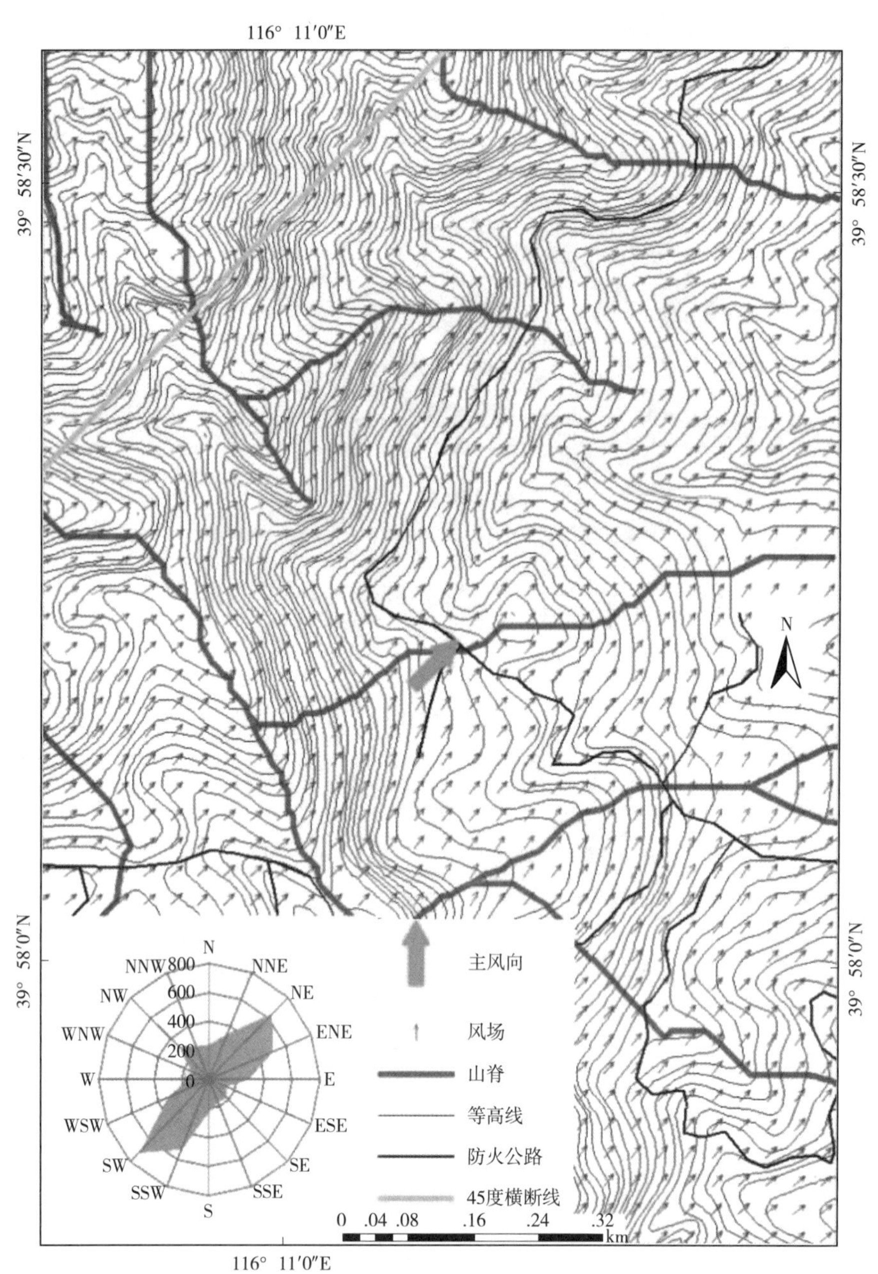

图 1-5 风场局部细节(图 1-4 黄框内部分)

1.3.2.5 防火林带影响因子分析

防火林带的规划要综合考虑可燃物类型、地形、气象、防火公路、居民区等因素，合理配置。本文根据实际情况主要确定三种形式的林带：山脊防火林带、公路防火林带和林缘防火林带。分析气象、造林及不同地形等因子对火行为的影响情况，主要获得可燃物分布、主风向、坡度、防火公路和林中空地、山脊、居民区分布等主要影响因子。

1.3.2.6 地理数据处理

在 ArcGIS 中将 1：10000 地形图进行数字化，生成等值线，并转换成栅格(GRID)数据，对其坡度进行提取，进一步得出地形更正系数。将数字高程模型(DEM)数据由 GRID 格式转换为 ASCII 格式，用 wind_ninja 软件在平均最大风速平均值 3.6m/s 和平均最大风速的最大值 14m/s、东南方向为主风向条件下，输入 DEM 数据，对风场进行模拟，计算出风速场，进一步计算出风速更正系数，计算出火蔓速度场，如图 1-6(彩图 1-6)、图 1-7 所示。树冠火发

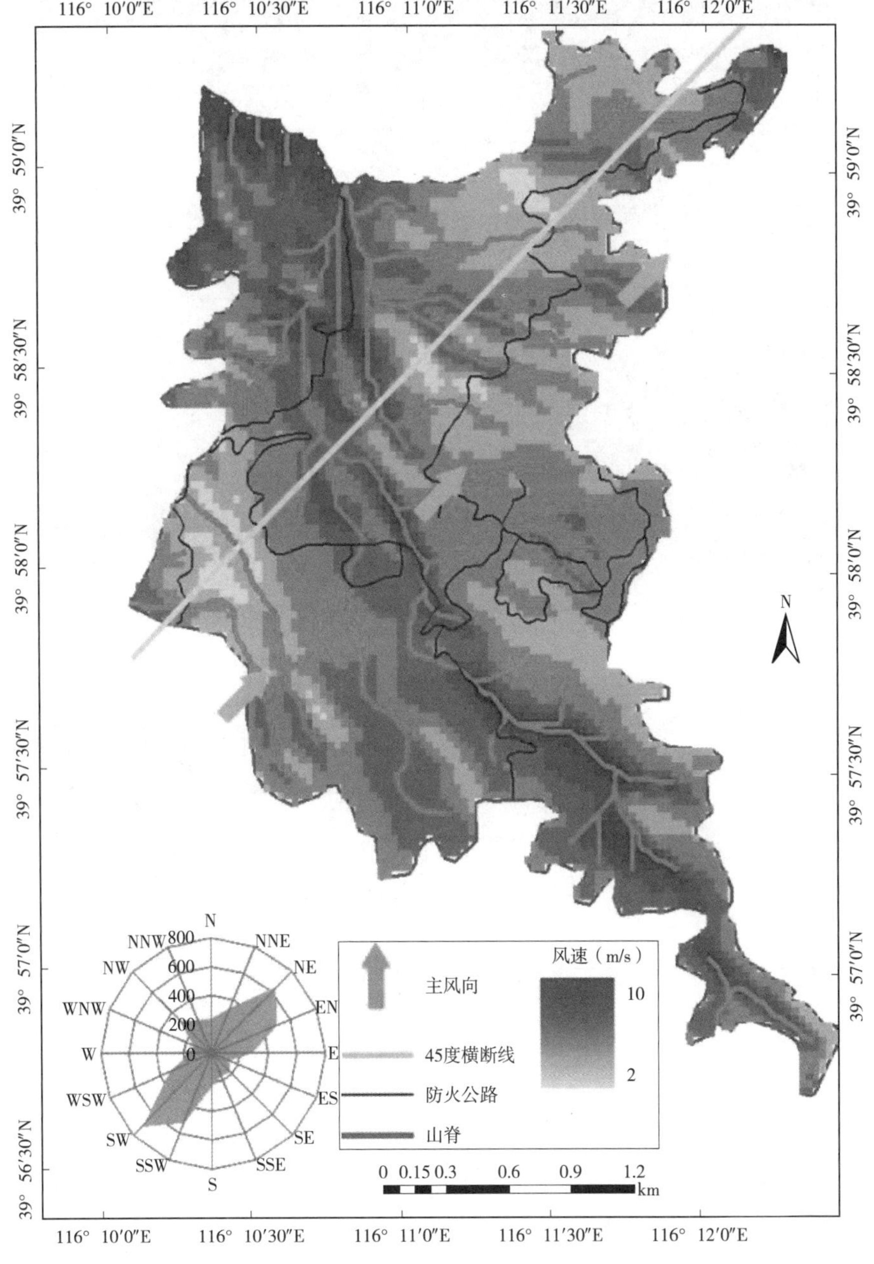

图 1-6 主风向下风速场(3.6m/s)

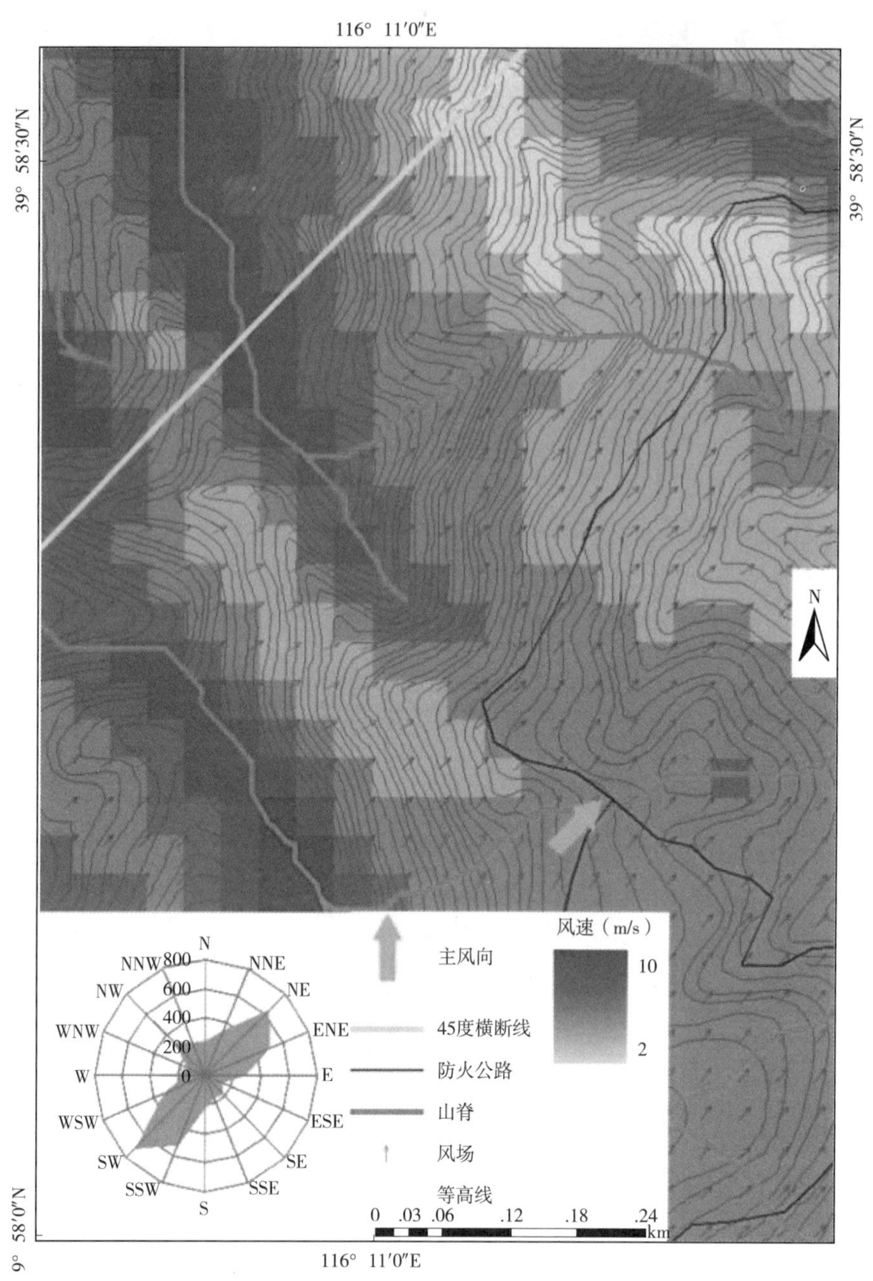

图 1-7　风向风速细节

生时，假设树叶、树枝全部消耗完，进一步对火强度和火焰高度分布进行计算。

地表火和树冠火发生时可燃物消耗量假设地表枯枝落叶层、半分解层、草本和灌木全部消耗完，地表有效可燃物的载量为上述各部分的总和。树冠火发生时按树叶、树枝消耗完计算。

1.3.2.7　防火林带宽度

防火林带的有效宽度并没有一个统一的标准，不同的地区和森林类型的均不相同，文定元(1992)根据风洞实验，综合考虑可燃物载量、风速、火强度、林带高度等因素，测出计算防火林带有效宽度的两个关系式：

$$Y=-0.461+0.0185X_1+0.2507X_2+0.367X_4 \tag{1-8}$$

$$Y=-0.0236+0.0151X_1+0.2456X_2-0.022X_3+0.014X_4+0.0001X_5 \tag{1-9}$$

式中 X_1——可燃物载量，t/hm²；

X_2——林带高度，m；

X_3——可燃物的绝对含水率，%；

X_4——风速，m/s；

X_5——火线强度，kW/m。

本文中使用式(1-8)，在防火林带高度为10m情况下，对防火林带有效宽度进行确定。

1.3.3 可燃物类型划分及载量估算

1.3.3.1 可燃物类型划分

森林可燃物是森林燃烧的物质基础，可燃物不但有其一定的动态变化规律，而且也与环境条件密切相关。在进行防火林带规划时，要考虑森林火灾的火行为、与火相关的几乎所有的可燃物特征，包括对可燃物类型、可燃物载量、可燃物组成和结构、可燃物高度或厚度等，都要进行综合考虑。

大面积的均一的森林类型容易发生大面积的森林火灾，而有效地多种树种混交的植被类型对控制大面积的森林火灾具有意义。因此一方面选择多种防火树种营建防火林带可以有效阻隔林火的蔓延，另一方面又可加大不同树种混交的比例，使森林火灾出现“有限尺度效应”，从而防止大面积森林火灾的发生。综合考虑树种的燃烧特性、生物学特性和生态学特性，可明确华北地区的刺槐、核桃、加杨、青杨、旱柳、火炬树、香椿、紫穗槐、元宝槭、毛白杨、柿树、黄连木、山桃等树种的防火能力较强。而山杏、栓皮栎、油松、侧柏等树种的防火能力较差。在林带的营建过程中，可尽量增加混交的比例，使得同一大面积均一植被类型被分割成不同面积的异质单元。在样地调查和森林清查数据的基础上，将可燃物分为阔叶林、针叶林、混交林和疏林地四种可燃物类型，如图1-8所示。

1.3.3.2 可燃物载量估算

可燃物类型，可燃物载量，可燃物组成和结构，可燃物高度或厚度等对火行为都有深刻的影响。

研究区域内不同可燃物类型的载量有很大的不同(表1-6、图1-9)，地上部分可燃物总载量针叶林为81.94t/hm²，阔叶林为57.46t/hm²，混交林为107.02t/hm²，疏林地为51.91t/hm²。

表1-6 不同类型可燃物载量垂直分布 t/hm²

可燃物类型	针叶林	阔叶林	混交林	疏林地
叶子	13.41	2.88	7.39	3.84
树枝	26.46	10.94	32.35	12.06

（续）

可燃物类型	针叶林	阔叶林	混交林	疏林地
树干	27.97	36.50	48.90	25.26
整树	67.70	50.31	88.63	41.16
灌木	1.26	0.27	1.29	2.37
枯落层	12.51	6.34	16.96	7.56
草本	0.32	0.53	0.13	0.82
合计	81.94	57.46	107.02	51.91

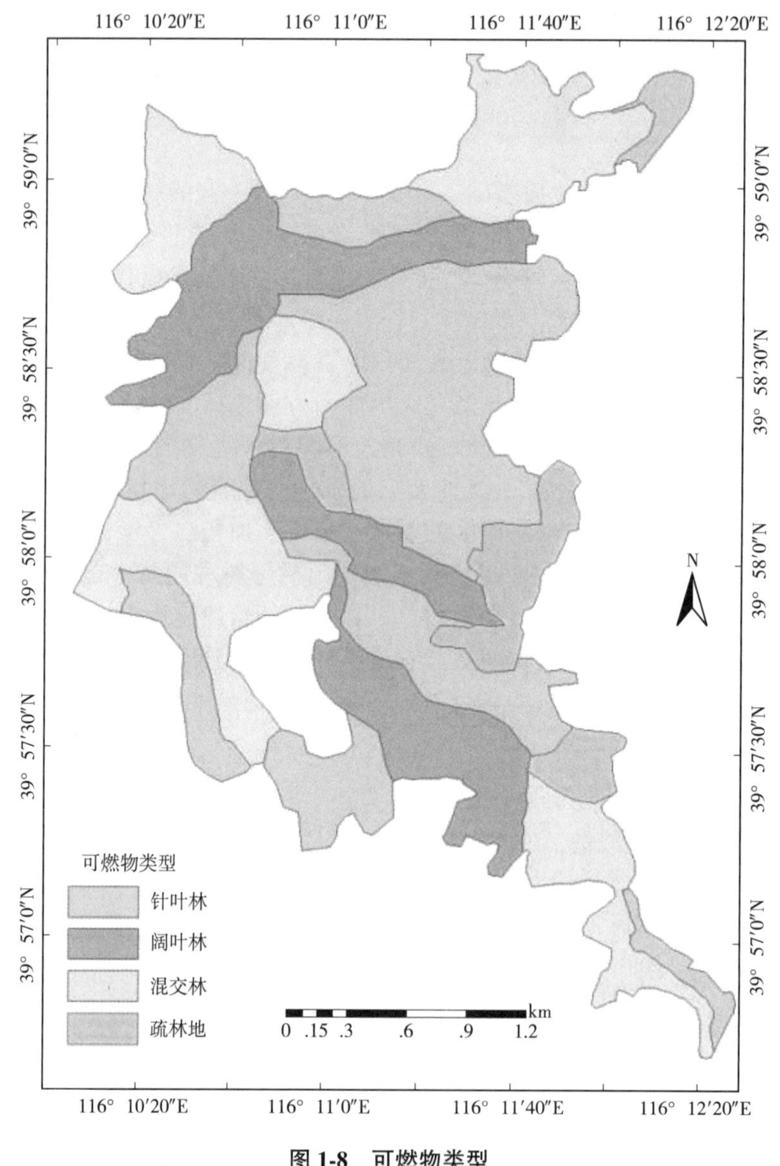

图 1-8　可燃物类型

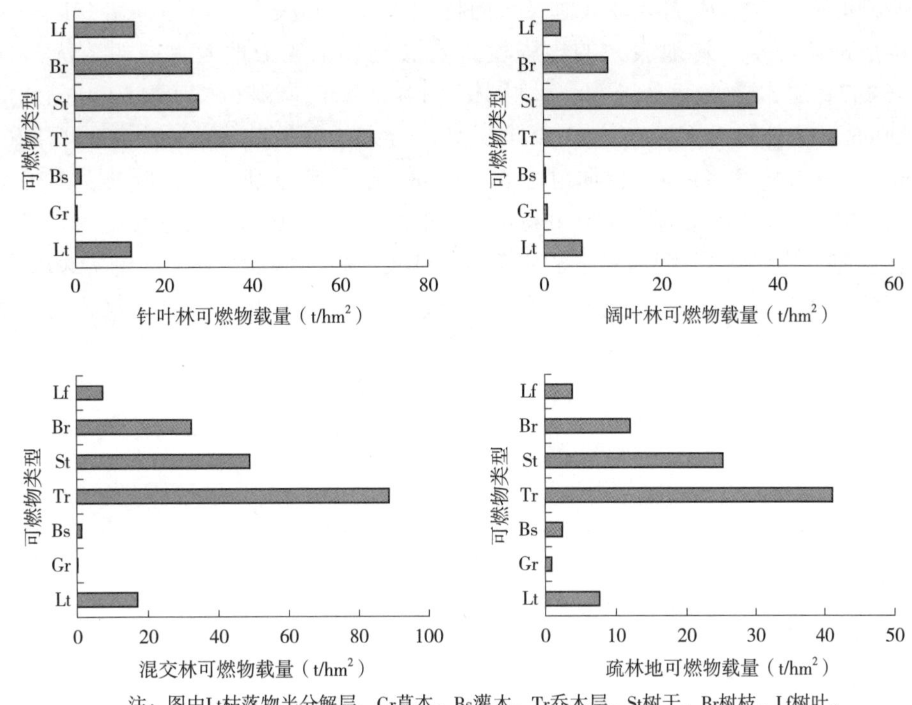

注：图中Lt枯落物半分解层，Gr草本，Bs灌木，Tr乔木层，St树干，Br树枝，Lf树叶。

图 1-9　不同可燃物类型垂直分布

细小可燃物是决定火险高低的主要因素，细小可燃物如草、枯落物等的载量和分布是决定火灾初始蔓延速度的重要因素。见表 1-6 和图 1-9，草本可燃物载量分布为：针叶林为 0.32t/hm^2，阔叶林为 0.53t/hm^2，混交林为 0.13t/hm^2，疏林地为 0.82t/hm^2。枯落物层可燃物载量分布为：针叶林为 12.51t/hm^2，阔叶林为 6.34t/hm^2，混交林为 16.96t/hm^2，疏林地为 7.56t/hm^2。灌木层可燃物载量分布为：针叶林为 1.26t/hm^2，阔叶林为 0.27t/hm^2，混交林为 1.29t/hm^2，疏林地为 2.37t/hm^2。地表有效可燃物载量为草、枯落物和灌木层的总和，分别为：针叶林为 14.09t/hm^2，阔叶林为 7.14t/hm^2，混交林为 18.38t/hm^2，疏林地为 10.75t/hm^2。

树冠可燃物的载量是决定树冠火火强度和蔓延速度的重要因素，树叶可燃物载量分布为：针叶林为 13.41t/hm^2，阔叶林为 2.88t/hm^2，混交林为 7.39t/hm^2，疏林地为 3.48t/hm^2。树枝可燃物载量分布为：针叶林为 26.46t/hm^2，阔叶林为 10.94t/hm^2，混交林为 32.35t/hm^2，疏林地为 12.06t/hm^2。在发生树叶树枝全部消耗完的情况下，其树冠火的有效可燃物载量为，针叶林为 39.87t/hm^2，阔叶林为 13.82t/hm^2，混交林为 39.74t/hm^2，疏林地为 15.9t/hm^2。

1.3.3.3　可燃物空间格局和垂直特征

研究区域内，由于森林郁闭度高，林冠层在空间上呈连续分布，树冠火的危险性加大，有计划地对林中可燃物进行分割，如修建防火林带、防火公路等，加大可燃物的不连续性，将有效地降低树冠火和地表火的火烧面积。

可燃物的高度对于火烧类型从地表火向树冠火过渡起决定性作用，研究区域内灌木层和草本层的高度不但对地表火的火强度具有影响，也成为地表火向树冠火过渡的通道。见表1-7，灌木层高度分别为：针叶林为148.00cm，阔叶林为115.00cm，混交林为141.00cm，疏林地为126.00cm。草本层高度分别为：针叶林为17.00cm，阔叶林为27.00cm，混交林为3.00cm，疏林地为51.00cm。枝下高分别为：针叶林为230.00cm，阔叶林为200.00cm，混交林为200.00cm，疏林地为280.00cm。在进行防火林带管理和可燃物管理过程中，根据当地的火行为特征，对枝下高、草本、灌木、枯落物等进行清理，将有效地减少地表火的火强度，降低火焰高度，使梯形可燃物的有效高度增加，减少树冠火发生的危险性。

表1-7 不同类型可燃物平均高度或平均厚度

可燃物类型	针叶林	阔叶林	混交林	疏林地
树高(m)	6.60	5.25	6.63	5.80
枝下高(cm)	230.00	200.00	200.00	280.00
灌木高度(cm)	148.00	115.00	141.00	126.00
草高(cm)	17.00	27.00	3.00	51.00
枯落物层厚度(cm)	2.70	2.50	3.40	2.50

1.3.4 防火林带空间布局

1.3.4.1 网络密度和最小控制面积确定

网络密度是决定林带网络发挥综合效能的重要因素之一。防火林带的密度和最小闭合面积并没有统一的标准，一般根据实际情况，因地制宜。欧建德(2001)认为合理的防火林带网络密度应该是防火林带网络减灾的效益大于网络建设带来的负面效应，他从森林经济效益方面，分析建立精确计算防火林带网络最大允许密度的教学模型。詹超亚(1993)从经验出发，提出视人为活动频度，构造30~50hm^{2}的阻隔网，林带面积占林地总面积的5%~10%。宋卫国等(2001)从自组织临界性的角度分析了防火隔离带防治森林火灾的理论基础，防火隔离带可以使森林火灾出现“有限尺度效应”，使得森林在平衡状态时的树木密度增加，从而有效地保存了森林中的树木；在森林密度增加的同时，森林火灾的平均面积、最大面积都减小，从而有效地避免了大规模、危害性的森林火灾的发生；并且他认为真实的防火隔离带不仅要保证尺度足够小，而且对火灾的隔离效果要足够好。得到隔离带尺度与防火性能的定量关系，将对真实防火隔离带的设置和森林火灾的防治起到一定的指导作用。文定元(1992)根据森林火灾过火面积提出防火林带的网络控制面积，一、二、三、四级网格的控制面积分别为1000hm^2、100hm^2、10hm^2、1hm^2。防火林带的构建总是与森林火灾的发生相适应的，因此从火灾发生的角度来确定防火林带的密度和最小闭合面积是可行的，这在一定程度上可以降低理论推导的难度。

研究区域的火灾发生状况将影响防火林带的构建，统计西山林场1981—2005年火灾发生记录得知，此期间共发生火灾219起，年均过火面积4.9hm^2，火灾轮回期为143年，火灾发生概率为0.007，主要以小面积火灾为主，过火面积大于1hm^{2}的火灾次数不足16%(图1-10)，平均每次过火面积为0.52hm^2，最大过火面积为14hm^2。该区域以控制小面积森林火灾为主，依据文定元的研究理论方法，防火林带闭合网络最小面积应控制在100hm^{2}以下。

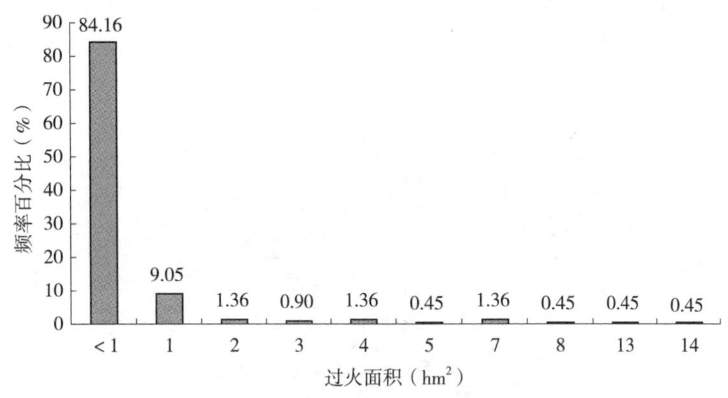

图1-10　过火面积频率百分比分布

1.3.4.2　主风向的影响

风速和风向对林火蔓延影响很大，在设置防火林带时要考虑主风向的影响。统计2000—2006年北京地区两个气象站点(站点号：54416，54511)日值数据，计算得到最大平均风速的风向统计，风向玫瑰图如图1-11所示，确定主风向为东北、西南方向。确定主风向后，在防火林带规划时要将林带的走向与主风向垂直，或者尽量将角度控制在45°以上，以最大限度地对林火产生阻隔作用。

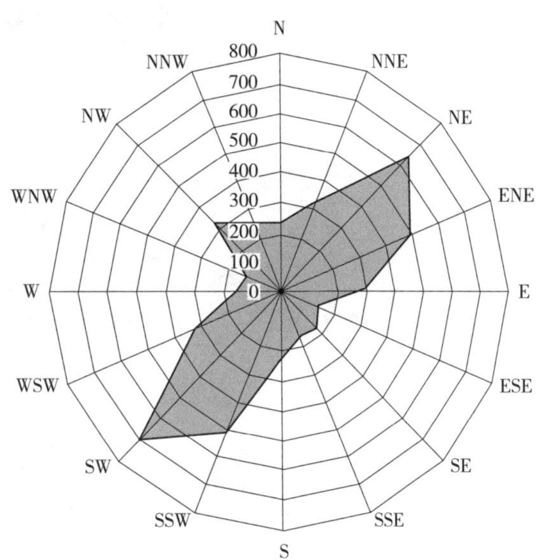

图1-11　北京2000—2006年最大平均风速风向玫瑰图

1.3.4.3　公路与林缘确定

防火林带的建造要结合现有的空地、公路、河流等条件，将所有可以有效阻火的要素结合一起构成闭合的网络。在防火林带的规划过程中，利用航片对林中空地和公路进行提取。由于传统方法对于公路、空地等提取有一定的局限性，基于像元的遥感图像分析和处理所能够得到的信息是极其有限的，又由于遥感图像中异物同谱和同物异谱现象较为普遍，仅靠光谱特征是不足以表达目标或类别的，因而其分析结果的可靠性常常不尽人意。本文使用面向对象的分类方法，利用该地的航片对林中空地和公路进行提取，面向对象的分类方法是：首先将图像按照某种相似性准则分割为一个个完全同质的，空间上连续的，并且具有特定专题意义的对象，然后再针对每个对象进行类别的标注。

林中空地和公路的提取，可以在 ENVI ZOOM 中利用特征提取(Feature Extraction)模块实现。林中空地和公路经过提取后，过滤掉过小面积的单元，经计算，该区域公路和空地面积为 35.6hm^2，占总面积的 5.1%，由于树冠的遮挡，在可见光部分，许多公路在航片上表现为不连续，部分区域需要进行地面调查，然后，利用目视判别和实地验证的方法对有效的防火公路进行确认，最终确定有效防火公路长度为 16329.5m，如图 1-12 所示。

图 1-12 林中公路和空地提取

该区域森林火灾主要以人为火为主，人为火火源与居民密度、距居民区的距离、人为活动、公路的分布等密切相关。在林缘及居民区附近的防火林带，其功能主要是阻止人为引起的初发火的蔓延，因此在林缘与居民区和农田等交错的地带建造防火林带可以有效减少火灾向林区蔓延。基于该地区的航片，利用目视解译的方法对居民区进行确定，进而在林缘附近确定要建造的防火林带(图 1-13)。

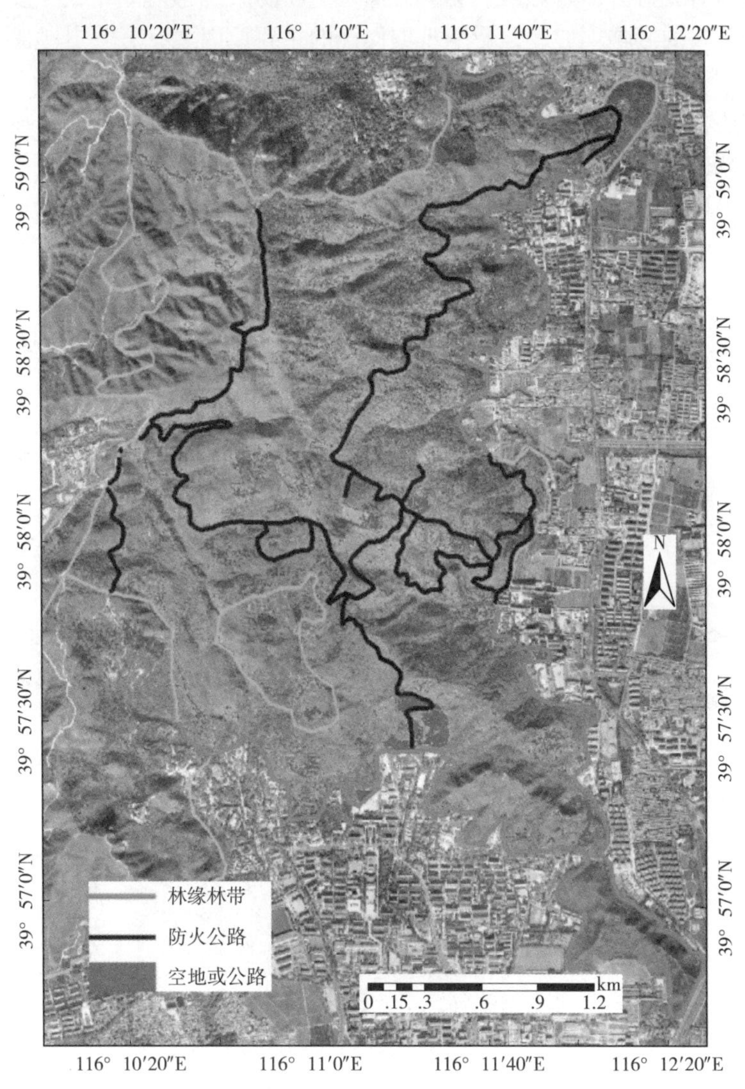

图 1-13　防火公路和林缘

1.3.4.4　地形特征提取

地形是地质变迁的结果，其变化比较缓慢，要用地质年代来度量。但是作为地形因素的坡度、坡向、海拔高度等，直接影响林火的发生与发展。因此，对于地形特征因子的提取在森林火灾研究中就显得尤为重要。DEM 是地形的一个数学模型，许多地形因子均可以从这个函数导出。由 DEM 派生的单要素地形属性可以由 DEM 直接计算得到，其他复合属性可以由几个单要素地形属性按一定的关系组合而计算得到。

在 ArcGIS 中将 1：10000 地形图进行数字化，生成等值线，然后转换成栅格数据，基于此栅格数据，对生物防火林带规划产生影响的坡度、山脊进行提取。

(1)坡度的提取

坡度一方面对火行为产生影响，另一方面在生物防火林带规划中由于要考虑造林或林带改造对水土流失的影响，坡度是影响土壤侵蚀的主要原因之一，在其他条件相同的情况下，坡度不同，土壤侵蚀量有较大差别，因此在实际规划中要对坡度进行分级。目前，国家进行的退耕还林工作中规定退耕坡度为 25°，将 25°以上坡耕地进行退耕后，施行林草措施可以大大减少土壤侵蚀，这就在一定程度上缩小了产生水土流失的范围，而且也减少了由于水土流失造成的危害。考虑到本地生态环境的脆弱性，在实际应用中，把坡度限定在 20°以内，这既可以降低造林的难度，又可以减少水土流失，提高成活率。坡度分级如图1-14和图 1-15 所示。

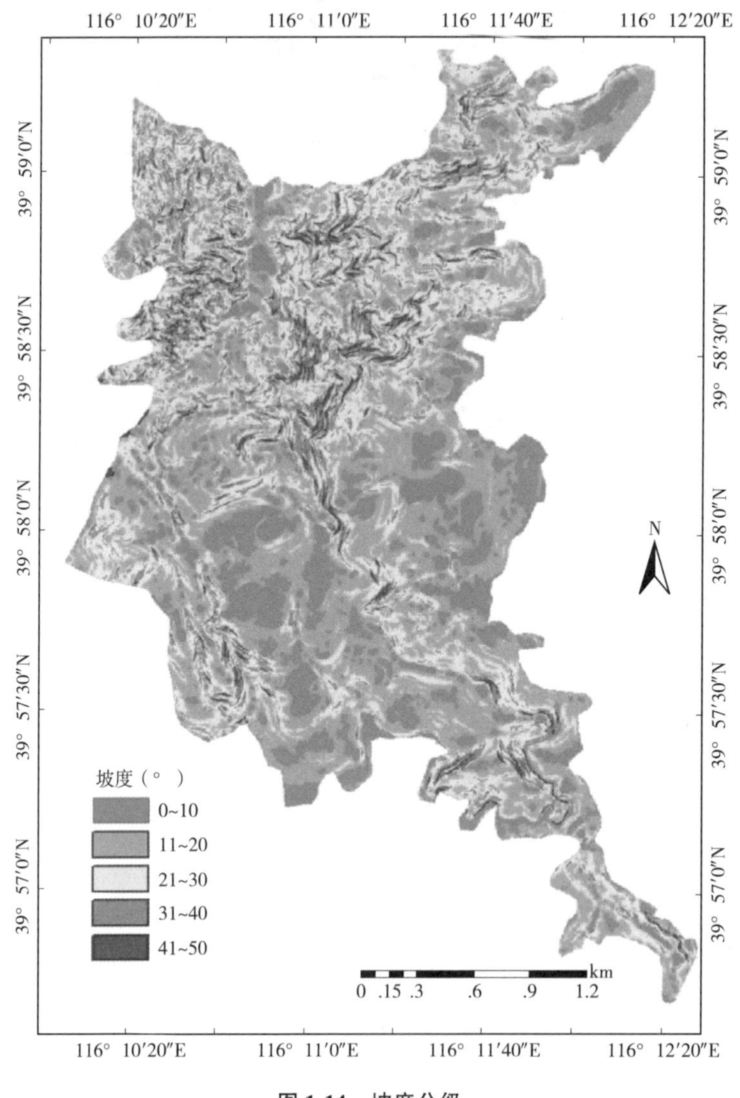

图 1-14 坡度分级

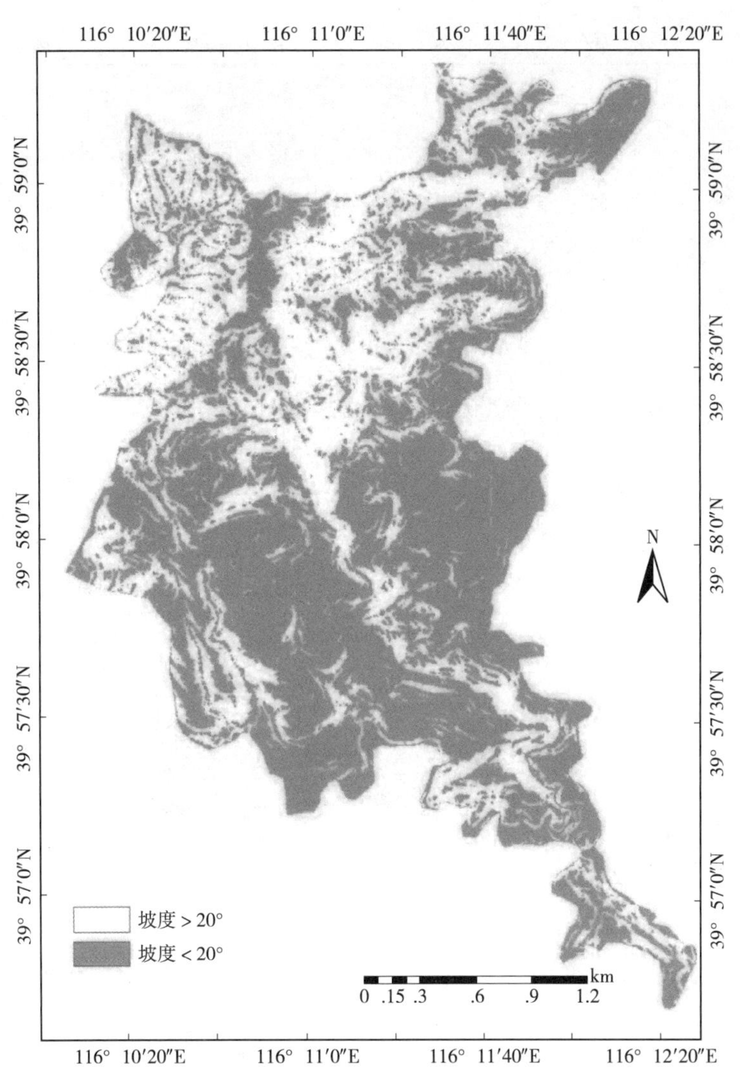

图 1-15 坡度在 20°以下区域

(2)山脊线的提取

山脊线不仅构成地形起伏变化的分界线，同时由于山脊线特殊的空气动力学效应，对森林火灾的火行为有特殊的作用效果，在生物防火林带的规划过程中，对山脊线的确定非常重要。目前，对于山脊线的提取多是从其几何特征或物理特征的单一方面进行研究和设计，本文基于三维地形表面流水数字模拟法对山脊线进行提取(图 1-16)。

根据主风向、防火公路以及坡度分布，对山脊防火林带位置进行选取，主要依据山脊走向与主风向有比较大的夹角，与防火公路可以闭合，坡度在 20°以下，最终确定拟建防火林带的山脊(图 1-16)。

综合分析火灾发生历史记录、可燃物分布、主风向、防火公路、坡度、山脊等因素，最终形成覆盖全区的防火林带网络(图 1-17，彩图 1-17)，使得山脊防火山林与主

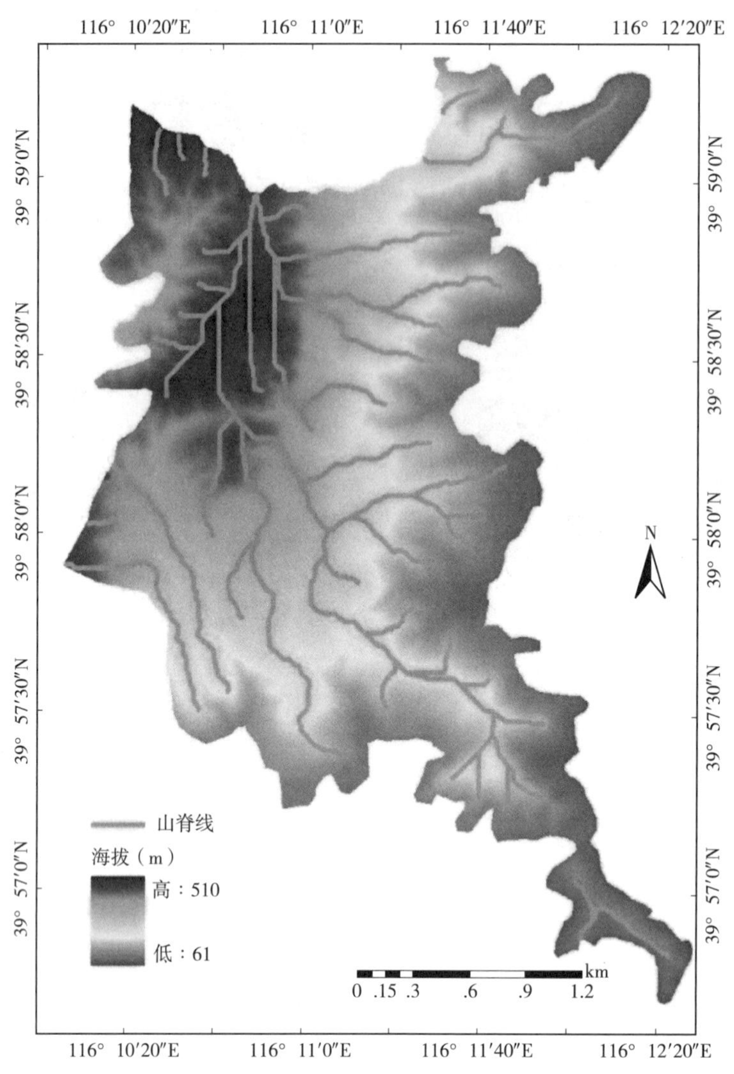

图 1-16 山脊线分布

风向有较大的夹角，坡度在 20°以下，可以有效地阻隔过山火，同时又可以减小造林难度，提高成活率，降低水土流失，也可以使扑火队员通过山脊防火林带快速行进。经过改造和造林，防火公路两侧和林缘防火林带可以成为人为火向林中蔓延的屏障，又可以有效地阻隔林火蔓延。

山脊防火林带、林缘防火林带、防火公路对研究区域进行分割形成闭合网络，使林中同一均质可燃物得到有效分割，增加了可燃物分布的异质性，使可燃物连续性降低，降低了发生大面积森林火灾的危险性。整个防火林带网络将整个区域分割成 17 个大小不等的独立单元，其中，最大面积为 94. 26hm^2，平均面积为 41. 24hm^2。

形成的防火网络总长度为 36816m，其中，山脊防火林带长度为 7038. 2m，林缘防火林带长度为 13448. 3m，防火公路为 16329. 5m。防火网络所形成的网络密度为

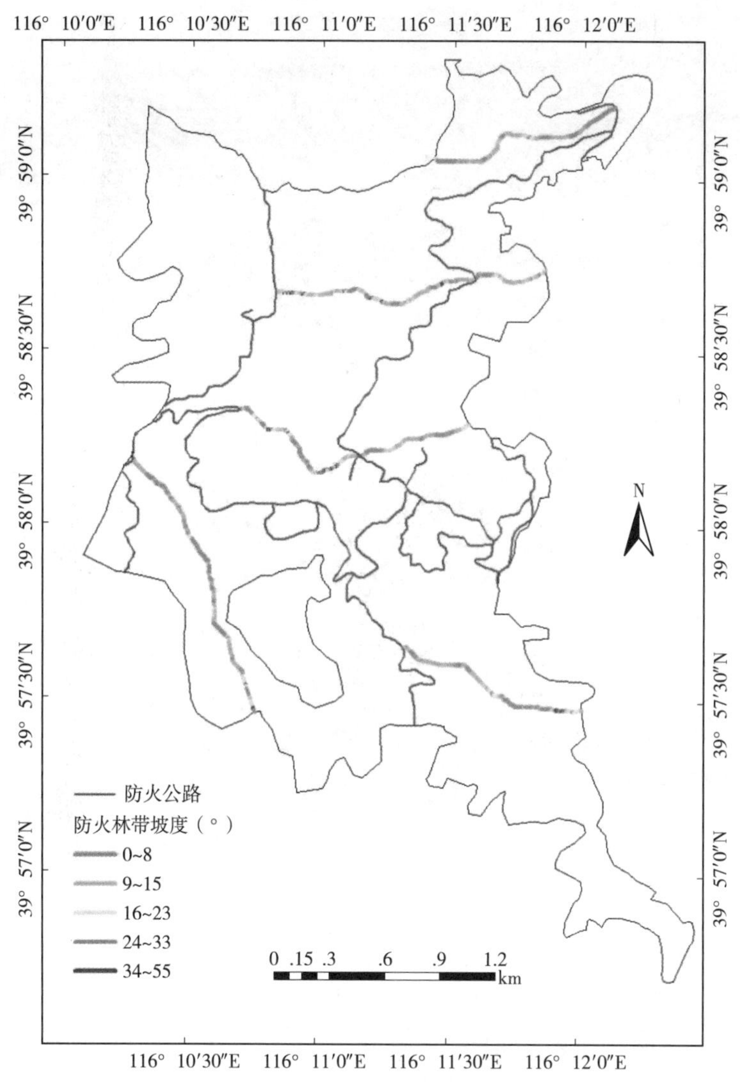

图 1-17 山脊防火林带坡度分布

52.5m/hm²。以理论防火林带宽度 14m 计算，防火网络总面积占区域面积的 7.35%［图 1-18 和图 1-19(彩图 1-19)］。

本文仅从火灾发生历史记录、可燃物分布、主风向、防火公路、坡度、山脊等因素分析防火林带的空间布局。事实上影响防火林带营造、火行为的因素还有很多，如果考虑更多的影响因素，如土壤类型、厚度、坡向、可燃物载量、树高、枝下高等，将使防火林带的规划更加完善。

1.3.5 西山林场潜在火行为

1.3.5.1 火焰高度计算

火焰高度是指垂直于地面连续的火焰高度，可用式(1-10)表示：

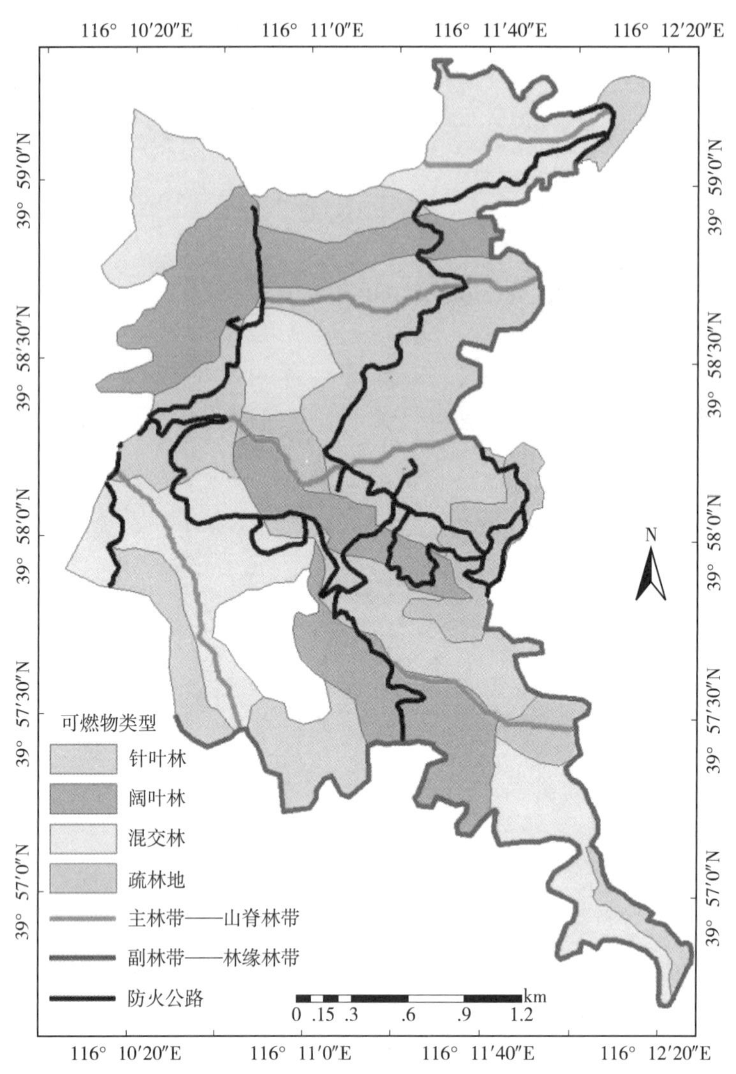

图 1-18　防火林带总体规划

$$h=\sqrt{a\left(\frac{I_l}{250}\right)} \tag{1-10}$$

式中　h——火焰高度，m；

I_l——火线强度，kW/m；

a——可燃物类型常数，草原或连续型植被的 a=1。

1.3.5.2　火蔓延速度

影响火蔓延速度的主要因素为风速、地形条件，以及由前期气象条件决定的可燃物湿度。地形对火灾的发生发展有明显的影响，不同的地形条件会构成不同的森林小气候，引起生态因子的重新分配，使可燃物数量和类型都发生变化，直接影响林火的蔓延和火强度。

在文中设定的风速为 3.6m/s 气象条件下，地表火的火蔓延速度为 0.01~0.22m/s，树冠火的火蔓延速度为 0.12~2.25m/s[图 1-20(彩图 1-20)和图 1-21(彩图 1-21)]，由于冠层

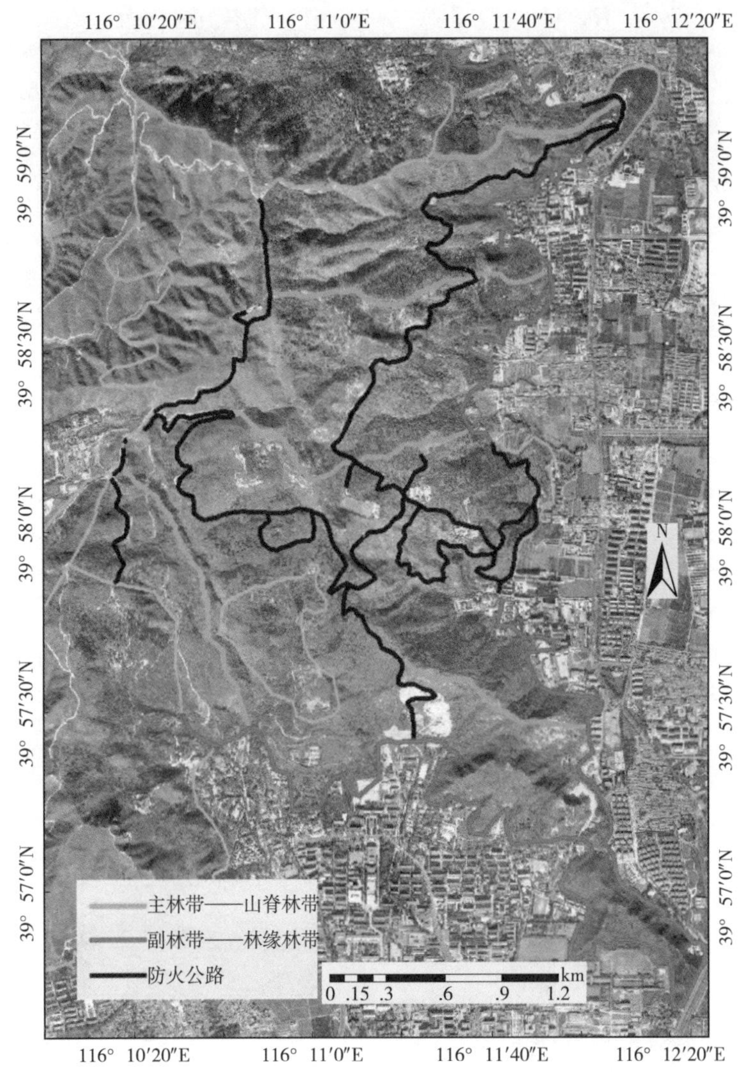

图 1-19 防火林带总体格局

外风速比林内风速明显偏大，使得在同一风速背景下林内地表火蔓延速度比树冠火蔓延速度显著降低。

1.3.5.3 火线强度

火线强度是林火行为重要标志之一。森林燃烧时，火线强度变化幅度相差极大。有些林火专家认为，当火线强度超过 4000kW/m 时，林内所有生物都会烧死，只有火线强度小于 4000kW/m 时，才有生态意义。森林火灾的火线强度变化很大，一般将火线强度分为：低强度(750kW/m 以下)，中强度(750～3500kW/m)，高强度(3500kW/m 以上)(舒立福等，2004)。地表火的火线强度为 144～6592kJ/ms，树冠火的火线强度为 3214～189002kJ/ms[图 1-22(彩图 1-22)、图 1-23、图 1-24(彩图 1-24)和图 1-25]，在设定的气象背景下林内地表火以中低强度为主，对林内生物影响不是很大，但树冠火的火强度以中高强度为主，

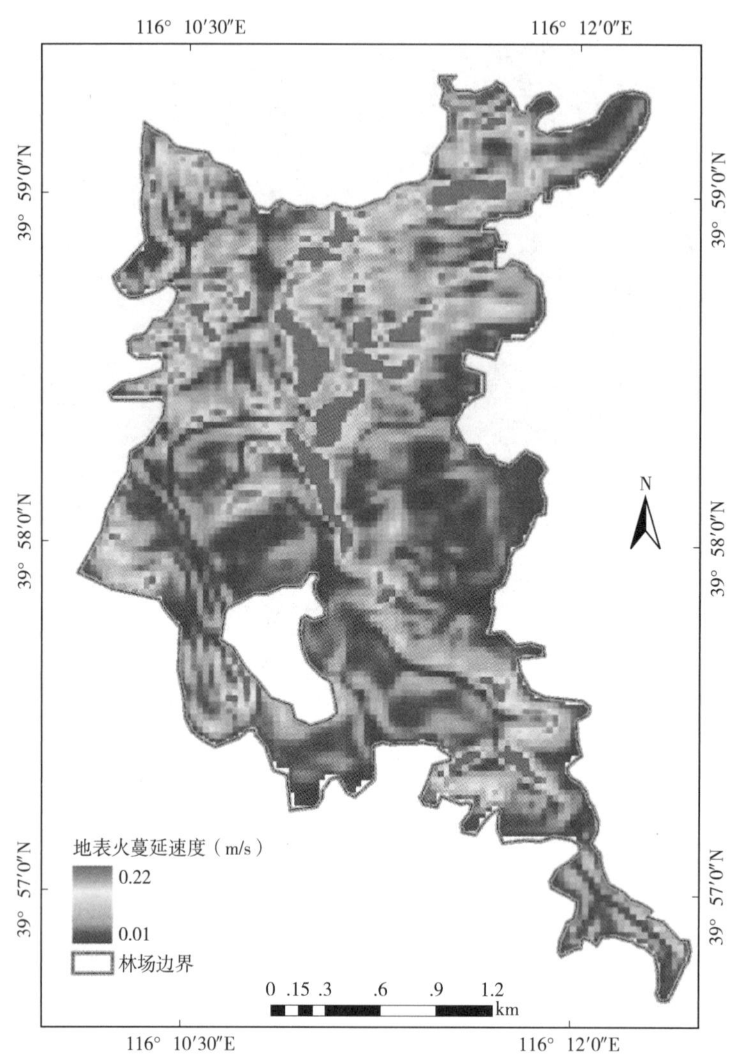

图 1-20　地表火蔓延速度

这时不但扑救难度加大，对林内生物的伤害也极大。因此，避免发生高强度的树冠火是减少火灾损失的重要措施。

1.3.5.4　火焰高度

可燃物分布和载量是决定林火行为的重要因素。本文根据历史气象数据对研究区域的主风向和最大平均风速进行确定，在此背景下对火行为进行模拟计算，分别对地表火发生时的地表有效可燃物载量和树冠火有效可燃物载量进行计算，并在此基础上对地表火和树冠火的火行为进行了分析。

地表火的火焰高度为0.37~2.50m，在本文所设定的条件下，由于地表火、灌木等可燃物的存在，林内枝下高偏低，很容易由地表火引发树冠火[图1-26(彩图1-26)和图1-27)。树冠火的火焰高度为1.75~13.4m，大部分火焰高度小于10m[图1-28(彩图1-28)和图1-29]。一旦发生树冠火，由于空中可燃物连续性高，火蔓延速度比地表火显著加快，火强度极高，

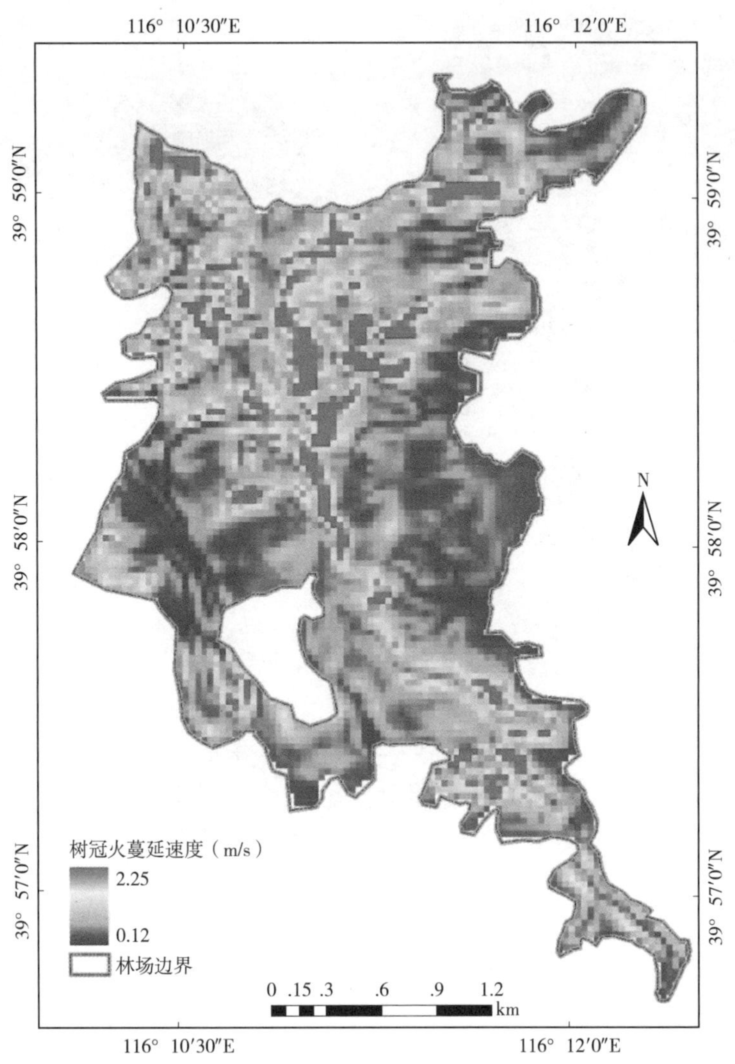

图 1-21 树冠火蔓延速度

扑救难度大。在进行防火公路和防火林带建设时，可以参考相关火行为参数进行合理设计。

山地条件下，陡坡会自然地改变林火行为，尤其是林火的蔓延速度。随着坡度的增加，火焰由垂直发展状态转变成为水平发展状态，大大提高了辐射热能的传播。火焰上空形成对流柱，产生高温使林冠层和空中可燃物预热。浓烟为受热气体上升到冠层提供了良好的通道。树冠层到地面的距离较近，使地表火的火焰更容易达到树冠，也增加了地表火向树冠的热辐射强度，使树冠火形成的可能性增大；其次，上山火火强度显著增加，表现为火焰高度和辐射强度均比无坡度时大，这也是树冠火形成的有利条件(寇晓军等，1998)。

地表火和树冠火的火行为特征包括，地表火的火蔓延速度为 0. 01 ~ 0. 22m/s，树冠火的火蔓延速度为 0. 12 ~ 2. 25m/s，地表火的火线强度为 144 ~ 6595kJ/ms，树冠火的火线强度为 3214 ~ 189002kJ/ms，地表火的火焰高度为 0. 37 ~ 2. 50m，树冠火的火焰高度

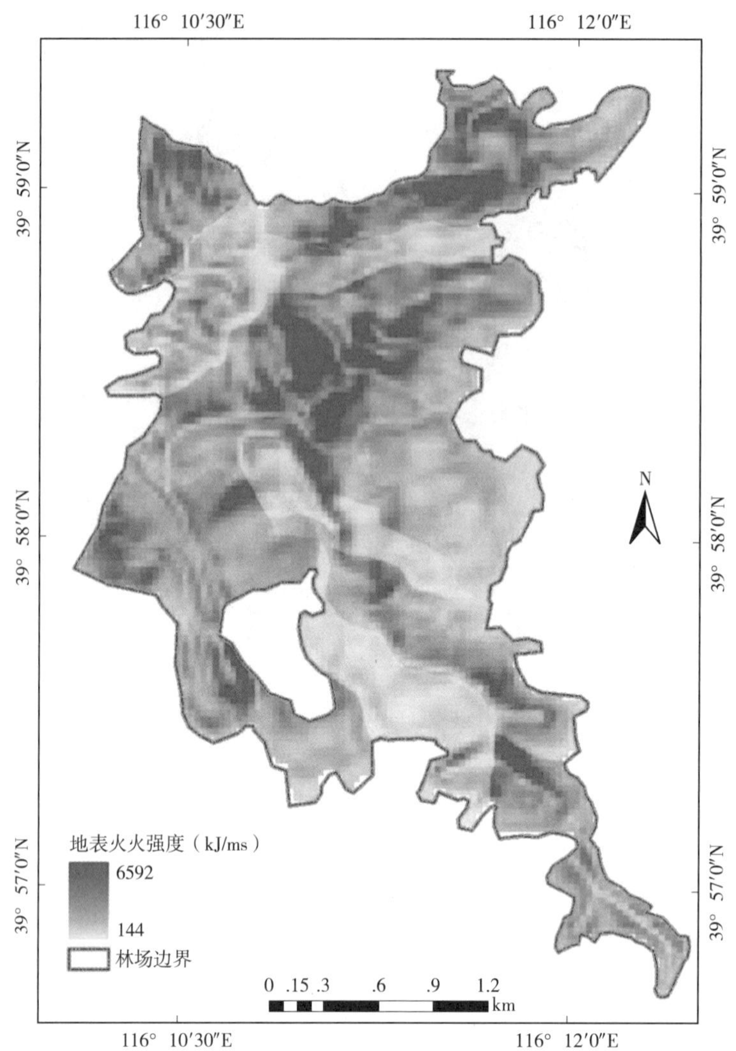

图 1-22　地表火火线强度

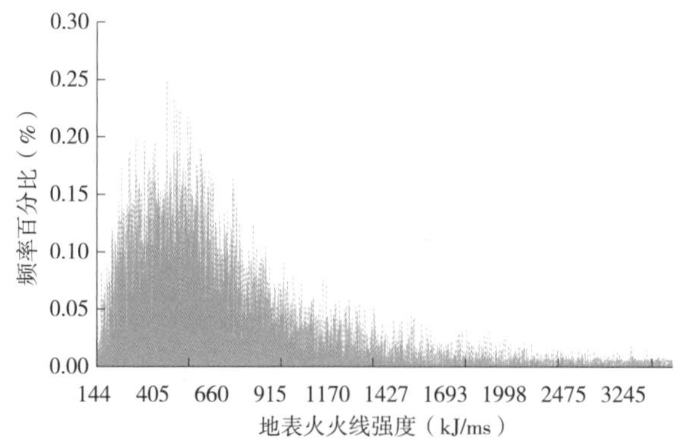

图 1-23　地表火火线强度频率分布

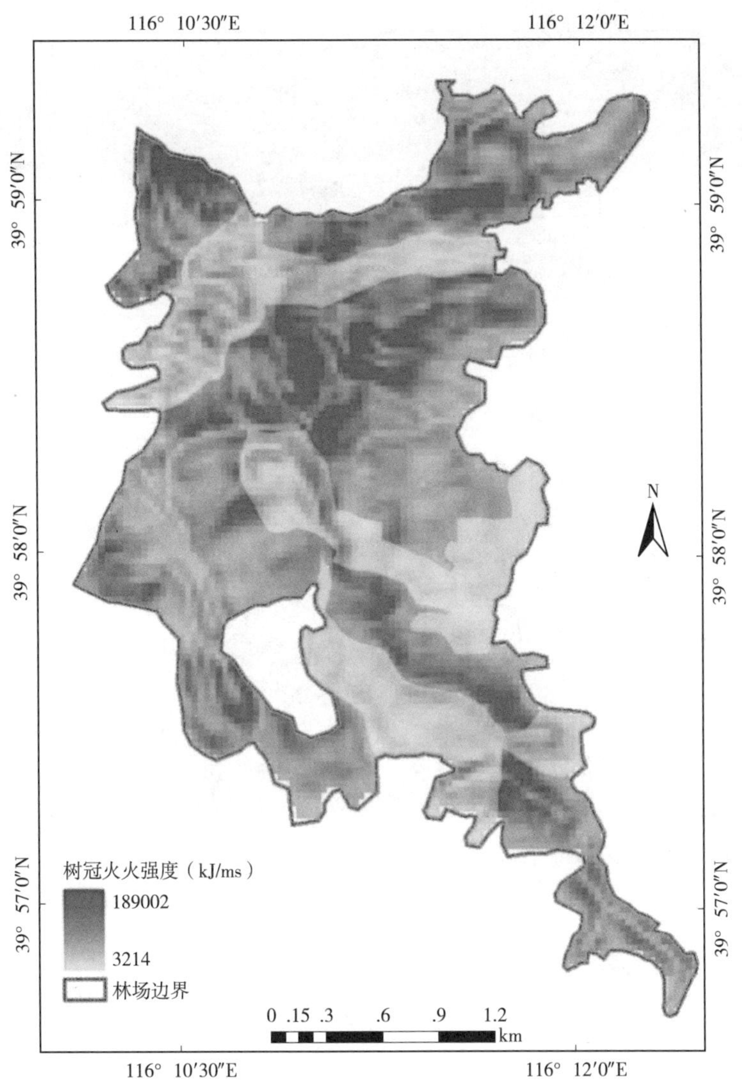

图 1-24 树冠火火线强度

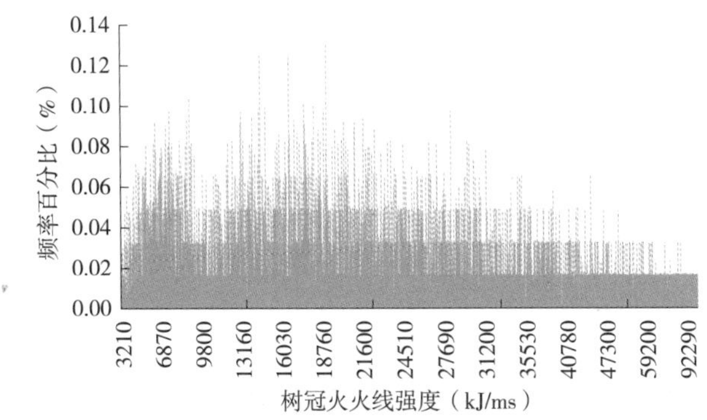

图 1-25 树冠火火线强度频率分布

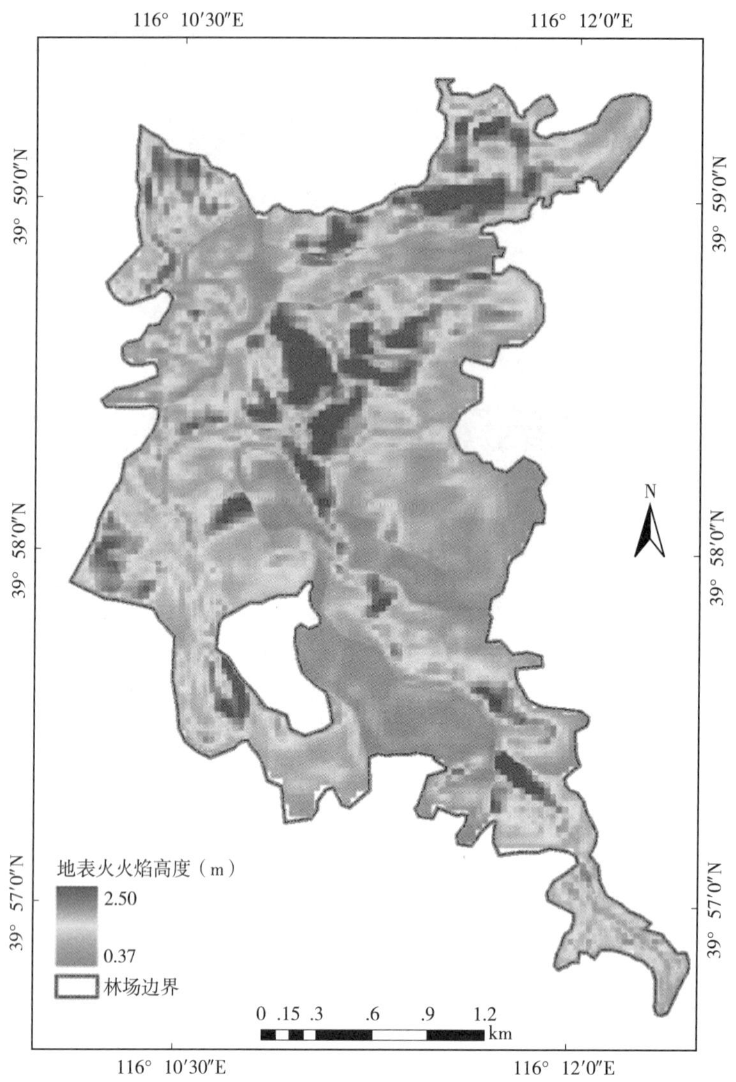

图 1-26　地表火火焰高度

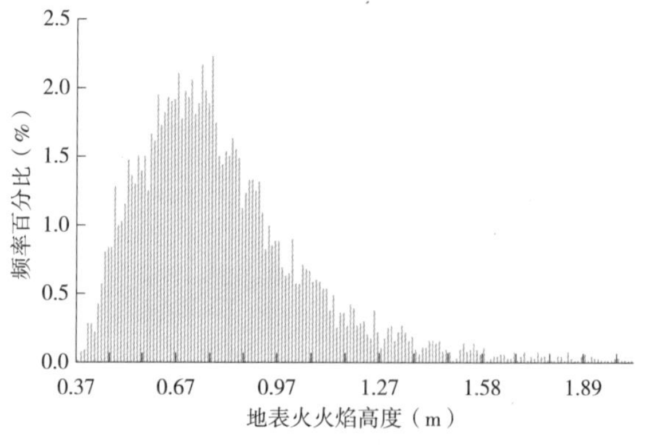

图 1-27　地表火火焰高度频率分布

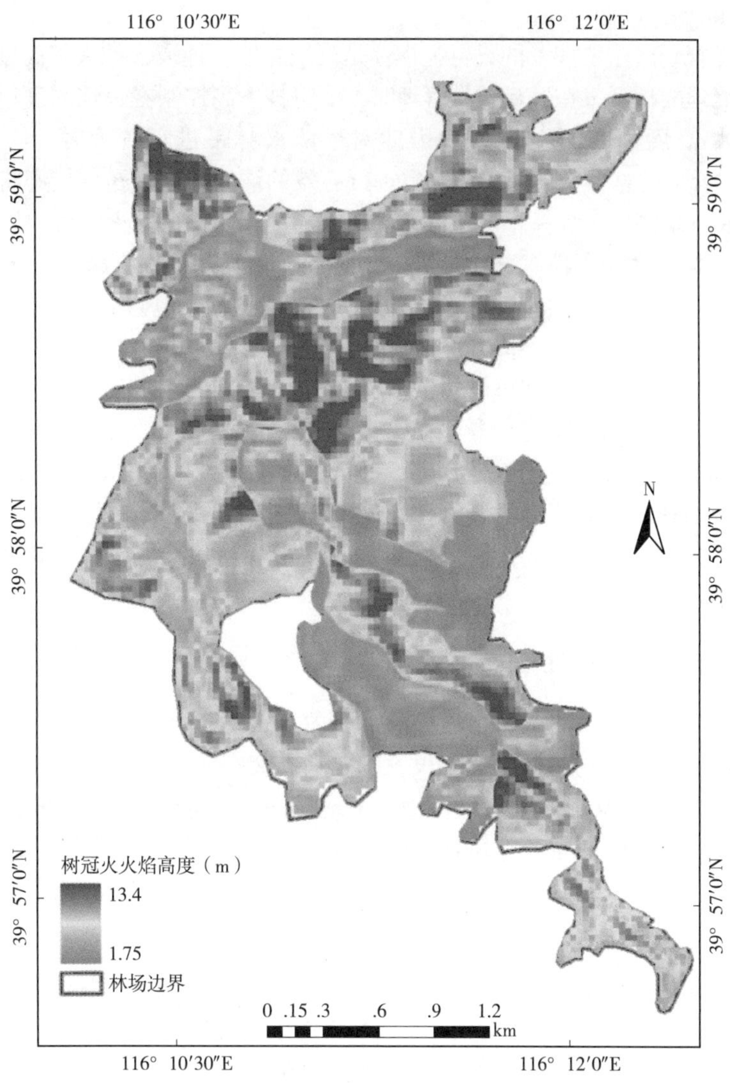

图 1-28 树冠火火焰高度

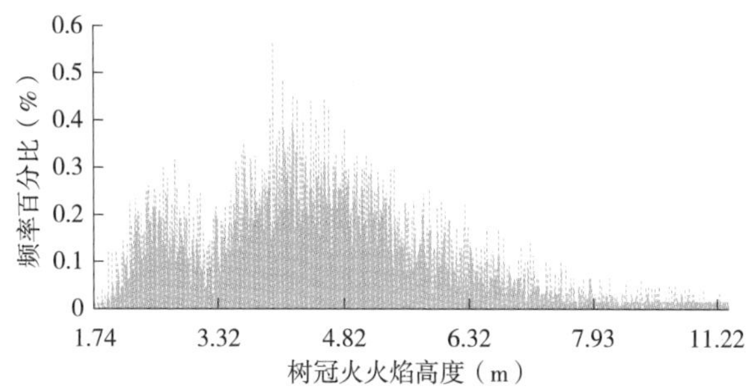

图 1-29 树冠火火焰高度

为1.75~13.4m。

在防火林带规划时主要涉及的火行为指标是火焰高度，地表火的火焰高度决定于地表可燃物和枝下高清理的程度，在进行林带管理时，要将枝下高控制在火焰高度以上，本文估算的地表火的火焰高度为0.37~2.50m，因此对于防火林带进行管理时，枝下高要控制在2.50m以上，对林下的枯落物、草本和灌木进行有效的清理，通过这些措施将有效地降低地表火的火强度和火焰高度，提高梯形可燃物的有效高度，降低树冠火发生的危险。

树冠火的火焰高度用于估算防火林带规划时的林带宽度，根据树冠火火焰高度分布图可以确定林带不同位置的有效宽度。不同的地段，由于坡度、风速、可燃物类型和载量的原因，防火林带的有效宽度有不同程度的降低。

本文根据历史气象数据，在可燃物载量分布数据的基础上对森林火灾的火行为进行分析，在进行防火林带规划时，可以参考相关火行为指标进行合理规划。在不同的位置应根据火强度和火焰高度设置相应的林带宽度。进行林带内可燃物管理时，可以结合地表火火焰高度，对林带内树木的枝下高进行管理，使得枝下高控制在火焰高度以上，减少树冠火发生的可能性。在进行可燃物管理，扑救森林火灾时，也可参考文中计算的火行为特征，使管理和扑救更加有效。

1.3.6 防火林带宽度确定

防火林带宽度的设计是防火林带设计的重要内容，对防火林带宽度的设计还没有统一的标准，根据经验，不同的地区一般有很大的差别。文定元(1992)通过调查认为，在南方宽度一般为6~17m，郑焕能等(1992)认为在山地条件下，林带为15~20m，这样规格的林带可阻止树冠火的蔓延。文定元在综合考虑可燃物载量、风速、火强度、林带高度等变化因素后，根据风洞实验设计了林带宽度的经验公式，在实际中有比较好的应用效果。

1.3.6.1 防火林带宽度空间分布特征

防火林带有效宽度的分布受地形、可燃物、气象背景的影响，一般在山脊和坡度比较大的位置由于风速场的改变，火强度增大，防火林带有效宽度也相应增大，如图1-30所示。在3.6m/s风速条件下，防火林带有效宽度为3.04~6.45m[图1-30(彩图1-30)]；在14m/s风速条件下，防火林带有效宽度为5.24~17.83m(图1-31)。由于防火林带在空间布局上与防火林带最大有效宽度分布并不完全一致，在实际中，防火林带的宽度比理论值有所降低。

可燃物分布和载量是决定林火行为的重要因素，本文根据历史气象数据对研究区域的主风向和最大平均风速进行确定，在此背景下对火行为进行模拟计算。当地2000—2006年平均最大风速平均值为3.6m/s，平均最大风速的最大值为14m/s，在发生树冠火、树叶树枝全部消耗完的情况下，不同林地树冠火的有效可燃物载量为：针叶林39.87t/hm^2，阔叶林13.82t/hm^2，混交林39.74t/hm^2，疏林地15.9t/hm^2。

防火林带有效宽度在分布频率上，在3.6m/s风速条件下，防火林带有效宽度主要集中于3.5~4.5m，在14m/s风速条件下，防火林带有效宽度主要集中于7.2~10.0m[图1-31(彩图1-31)]。将防火林带空间分布图与防火林带宽度分布图叠加，将可得到准确的防火林带宽度分布(图1-32)。

防火林带的有效宽度是防火林带设计的重要指标，受地形、可燃物、气象背景等综合

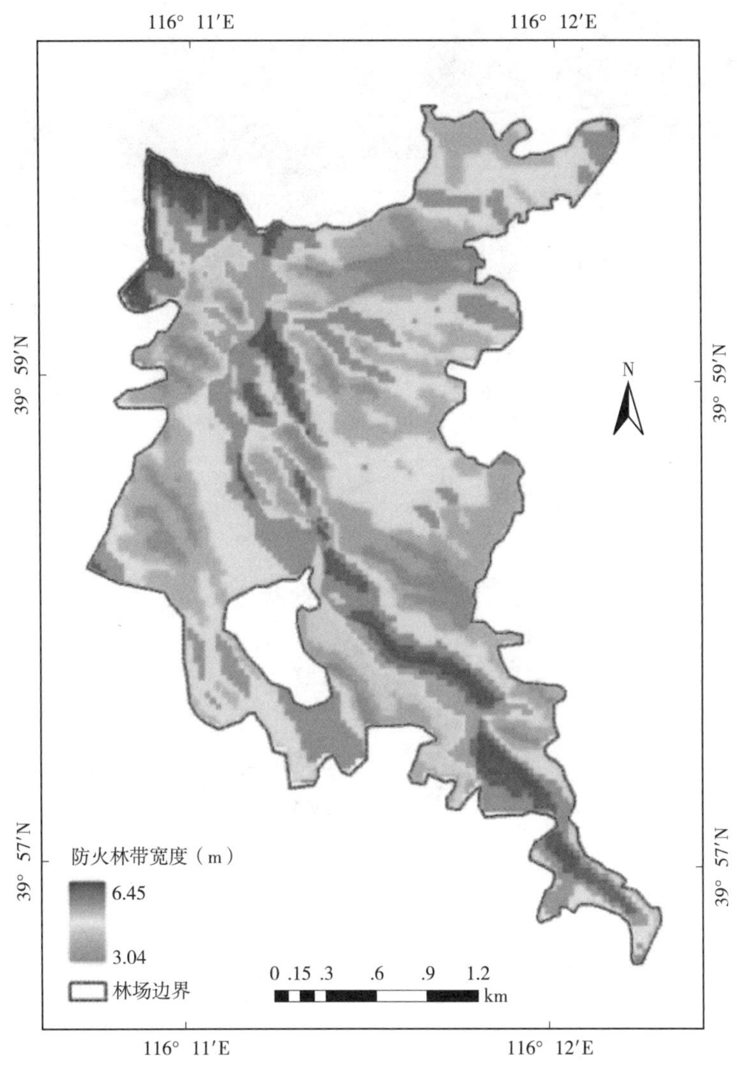

图 1-30　3.6m/s 下林带宽度

因素的影响，在理论上不同位置宽度不同，在实际中往往根据实际情况使用统一的宽度。在平均最大风速 3.6m/s 条件下，树冠火的火线强度为 3214~189002kJ/ms，防火林带有效宽度为 3.04~6.45m，在最大风速 14m/s 条件下，火强度为 2165~1916410kJ/ms，防火林带有效宽度为 5.24~17.83m。

防火林带的有效宽度的计算取决于对火行为的模拟，目前对火行为的模拟与实际还有一定的差距，因此在实际应用中可以根据防火林带的使用效果，将理论值作为参考。由于树种的抗火性的原因，防火林带主要以阻隔地表火和中低强度的树冠火为主，在极端的干旱的条件下，防火林带含水率降低，易燃性增加，一些特殊的火行为现象如飞火等有可能发生，在这种情况下，防火林带的阻火能力将极大地降低。

1.3.6.2　防火林带有效宽度确定

不同位置的防火林带有很大的不同，将防火林带与防火林带宽度分布图进行叠加，可

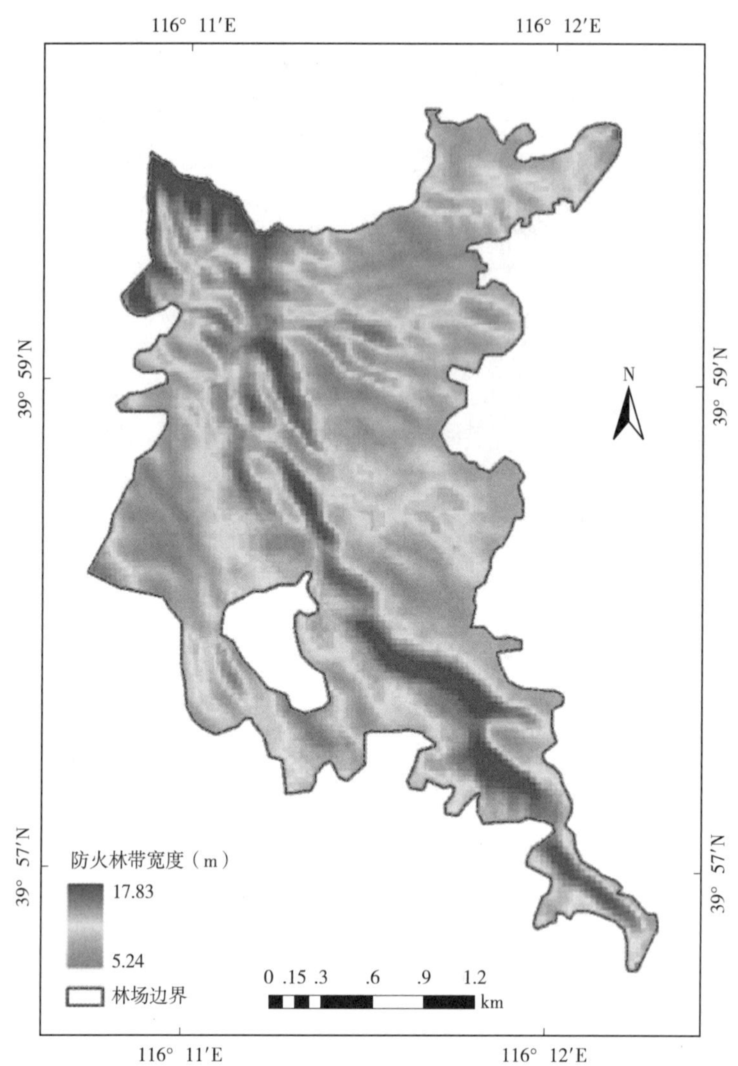

图 1-31　14m/s 下林带宽度

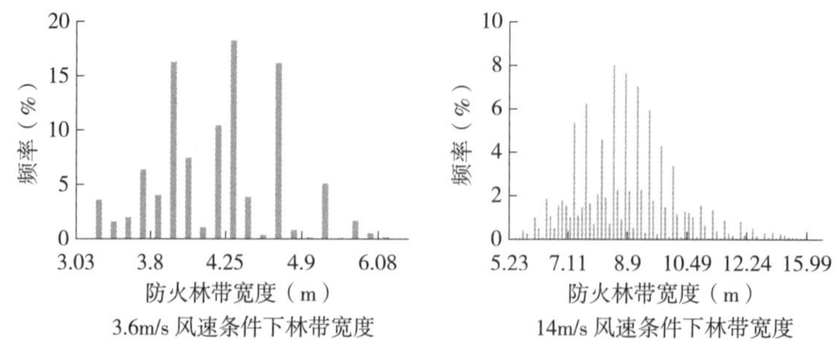

图 1-32　防火林带宽度频率分布

以对防火林带的有效宽度进行确定[图 1-33(彩图 1-33)和图 1-34(彩图 1-34)]。防火林带有效宽度为 5.7~13.7m，99.1%林带宽度在 6~13m，林带加权平均值为 8.5m。在实际应

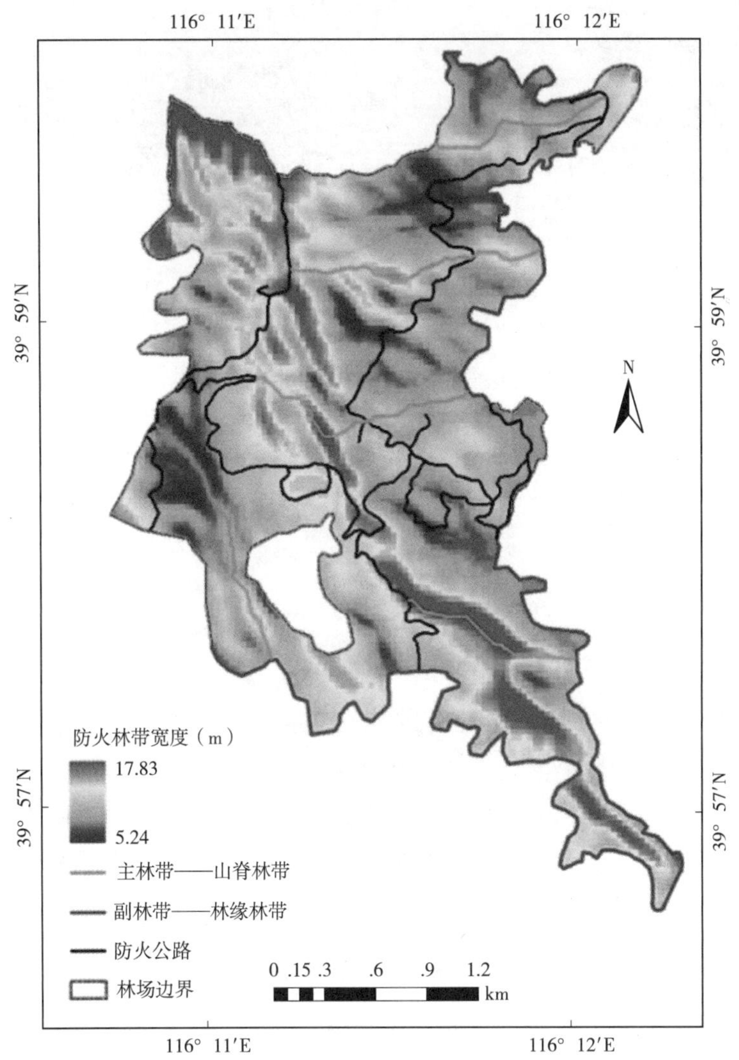

图 1-33　14m/s 下林带宽度

用中，应尽量将林带宽度控制在 14m 左右，如果条件不允许，也可把林带宽度控制在该位置理论宽度以上(图 1-35)。

1.3.7　防火林带可视域分析和树种配置

由于规划区域将规划为森林公园，为了达到比较好的景观效果，需要对研究区域进行视域分析，在此基础上，结合防火树种筛选，在不同的位置选种不同的树种，既可以有效地阻火，又可以有比较好的视觉效果。

以所有防火公路为基准点，对整个研究区域进行视域分析(图 1-36)，然后，将山脊防火林带与视域进行叠加，确定不同林带位置是否可视[图 1-37(彩图 1-37)]，经统计山脊林带的 89.5%处于可视范围(表 1-8)。

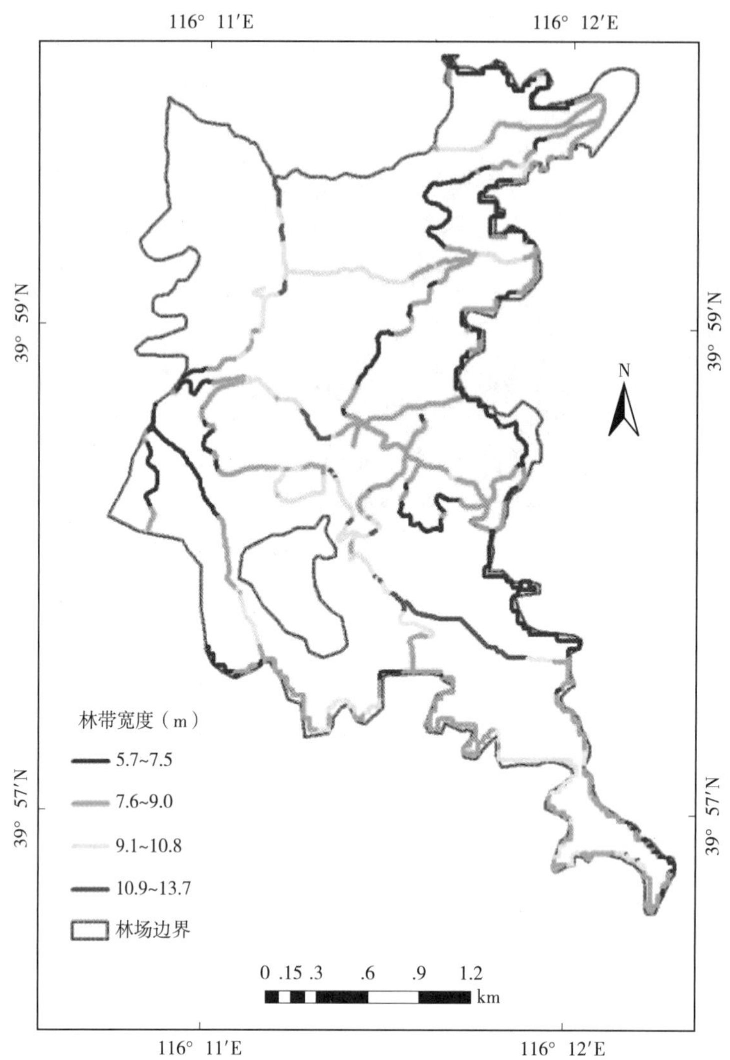

图 1-34 林带宽度分布

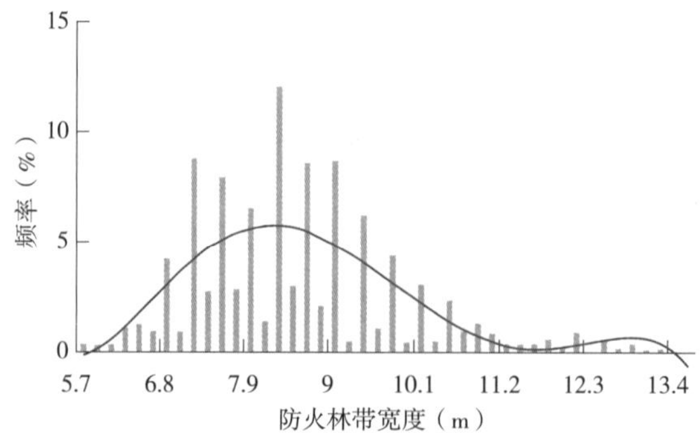

图 1-35 所有林带有效宽度频率分布

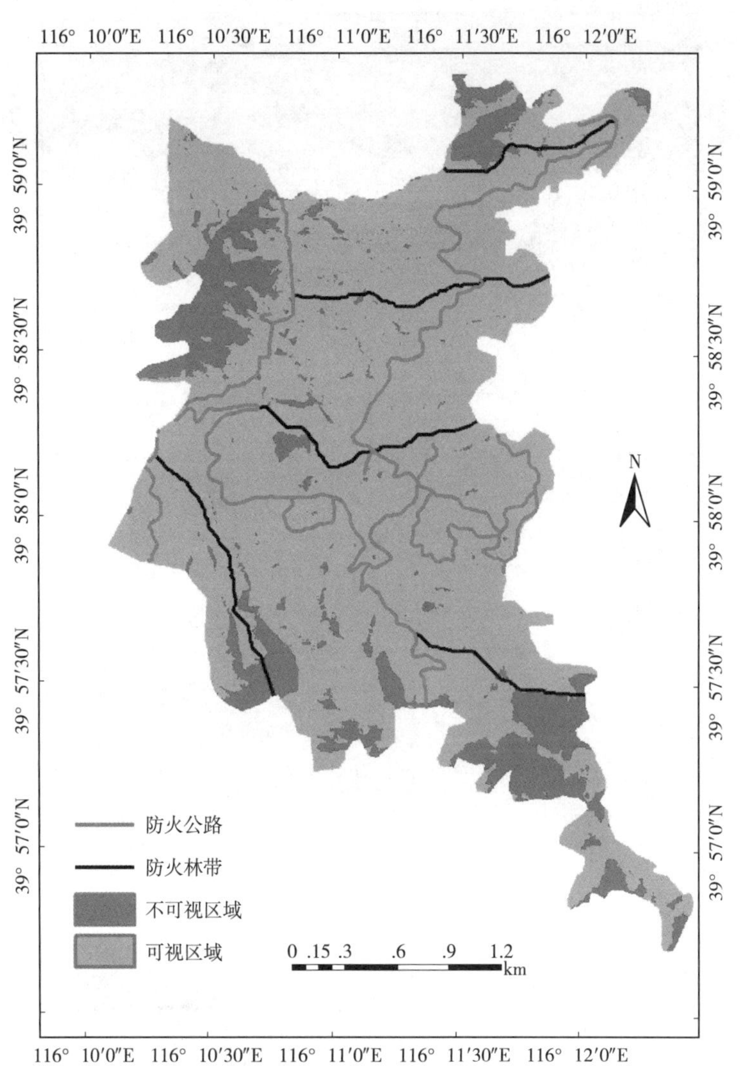

图 1-36 视域分析

表 1-8 山脊防火林带视域统计

m

编号	林带长度	不可视林带长度
1	1115.6	276.2
2	1637.6	214.8
3	1519.6	37.8
4	1617.1	37.3
5	1148.4	170.2
总长度	7038.2	736.3

对于不可视部分，主要考虑阻火性能；对于可视部分，除了考虑阻火性能外，还要考虑景观效果。

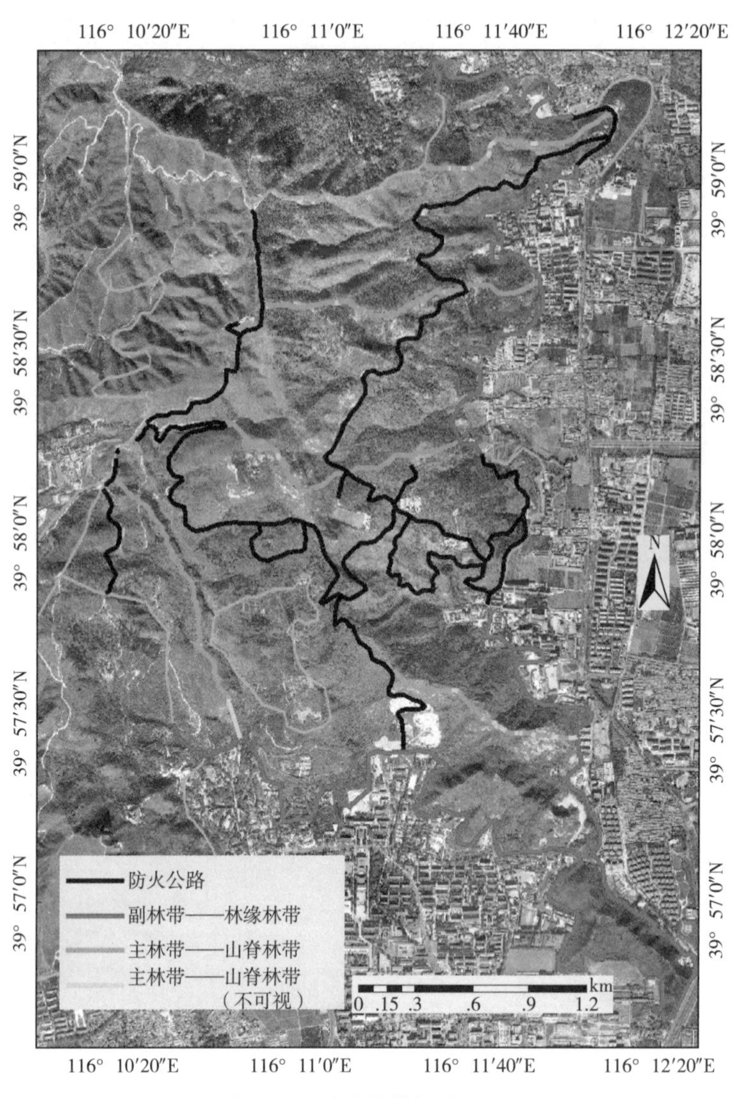

图 1-37 防火林带视域分析

1.3.8 规划方案与技术指标汇总

1.3.8.1 空间布局(表 1-9 和表 1-10)

表 1-9 林缘林带统计

m

编号	林带长度	编号	林带长度
1	8964.2	3	1510.5
2	2973.6	总长度	13448.3

表 1-10 防火公路林带统计

m

编号	林带长度	编号	林带长度
1	5419.5	2	736.9

（续）

编号	林带长度	编号	林带长度
3	4084.1	9	380.5
4	1297.0	10	259.5
5	1201.2	11	147.0
6	879.2	12	650.1
7	477.5	13	186.0
8	611.2	总长度	16329.5

1.3.8.2 树种配置及技术指标

华北地区防火能力强的树种有刺槐、核桃、加杨、青杨、旱柳、火炬树、香椿、紫穗槐、元宝槭、毛白杨、柿树、黄连木、山桃等。而山杏、栓皮栎、油松、侧柏等防火能力较差(图1-38)。

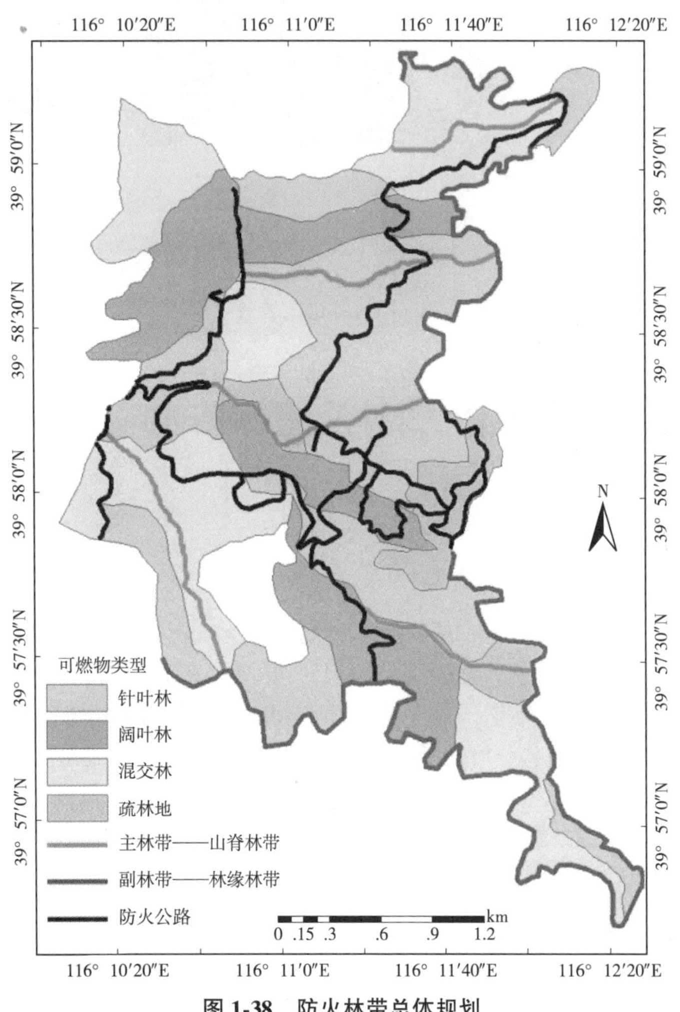

图1-38 防火林带总体规划

(1)主林带——山脊林带

对于不可视部分林带，根据立地条件可以种植加杨、青杨、火炬树、元宝槭。

对于可视部分林带，主要种植火炬树、元宝槭。

(2)副林带——林缘林带

林缘林带一般立地条件比较好，可以适当种植加杨、青杨、香椿等。

(3)防火公路

防火公路两侧主要种植火炬树、元宝槭。

(4)各技术指标

林带宽度：14m，防火公路每侧林带宽度为5m。

株距：2m×2m。

1.3.8.3 防火林带3D效果图[图1-39(彩图1-39)]

图1-39 防火林带三维效果图

1.4 华北地区主要防火树种及造林技术

1.4.1 火炬树(*Rhus typhilla*)

1.4.1.1 形态特征

火炬树为落叶小乔木，树冠开展半圆形，高达6~10m，胸径粗20~30cm，生长在瘠薄地，常呈灌木状。雌雄异株，大型羽状复叶，很似臭椿，但叶缘有锯齿，小枝有长茸毛，很像鹿角。初夏在枝顶开花，花序紧密圆锥状。花后结成鲜红色果穗，如高粱穗一样，似火炬，火炬树由此得名。叶秋季变红色，鲜艳美丽，侧芽包在叶柄之内，落叶后才能看到侧芽。

1.4.1.2 生物学特征

喜光树种，枝叶开展稀疏，当年生嫩枝，叶量较大，叶重与枝重相近(干重)。只有在阳光充足的条件下才能生长良好，结实正常。

喜温暖，耐严寒。在北京地区背风向阳面生长最好。火炬树在气候温和的温带生长最好，但又能抗-30℃的低温。

喜湿润，耐干旱。喜肥沃，耐瘠薄。火炬树在水肥条件较好的地方生长迅速，可长成小乔木，在苗圃中，1 年生苗高可达 3m，大树高可达 10m。在瘠薄干旱的山地，虽能正常生长，但常呈灌木状。

早期速生。火炬树幼期生长极为迅速，不论播种苗、根蘖苗或砍伐后的当年萌条都很速生。在北京地区，1 年生幼苗苗高可达 3m 以上，地径粗可达 4cm 以上。结实早，实生苗 3 年生后开始结实，萌生树之年生后开始结实，每千克种子 10 万粒，火炬树单株寿命短，为 10~15 年，15 年后开始枯干衰亡，但根蘖苗不断萌发，延续生命和保持林相整齐稳定。

1.4.1.3 分布

原产北美洲，欧洲、亚洲的温带地区已广泛引种。我国辽宁、吉林、河北、内蒙古、河南、山东、山西、陕西、甘肃、宁夏等地均有栽培。多生于海拔 2000m 以下的山地、平地。

1.4.1.4 造林技术

(1)采种

11 月果穗变为红色，即为成熟标志。采集的种子要贮藏于通风室内备用。

(2)育苗

①播种育苗　在北方，通常采用春播。播种前，种子需要进行处理：首先将干藏种子用 80~90℃ 的热水浸种，去掉蜡质层，热水放进盛有种子的容器时，要不停地搅拌，4~5min后捞出种子，放入 40℃ 的温水中，再浸泡 24h，使种子充分吸水，而后将种子捞出装入麻袋中，放置在向阳温暖的地方，上盖物保湿进行催芽。在北京 4 月初的天气条件下，经 3~4d 种子即可发芽。发芽后及时播种，每公顷播种量 15~30kg，垄插和条播，每公顷产量以 6 万~7. 5 万株为宜，不能超过 9 万株，否则，苗木质量显著降低。

②根插育苗　春季取火炬树的根，截成 10cm 左右长的段，按 30cm×50cm 的株行距扦插，根端的上端要埋入土内 1~1. 5cm，插好后及时灌水。火炬树可采用播种育苗。苗圃地以地势平缓、背风向阳、上层深厚疏松、排水良好的沙壤土为宜。北方气候较干旱，一般都作低床。播种多在春季，1 年生苗即可出圃造林。用于行道树栽植时，苗龄应再大些，并注意干形培育。

③留根育苗　火炬树起苗后，残留在育苗地中的断根，可萌发一定数量的根蘖苗，在圃地较多，种子较少时，可用此法就地培育成苗。

④分蘖繁殖　在火炬树林地或单株火炬树的四周，进行秋季或春季翻地，深度 10~20cm，同时可施入有机肥，促使萌发一定数量的根蘖苗，当年秋季或第二年春季起苗造林。

(3)造林

选地：低山、缓坡、沟边、谷地。

整地：雨季带状或大穴状整地。

秋季截干造林：在春旱严重、水源缺乏，造林后难以进行灌水的情况下，最有效的办法是雨季整地，秋季截干栽植造林。在北京地区，一般是从 10 月底至 11 月初(落叶后到结冻前)进行。火炬树的根皮较厚，贮水量较多，其抗干旱能力较强，秋季截干造林成活率很高。

春季截干造林：春季干旱程度轻或灌水条件较好的地区，可进行春季截干造林。在北方，土壤化冻后发芽前进行，但植后要浇1次水。

秋季带干造林：秋季降水较多，土壤和空气湿度条件较好，少风而又不太严寒的地区，有灌水条件时，为早日成林、早见林木，可带干造林，第二年春季发芽后要浇保活水。

春季带干造林：冬季风较大，春季干旱期长的地区，只有为在道路两旁、村镇空地或公园营造风景林，才可采用春季带干造林，栽好后及时灌水，发芽后进行多次浇水，直至保住成活。

造林密度：初植密度宜为2500~3300株/hm^2，株行距可采用2m×2m或2m×1.5m。防火林带可采用4~6行。栽植方式采用方形或三角形配置。

抚育：火炬树造林后，第一年要进行松土除草，在土壤紧实的造林地，要全面松土，松土深度10~20cm，以利树根伸展与根蘖苗的产生。作行道和观赏树时，要修去较低的侧枝，以促其高生长。

幼林抚育：一般抚育3年。第一年2次锄草松土，分别于春末和秋初进行。

1.4.1.5 经济用途

火炬树果、叶秋季变红色，很鲜艳，是很好的观赏树，可营造风景林和行道树。树皮、树叶含鞣质，树皮及根能入药。种子含蜡质，可作工业原料。早期速生，萌芽力很强，适于短轮伐作业，造林容易，是缺柴地区的优良薪材树种。

1.4.2 香椿(*Toona sinensis*)

1.4.2.1 形态特征

楝科香椿属，落叶乔木。天然林或未采摘椿芽的人工林，树干挺直，光滑，分枝少；采椿芽的树体因受人为的影响而使主干低矮，多在3~5m处生出许多大分枝，构成树体的骨干枝。对于专为菜用的香椿，常进行强制性的矮化整形和修剪，使树体成灌木状或扫帚形。树皮纵裂，条片状剥落，裂缝深0.3~1cm，裂片宽1~3cm，长10~15cm。树皮颜色因生长地区而不同：由南到北，树皮色由深红褐色渐变成灰褐色或褐色。一年生枝条肥粗，多为暗黄褐色，有光泽；幼枝绿色或灰绿色，被白粉或着生柔毛。偶数羽状复叶，少数为奇数。复叶长25~50cm，互生。小叶8~14对，对生或近对生，有特殊香味。叶柄红绿色，有浅沟，基部肥大。叶痕大，倒心脏形或罩角形，有5个维管束痕。小叶卵状披针形或圆柱至椭圆形，全缘或有浅锯齿，两面无毛。小叶长7~15cm，宽2.5~4cm。幼叶绛红色，成年叶绿色，叶背红棕色，轻被蜡质，略有涩味。

香椿花为圆锥花序，下垂，着生在一年生枝条顶端，顶芽采摘后续发的侧芽不会开花结果。香椿为两性花，白色，有退化雄蕊和发育正常的雄蕊各5枚，互生。6月开花，子房有沟纹5条。蒴果木质，狭椭圆形或近卵形，长1.5~3.3cm，成熟时深褐色，有光亮，先端呈五角状开裂，内有种子数粒。种子近椭圆形，扁平，红褐色，长5~7mm，一端具矩形膜质长翅，翅长1~1.2cm。去翅的种子近椭圆形或三角形，扁平。

1.4.2.2 生物学特性

香椿喜温和湿润气候，可以在年平均气温8~10℃的地区生长；在1月平均气温-1~-4℃，7月平均气温28~32℃，极端最低气温-25℃，极端最高气温35℃，年平均降水量600mm以上的地方，适宜栽培香椿树。香椿萌芽的起始温度为7~9℃，生长期内的适宜温度为10~30℃，气温高于35℃时，植株生长受抑，叶子卷曲，易萎蔫，甚至停止生长。日平均气温不足10℃时，生长也不良，日平均气温5℃时停止生长。北方地区露地种植的香椿到10月中下旬自然落叶，逐渐转入休眠期。

香椿植株的抗寒力随年龄的增加而提高，1年生实生苗处寒冷干旱的环境中，在-10℃下主干可能冻死。成龄树的耐寒力强，在-20℃下也能越冬，但顶芽有时受冻。

香椿喜光，不耐阴。在背风向阳、温差大的地方或栽培季节，香椿芽色泽鲜艳，香味浓而较甜，品质好，上市早。在日照不足、降雨多，空气湿度大的地方，香椿芽多为绿色，含水分多，味淡。所以，北方温室生产的香椿的品质常优于南方的或露地栽培的香椿。

香椿对土壤的适应性较强，在酸性土、中性土、钙质上和含盐量在0.15%以下的轻盐碱地上均可正常生长。在有机质含量较高、上层深厚疏松、富含钙质的肥沃沙壤土上其根系发达而深，故在河流两岸、道路旁、宅院周围、梯田向阳地堰下和山丘地上的香椿生长旺盛。椿芽在结构性差的黏土、瘠薄的沙土上虽也能生长，但生长慢，品质差，树体主干弯曲多节，木材颜色较深，弹性差，容易早衰。

香椿喜湿，抗旱力弱，但也不耐涝。6~8龄的香椿适宜在地下水位2m左右的地上生长，在这种条件下，香椿根系发达，粗壮；地下水位过高时，根系发育不良，而且容易烂根，树势衰弱，新枝萌发力弱，产芽量低；地下水位不足3~5m时，香椿易受旱害，树体生长慢，椿芽渣多汁少，品质差。

1.4.2.3 分布

香椿分布区的北界大致与年平均气温8℃的等温线相一致。但是在这一地区范围内，1月平均气温-6℃的等温线的地方，最好在避风向阳的小地形内栽植香椿，1月平均气温-4℃的地方，新栽的小苗和平茬苗的地上部分尚会受冻害。在黄河下游的河南、山东两省及淮河流域的安徽和江苏北部，香椿分布比较集中，其他地区散生为多，集中成片生长的较少。香椿天然林的垂直分布，一般在海拔800~1400m较多，少数分布到1800~2000m处。

1.4.2.4 造林技术

(1)种子采集

林地林木7~10龄开花结果，孤立林木5~7龄可开花，15~40龄间为大量结种子期。菜用香椿树因每年采摘椿芽，消耗养分多，不容易开花结籽。香椿的花序顶生，计划采收种子的母株当年春季不能采摘椿芽。以10~30年生的健壮树作母株繁殖菜用香椿时，应从树形低矮、分枝较多、枝芽粗壮、枝条生长不快的母树上采集种子。每株树可收种子0.25~1kg。北方地区，10月中下旬果实由绿色变黄褐色时，表明果内种子已达成熟阶段，应及时剪下果实。果实应放于通风处晾干，不能曝晒，等果皮干燥，果壳开裂时，抖动果柄，种子即可脱出。去杂后，放置于干燥通风的低温处。种子上的膜质翅不能摘去，否则会严重影响发芽率。

种子的贮藏寿命短，在半年贮藏期内，发芽率下降还比较缓慢，半年以后，发芽率急速下降到50%左右。生产上应使用新种子播种。北方宜引用我国中北部地区的香椿种子，它们有较强的抗寒力。

(2)种子处理

香椿种子粒小，种皮坚硬，外有蜡质，不易吸水，干籽播种发芽出苗慢，易受昆虫或鸟类危害。播前经浸种催芽处理可提早5~10d出苗，而且出苗整齐。浸种前先搓去种子上的膜翅。

浸种催芽的方法有多种。可将种子倒入倍于种子量的温水中浸泡1昼夜，使种子充分吸水；也有先用温水浸泡4~6h，再换清水浸泡10h的；也可用0.5%高锰酸钾液浸泡1d进行种子消毒，然后捞出种子，冲洗几次，沥去水分。将种子装入湿麻袋(或布袋)内，放于20~25℃处催芽，每天用温水冲洗1次，并翻动种子，使受热均匀。一般经7~10d，有少量种子裂嘴，露出胚根时播种。也有将浸过的种子混合等量的干净细沙，摊放在簸箕(柳条编制)或其他能漏水的容器内，厚度不超过3cm，上盖湿麻袋，放院里向阳温暖处催芽，白天喷水保湿；或把和以细沙的种子放在深15~20cm的坑内，上盖塑料薄膜，保持20~25℃，每天翻1次，出芽后播种。

无灌溉条件、干旱或初冬播种时，可不经浸种催芽，直接播干种子。

(3)播种

选用背风向阳，光照充足，肥沃疏松，通气性良好，能灌能排的高燥地段做苗圃。忌用积水地、重黏地和前作物为前科植物的地块，也不要与香椿重茬，否则容易患根腐病。每亩施腐熟农家肥4000~5000kg，过磷酸钙50~60kg，碳铵40~50kg作基肥。施肥后翻耕和整地，同时喷施5%辛硫磷或撒施乐果粉剂制成的毒土，进行土壤消毒和杀灭地下害虫。苗床畦宽1~1.2m、长10m左右，整平待播。

春季和初冬两期播种，北方以春播为主。春季3~5月间均可播种，当地日最低温1~5℃时就可播种。条播或撒播，条播优于撒播。在整好的苗床上按行距20~30cm或30~40cm开沟，沟深3~4cm。播幅宽6~10cm，用锄耙平沟底。浇小水湿沟，水渗下后，将催芽后的种子均匀播入沟内。控制每平方米有苗25~30株，每亩苗圃用种子2~4kg。播后覆细土1~1.5cm，顺沟轻轻耙平覆盖。天旱时覆土可加厚些，或者土面上再加覆一层细沙，或畦面盖地膜、草、麦秸等保墒，以利出苗。苗圃土质较黏时，可在播种前1周左右先满畦浇水洇地，等土壤稍干时再开沟播种，播时不再浇水。

冬季不太寒冷的地区，可于秋末初冬用种子播种，播后将覆土堆成20~30cm高的土垄，保护种子过冬。翌年谷雨前，扒开垄土检查，种子已露白芽时，扒去大部分垄土，留2~3cm，种子开始顶土时再轻轻扒去一层土，仅留1~1.5cm厚。扒土时注意，切勿损伤胚芽。地势低洼或苗期降雨多的地块，可用垄播。垄高20cm、垄距40~60cm，在垄上开沟播2行种子，播后沟里浇水，渗透到垄顶。

(4)苗圃管理

播后到出苗前严防苗圃土壤板结。刚出土的香椿幼苗，茎叶娇嫩，不耐强光曝晒，怕灼伤。播后最好在畦、垄面上架设 1m 左右高的棚，顶部稀盖玉米秸秆或杂草等，适当给苗床遮阴，幼苗有 4~6 片叶或 10~15cm 高时逐渐去掉遮阴物；也可在玉米等高秆作物行间做苗床，待玉米长到 10cm 左右高时，苗床播种香椿，利用高秆作物为香椿幼苗御寒防晒，玉米进入旺盛生长期后，可适量摘去其下部叶子，以免遮住香椿幼苗。

苗床条件良好时，播种后 5~7d 开始出苗，10~15d 可齐苗。未经浸种催芽的种子一般 20d 左右出苗。

香椿幼苗对水分反应非常敏感，又要求土壤疏松通气。出苗后苗床干燥时每 2~3d 喷 1 次水。干旱天，2~3 片叶时可在行间开沟浇小水，慢慢浸润苗木根部，切忌大水漫灌。大雨后及时排水，苗床土壤湿度过大或积水时，幼苗易感染根腐病而死。苗期要间苗 2 次，第一次在 1~2 片真叶时进行，苗距 10cm 左右，3~4 片真叶时定苗，按株距 15~20cm 或 30cm 留苗。间苗后及时中耕松土和除草。播种及时，苗圃管理良好时，实生苗当年能长成 1~1. 2m 高、干粗 1cm 的良苗，亩出圃合格苗 1 万株左右。生长弱小的苗木，须再培育 1 年后才能出圃栽植。

根蘖育苗：香椿树的萌芽力强，春季萌芽前 10d 左右移栽根蘖苗，可使其另成一新株。自然萌发的根蘖数量有限，采用人工断根促生萌蘖的方法可以增加苗木数量。其方法是：在春季土壤已解冻而新叶尚未萌发前，在树冠垂直投影范围内，挖开 2 条对应的沟，沟深 40~50cm、宽 30~40cm、长 1. 5~3m。挖沟同时切断沟内见到的根系，填土平沟，4~5 月株旁就能萌发出多数萌蘖苗，比正常萌蘖苗增加 2~4 倍。如果在填放沟土时能加入部分土杂肥并浇水，再填平沟，促生萌蘖的效果会更好。

根插育苗：根插育苗是利用香椿萌芽力强的特点，促使根部不定芽萌发成株进行繁殖。用 1 或 2 年生、粗 0. 5~1cm、带须根的根段作插穗。将根截成 15~20cm 长的段，大头剪成平口，小头削成斜口，按 30~50 条扎成捆，下口对齐，放坑内催芽。当插穗上形成愈伤组织或长出 1~3mm 长新芽时，即可扦插。畦插或垄插。无论畦插或垄插，插后均须覆盖地膜保湿增温，促进发芽出苗。

(5) 造林(芽材兼用香椿)

①选地和栽植

香椿在渠沟边和道路旁，或在平原地区与农田作物间作栽培。山区宜选海拔 700m 左右的低山区，在不挡南风的向阳坡地种香椿。在生产过程中采摘椿芽作商品出售，同时促使主干长成用材树。

用 2~3 年生、高 2~2. 5m、干粗 3cm 以上的大苗栽植。栽植密度 2m×3m 或 3m×4m。林带栽植 4~5 行。栽后前 2~3 年内不采收椿芽，先培养树形，使树干挺直。高 3~5m 以上时摘心定干，促生侧枝，选留 2~3 个生长势强、分布均匀的侧枝作一级骨干枝，待它们长到 50~100cm 时再摘心，促使形成二级侧枝，用同样的方法，于每年采摘椿芽后，在每个侧枝上选留 1~2 个壮芽，培养成下一级侧枝，如此连续 7~8 年，便可形成较好的球状结构树形。每年春季采收椿芽 1 次，夏秋季长叶，恢复和养护树体。

②采收

每年春季，香椿树上肥大的顶芽苞萌发，抽生短枝和嫩叶，当长到 20cm 左右长，尚未木质化前就可采收。顶芽采摘后，处于潜伏状态的侧芽可萌发长成产品，又可采收。3

年以后，树干已定型，每年可采收1次，顶芽和侧芽均可采收。

第一茬椿芽采收的时间因各地气候条件、树龄和栽植地点不同而异。春季气温上升早而快的地区，生长在避风向阳处的树和10a以内的幼树，萌芽早，可早收；春寒地区，生长在旷野的树和老树的芽萌发迟，宜迟收。多数地区第一茬椿芽在谷雨前后采收，但以谷雨前、芽长10~13cm采摘最好。这时的椿芽鲜嫩、无纤维、香味浓。收第一茬椿芽时可采下整个顶芽。

每次采摘时，不要将嫩枝全部采完，在适量的健壮枝基部留2~3片复叶作辅养叶，进行光合作用，以促使侧芽萌发。采芽同时结合修剪和浇水施肥，疏去一些细弱嫩枝和老叶，使树体光照充足，萌发力强。及时补给营养，以保持椿芽肥壮、鲜嫩和香味浓。

香椿枝头的伤口怕晒，所以椿芽宜在早上日出前采摘，此时芽上沾有露水，椿芽鲜嫩，色彩明亮，而且采摘后的枝头伤口能及早愈合，免受中午阳光晒伤。用高枝剪、镰刀或特制的椿头钩采摘。椿头钩就是在一根长竹竿顶端，绑一长24cm、粗8cm、一端具弯钩的四棱铁棒构成。用椿头钩夹住嫩梢，旋转椿头钩，即可使椿芽落地。如果用手掰，则从芽痕处将嫩梢掰下，再剪去木质化的枝段。中龄树每年可收10kg左右。

香椿是多年生树木，当年采芽的次数和程度与翌年的产量、树势及以后的寿命密切相关。采收过程中要注意采养结合，每年采摘量适度，可使当年新梢生长良好，木质化快，抗寒力强，易过冬，并使椿芽产量连年稳定。一年内采收次数过多和采摘量过大，必然会削弱树势，降低翌年产量，并使树体早衰。

每年落叶后疏去过密的细弱枝，以利通风透光。3~5年生的骨干枝，80%的部位光裸无芽，萌芽部位移到树冠外层，产芽量低，采摘也不方便。可留20~30cm进行短剪，促生新枝。多年生的老弱枝可从基部剪去，但一次疏枝量不宜过大，以免影响产量，每年疏去总枝量的1/5~1/4为好。

③更新

芽材兼用的香椿，生长25年后，可短截主干更新，或伐木重栽。

1.4.3 山杨(*Populus davidiana*)

1.4.3.1 形态特征

落叶乔木，高20m。树冠圆形，树皮灰绿色，或灰白色，光滑，老干下部色暗，粗糙。叶呈圆形、卵圆形或三角状圆形。先端尖或钝尖，基部近圆形或心形，边缘具较整齐的粗齿。幼树上的叶大，有茸毛，大树叶光滑。雄花序轴有短柔毛，长4~7cm，苞片棕褐色，掌状条裂，边缘密被白色长毛。雄蕊4~12枚，花药暗红紫色，蒴果2裂。花期4~5月，果期5~6月。

1.4.3.2 分布

山杨是温带山地的主要落叶阔叶树种，在世界各地分布很广。在我国，分布于东经100~130°，北纬30~40°地区。东北、西北、华北各省份，华中及西南的部分省份的高海拔地带均有，华北地区自然分布在海拔800~2000m处，西南高达海拔2400m，太行山区海拔700~1800m分布较多，海拔500m以下山地及平地有少数栽植，但生长不好。

1.4.3.3 生物学特性

强喜光性，不耐蔽荫。喜温凉湿润，但极抗寒冷，能耐零下50℃的低温，是高山阳坡、低山阴坡常见树种。天然下种更新容易，在林区，是采伐迹地、火烧迹地、林中空地天然更新的先锋树种，可形成单优势种成片纯林。生长快，幼期速生，根萌力很强，可以形成根萌林。根萌林生长快，15~20年即可砍伐。自然整枝效果好，林分密度大，有较高的材积生产力。雌雄异株，结实丰富。种子发芽率高，能在高温、高湿、强光下的生土表面发芽，生长快。浅根性，在土质疏松、肥沃，细土较多的山地棕壤土上生长得最好。在太行山区，海拔800m以上的次生林区最适宜生长，阳坡、半阳坡、半阴坡生长得较好。对土壤母岩母质要求不严，花岗片麻岩、石灰岩、黄土母质均可。只要土层深厚，排水良好，土质肥沃就能速生，中性及微酸性条件下生长得较好。

1.4.3.4 造林技术

(1)育苗

①播种育苗 山杨种子成熟在5—6月，从成熟到落果时间很短，只有几天的时间。成熟后，必须及时采收其果穗，在阳光下晾晒1~2d，蒴果即全部开裂，在晒帘上脱粒。杨树种子粒小，千粒重仅0.2g左右。种子脱粒后马上播种，种子发芽率可达90%以上。

播种育苗具有单位面积产苗量高(每公顷可产70万~80万株)，成本低，寿命长，不易腐心等优点。

杨树播种育苗的苗床要根据气候和土壤状况而定，在低海拔气候干旱严重的苗圃地，可采用平床，在海拔较高、空气湿度较好的地区，可采用高床法，以排水良好的沙壤土最好，要细致整地做床。高床播种时，床面宽0.8~1.0m、长5~10m、高出步道10~15cm。平床同样可采用宽0.8~1.0m、长5~10m的床面。做床时要充分打碎土块，还要充分灌足底水。

播种前要充分灌水，使床面完全浸透，水渗后即可播种，可用手插或播种器插，将种子均匀地撒在床面上，覆细土或细沙0.1~0.2m，稍加镇压。接着进行喷水，每日喷水4~5次，使床面经常保持湿润。24h之后，种子即开始发芽出土，3~4d即可出齐，小苗长出4~6片真叶时，可逐渐减少喷水或灌水次数。

蒴果播种：在种源较多、采种方便、育苗量不大的情况下，如山地沟谷小片地，可采取蒴果播种法，具体方法是将采回的蒴果果穗，直接撒铺于做好的苗床上，稍加镇压，使蒴果紧贴地面，随着蒴果的开裂，种子即附着于土上，遇雨即可发芽，无雨时要适时喷水。蒴果育苗，简便易行，且具有播种早，早出苗的优点。杨树播种育苗，播后必须细心管理，晴天时要时刻观察床面状况，特别是中午前后，一旦地皮发白，出现干而现象，要立即进行喷水。

间苗：播种育苗，一般出苗较密，过密影响质量，过稀又影响产量，因此要间苗，以保证具有一定的密度，每平方米保留100~150株较宜，间苗可分二次进行，第一次在幼苗出土1周左右进行，首先除去过密的苗木，第二次在第二周进行，除去密的和发育不好的苗木。

灌水与追肥：为使播种苗生长好，要及时进行追肥。可将有机肥与无机肥交错使用，有机肥主要以人粪尿为主，无机肥以氮肥为主，灌水一是要及时，二是不要过量。

②插根育苗　山杨硬枝不易生根，普通育苗很少使用。但插根易萌新株，在造林任务不大或为了发展优良无性系时，可进行根插育苗。取粗 1~2cm、长 10~15cm 段，在苗圃地做床扦插，大头在上，小头在下，株行距 30cm×50cm，上断面比地表面低 2cm，踩实并灌水，以春插最好。

(2)造林

①造林地的选择　要选在海拔 800m 以上的平坦地或缓坡的土层较厚、土质较好的阳坡及半阳坡，或局部地形土质较好的地段。

②整地　营造山杨，整地是成功与否的关键环节，必须做到细致整地。整地时间以雨季后期最好。在高海拔地带，灌草茂盛，雨季整地，埋入地下的杂草当年即可腐烂，一是增加了土壤中的有机质，二是保墒效果好，保证秋季或第二年春季造林时具有良好的土壤湿度。

整地方法：采用隔带全垦或穴状整地的方式。隔带全垦按等高线排列，隔 1m，整 1m。穴状整地按等高线“品”字形排列。整地时，大的灌草要全部清除掉，小的破碎部分埋入地下，表面要平整。

③植苗　春季、秋季均可。用 2 年生的播种苗，或 1 年生的插根苗。用截干苗造林，株行距 2m×2m，防火林带采用 5~6 行。

④抚育　造林后的头几年，要进行松土除草抚育管理，保证幼树有良好的生长环境，第一年最好进行 2 次除草松土管理。

1.4.3.5　木材性质及用途

木材结构均匀，纹理细致，适于制作各种家具。易加工，材色浅，无气味，是较好的容器及食品包装用材与建筑用材。

1.4.4　小黑杨(*Populus simonii*)

小黑杨是从小叶杨与欧洲黑杨的杂交组合中精选的优良单株，它具有抗寒、抗旱、耐瘠薄、耐盐碱、速生等优良特性，是干旱寒冷地区营造用材林、农田防护林、城乡绿化及荒地造林的优良树种。

1.4.4.1　形态特征

乔木，树干圆满通直，树枝与主干成 45~60°角，树冠长卵形。幼中龄树皮光滑，灰绿色，有白粉。萌条上形成 7~8 条明显棱线。叶芽细长渐尖，微红褐色；花芽牛角状，尖端向外弯曲，有黏液。短枝叶菱状卵形，先端渐尖或尾状尖，基部阔楔形，叶下面淡绿色；叶缘有钝锯齿，窄半透明边缘，着生稀散的短柔毛；叶柄圆形；萌枝叶阔圆形，先端微突尖。基部圆形或微心形，柄近圆形，淡红色。

1.4.4.2　分布

小黑杨引种栽培区域广，北起北纬 50°左右的黑龙江省爱辉县，南到北纬 35°左右的黄河流域，均有引种。在黑龙江省、吉林省及辽宁省西部干旱地区、北京、河北、山西等地造林效果良好，在一定条件下生长速度不在加杨之下。

1.4.4.3 生物学特性

喜生长于冷湿性气候及土壤肥沃、排水良好的沙质土壤，但具有较强的抗寒、抗旱、耐瘠薄、耐盐碱性等能力。在寒冷的北方，很多杨树品种越冬后，会发生干梢及树干基部冻裂的受害现象。据黑龙江省嫩江地区调查，在绝对最低气温达-39.5℃，春季树木萌动期昼夜温差达22.8℃的自然条件下，小黑杨仅有轻微的冻裂，且愈合良好。在黑龙江的爱辉，年平均气温-0.7℃的自然条件下，也能正常生长，4年生树高6.0m，胸径5.5cm。

耐旱性较强，在干旱气候和瘠薄土壤条件下，生长较好。生长迅速，北京香山15年生树高21m，胸径28cm，单株材积0.54m^3。在不同气候土壤条件下，生长速度有差异。

北京市通州区及在黑龙江省富裕县的树干解析资料表明，小黑杨2~10年生长迅速，而后渐慢。胸径生长在4~10年生长最快，年平均生长量均在2cm以上，10年以后缓慢下降；树高生长在2~8年生长迅速，平均年生长量2.01~2.65m，8年以后缓慢下降；材积生长在6年生生长缓慢，6年生以后迅速加快，至8~10年出现最大值，年平均生长量达0.05~0.08m^3。

1.4.4.4 造林技术

(1)育苗

小黑杨的造林技术与其他杨树大体相同，多用无性繁殖。可以建立采穗圃，培育优良种条。

插条育苗的整地及剪穗、扦插方法与其他杨树育苗基本相同。重点抓好以下几个环节：第一，细致扦插，将无芽、劈头、折断的插穗挑出来不插，不斜插，粗细分别插；第二，适当密植，控制萌生侧枝，每亩产苗量5000~10000株为宜；第三，充分灌水，插后立即灌水，7~10天后灌2遍水，出苗后遇旱灌水，每次都要彻底灌透；第四，及时摘芽，苗木生长前期，要及时摘去萌发的嫩枝，摘早、摘小、摘了；第五，加强管理，雨后及灌水后，要及时中耕除草，使土壤疏松，保持水分，提高地温，促进苗木生长。

(2)造林

营造用材林多用截干苗，采用机械或人工造林。造林密度2m×3m~3m×4m，防火林带栽植4行，栽植方式采用方形配置或三角形配置。植后加强抚育管理。当萌条高达8~12cm时，在近地表处选留一个壮条，其余摘除。幼树分枝较多，5月下旬、6月中旬各进行一次摘芽或修枝。在一般立地条件下，5~6年生树高可达8m；10年生左右，树高达15m。

1.4.4.5 木材性质及用途

木材均匀细致，色白，心材不明显，材质较北京杨、沙兰杨等品种好，其物理力学性质中等，容重每立方厘米0.40~0.43g。适作造纸、纤维、火柴杆等工业原料，可作民用建筑、家具及农业用材。

1.4.5 元宝枫(*Acer truncatum*)

元宝枫原系我国北方野生树种，由于树形优美，枝叶浓密，入秋后，叶片变色，红绿相映，甚为美观，在城市绿化和行道树栽植中，广为采用，成为营造风景林的重要树种。我国首都北京驰名的“西山红叶”，元宝枫就是其中的主要树种之一。木材优良，有多种用途。种子可榨油，作优良的食用油；果皮和种皮可提取单宁。因此，元宝枫在综合利用方面，颇有发展前途。

1.4.5.1 形态特征

落叶乔木，高达 8~10m。树冠阔圆形。树皮灰黄色至灰色，有纵裂条纹。小枝对生，光滑无毛；一年生枝淡赤褐色或绿色并带有绯红色，后呈灰色，芽较小，卵形。叶对生，掌状深裂或浅裂，多具 5 裂片，也偶有 3 裂或 7 裂，裂片全缘，或有小裂片，叶长 5~9cm，宽 7~13cm，表面亮绿色，无毛，基部截形，或深凹入呈心形或耳形；叶柄长 3~12cm，具白色乳汁。花整齐，杂性，黄绿色，径约 1cm；伞房花序顶生，直立，径 6~8cm。翅果，果翅开展为直角或钝角，翅宽约与小坚果等长，小坚果较光滑。

1.4.5.2 分布

元宝枫系我国原产，主要分布于北方，以河北、山西、山东、河南、陕西、辽宁(西部)等省较多，江苏北部亦有分布。垂直分布在海拔 300~2000m。本种在我国北部比较普遍，但多零星分布，数量不太多。

1.4.5.3 生物学特性

元宝枫稍耐阴，喜侧方庇荫。幼苗幼树时期耐阴性较强，在林内能与其他树种混生构成第二林层。其叶片在枝条上着生的镶嵌现象较明显，表明这种树木具有适应上方遮阴的能力。

喜温和气候条件，也能忍受一定的低温，零下 25℃的低温条件下能正常生长。在高纬度地区引种后有冻害发生。

喜生长于阴坡湿润山谷，也能忍受较干旱的气候条件，在低山较干燥的阳坡或沙丘上也能生长。陕西关中地区夏季干旱时节，有些阔叶树种(如刺槐、连翘、丁香等)叶子已变黄枯落，发生萎蔫，元宝枫却能正常生长，落叶甚少。其根系比较发达，抗风力较强。

喜深厚疏松肥沃土壤，酸性和微碱性土壤皆可生长。干旱瘠薄条件下，造林后虽能成活，但生长较缓慢。北京西山塔庙营造的元宝枫幼林，阳坡厚层(60cm)土壤上的，年平均高生长 64.3cm，而土壤厚度为 30cm 上的仅 42.1cm。元宝枫适于在沙壤上生长，黄黏土上生长较差，其年平均高生长相差可达 1 倍。

其寿命较长。幼时生长较快，当年抽发的枝条可达 80cm 以上。在人工栽培条件下，一般 10 年生左右开始开花结实。树木通常 3 月下旬发芽，花期 4 月，10 月果实成熟。果实成熟后，如无大风，可在树上保存较长时间。一般一次结实丰年之后，往往须间隔 1 年以后才能再有一次较丰年的结实。结实量随树木的年龄和生长发育状况而定，15 年生树木一株约可采收翅果 10~15kg，20 年生者可采收 20~25kg。

萌芽力中等，较粗的大枝萌芽力较差。

春季树木萌动后，树液流动旺盛，树液富含糖分。

1.4.5.4　造林技术

(1)采种

10月果翅由绿色变为黄褐色，即为成熟标志。采收的翅果，曝晒3~4日，去杂，或揉去果翅，风选后贮藏于通风室内备用，也可带翅贮存。贮藏时种子最适宜的水分含量为8%~11%。健康优良种子的子叶新鲜并带有黄绿色，如变色、干燥，或有异味，即系变质，难以保证发芽。一级种子的纯度应达到95%，优良度80%；二级种子分别为90%和65%；三级种子分别为85%和45%。翅果千粒重136.0~186.2g，每千克5370~7350粒，果去翅后的千粒重125.1~175.2g，每千克5700~8000粒。

(2)育苗

元宝枫都采用播种育苗，操作技术比较简单易行。苗圃地以地势平缓、背风向阳、上层深厚疏松、排水良好的沙壤土为宜。秋季进行深翻，播前耙平，细致整地作床。北方气候较干旱，一般都做低床。

播种多在春季。播前宜用温水浸泡1天，或用湿沙层积催芽后播下，以提高种子发芽率，使出苗整齐、迅速。每亩播种量15~20kg，种子质量或育苗条件较差时，应酌情将播种量适当加大。覆土厚度2~3cm。同时，要覆盖干草，厚3~4cm。播种后一般经2~3周可发芽出土，经过催芽的种子，可以缩短发芽出土的时间。发芽后3~4d长出真叶，出苗盛期约3d，一周内可以出齐，4~5d后须将覆草撤除。幼苗出土3周以后开始间苗。5~8月灌水5~7次。6月幼苗生长增速，月平均高生长约8cm，7月生长最快，月平均生长量达19.7cm，8月平均生长量17.5cm，9月生长显著下降，仅3.5cm。6~7月苗木生长旺期，可施化肥2~3次。当年苗高可达50~60cm，主根长25~33cm，侧根8~15条，每亩可产苗30000~40000株。翌年春3月上中旬移植一次，移植苗的抚育管理同一般苗木。2年生高达1.2~1.5m，可出圃造林。用于行道树栽植时，苗龄应再大些，并注意干形培育，修去侧枝，使枝下高保持一定的高度。

(3)造林

山地造林宜选择上层较深厚、湿润的沙壤土。上层较厚、坡度不太陡的条件下，可用带状整地，宽40cm。上层较薄、坡度较陡之处则用穴状整地(鱼鳞坑)，整地规格40cm×40cm×30cm。

春、秋两季皆可栽植，晚秋栽植成活率较高。栽植方法同一般树木，无特殊要求。干旱多风地区采用截干造林的，一般情况下不宜采取这种措施。元宝枫侧枝多，干形较差，栽植不宜过稀。株行距可采用2m×2m或2m×3m。防火林带栽植4~5行。

1.4.5.5　经济价值

元宝枫为优美的观赏树种。木材为淡肉红色，材质坚韧而较重，木纹美丽，强度较高，是制作家具，室内装修，嵌木地板，车辆装修以及纺织工业上的纱管、木梭等优良用材。

种子的出油率为25%~27%，油质清亮，色、香、味都好，比重0.9162，酸值1.52，游离脂肪酸(油酸)0.76，碘值100~110，皂化值185~190，不皂化物1.06，不含生物碱或皂角甙，具有柔和的香味，是一种优质的食用油。榨油后的油渣，含蛋白质28%左右，可作优质饲料。

果翅与种皮富含单宁，种皮中单宁含量达16.6%，较一般植物的含量高，是很有价值的单宁来源。

元宝枫的花具蜜腺，是一种蜜源植物。

1.4.6 山杏(*Prunus armeniaca*)

1.4.6.1 形态特性

山杏为落叶小乔木，属蔷薇科李属，是杏树的变种。树皮黑褐色。小枝红褐色，无毛。芽卵圆形，芽鳞边缘被疏柔毛。叶卵圆形或卵状椭圆形，长3~7cm，先端骤渐尖，基部近圆或微心形，钝锯齿，下面仅中脉基部两侧被疏柔毛或簇生毛，或近无毛；叶柄长1.5~3.5cm，无毛，带红色，托叶早落。花2朵并生，稀3朵簇生，先叶开花；花梗极短，花瓣白色，倒卵圆形；雄蕊30~40；花柱无毛。果近球形，径2~2.5cm，果密被绒毛，红色或橙红色，径约2cm；果核网纹明显，棱背锐。花期3~5月；果期6~7月。

1.4.6.2 分布

在我国分布很广泛，以北方各省份为多，河北、山西、内蒙古、辽宁、山东、陕西、甘肃、青海、新疆等省(自治区)均有分布和栽培。垂直分布在大兴安岭南麓可达1000m，在华北可达1500m，在青海可达3000m。山杏是北方干旱—半干旱地区荒山造林的一个主要树种。

1.4.6.3 生物学特性

山杏喜光，耐寒性强，根系发达，耐干旱瘠薄，多生于阳坡。根株萌芽性强，生长快，适应性很强，天然分布以向阳坡为多。人工林在阳坡土层深厚处生长良好。对土壤要求不严，喜中性及石灰性沙壤土，忌水湿或排水不良的重黏土。花期怕晚霜，常因晚霜冻害而造成大量减产。

1.4.6.4 造林技术

(1)采种

种子采集和调制：山杏一般3~4年生开始结实，可维持到30~40年，在条件较好的地方能达70~80年，寿命可达百年以上。因山杏花期常遭晚霜危害造成减产，结实丰歉年的规律性表现不明显，只要花期不受冻害，每年均可大量结实。果实一般在6月下旬至7月中旬成熟，地势高寒的成熟较晚。当果实由青绿色变为黄色—红色时进行采摘，果实采收后，晾晒或摊放在通风良好的干燥场地，经5~6d果肉发酵后，用手工或机械进行分离，将核取出，再进行晾晒，直到手摇杏核有响声时为止，再装入麻袋，放在通风干燥的房间贮藏，每50kg鲜果出杏核12.5~15kg，每0.5kg杏核约800粒左右。如作种子，以当年或第二年用为好，贮藏过久影响发芽。

(2)育苗

种子处理：山杏种皮坚硬而厚，吸水困难，春季播中造林或育苗，必须进行催芽处理，否则出苗晚，出苗不齐，甚至第二年出苗，常用如下方法进行处理。

①露天埋藏　播种前一年结冻前，选背风向阳、排水良好的地方，东西向挖沟，挖出的土放在北侧，沟深 80~100cm，宽 100cm，长度以种子数量而定。沟底铺一层 10cm 厚的沙，然后将种子与湿沙按 1∶3~1∶5 的比例混合均匀，放人沟中，至沟口 10cm 处为止，上再用沙或土填平，并堆起 20~30cm 高的土堆。为保证沟内通气，防止种子发热霉烂，沟内竖直径 10~15cm 的草把或秫秸把，第二年春天，取出种子，进行播种。

②开水烫种　播种前 1~2 天，将种子倒入开水锅中快速搅拌，当听到种皮因受热发出响声时(1~2min)，将种子捞出，再放人冷水中，浸泡一昼夜，而后播种，为使种子受热均匀，每次向开水锅中倒的种子以不超过水体积的 1/2 为好。

③冻裂法　具体做法见酸枣种子处理方法。

苗圃地的选择与整理：一般水浇地及旱地均可作为山杏育苗地。以排水良好、中等肥沃的沙壤土为好，不要选低湿、黏重、盐渍化土壤。圃地选好后，进行秋耕，第二年春解冻后再进行浅耕、整平，如果墒情不足，可先灌水后再浅耕、整平，做好播种准备。

春播、秋播均可。春播要早，种子必须进行处理。秋播宜在结冻前完成，种子不用处理，如有条件，播后应浇一次封冻水。播种方式用大田作或床作。因种粒较大，以开沟点播为好，行距 30cm，株距 5~10cm，覆土 5~7cm，覆土后踏实。苗期管理同一般阔叶树。

(3)造林

选地及整地：选地和整地，是山杏造林成败的关键。根据山杏特性，造林地应选在土层较厚的阳坡，以东南向坡为最好，温度较高而且稳定，晚霜危害较轻，不要选在阴坡、沟底及风口处，也不要选在土层很薄、母质坚硬的地方。造林前进行整地，在坡度较小的地方用水平阶整地，坡度较大的地方采用鱼鳞坑整地。水平阶宽不少于 60cm，深度不少于 50cm。鱼鳞坑长度不少于 100cm，宽度不少于 70cm，深度不少于 50cm。

植苗造林：成林快，可减少幼林抚育年限。一般在春季进行栽植，用 1~2 年生苗木。截干造林成活率高，每穴栽一棵，埋土不超过原土印 3cm。有条件的地方，可进行浇水造林，以确保成活。

播种造林：在春季干旱地区，进行秋季播种造林可减少种子的贮藏、处理用工，春季出苗也好。在兽害严重的地区，带果肉进行播种效果较好，在土壤墒情较好的地方，可进行春季播种造林，但种子一定要进行处理。播种穴不宜过大，否则易跑墒。每穴放种子 2~3 粒，覆土 5cm，踏实。

造林密度：以采收杏仁为目的的山杏林，密度不宜过大，行距 2~3m，株距 1.5~2m，每亩 110~220 株。以水土保持为主兼收杏仁的山杏林，密度可适当加大。防火林带株行距采用 2m×2m 或 2m×3m，林带栽植 4~5 行。

(4)抚育管理

新造山杏幼林，在条件适宜的地区，3~4 年可形成树冠，开始结果。

间苗：播种造林，常形成一穴多苗，苗木互相拥挤，影响生长。在出苗后的当年秋季或第二年春季，结合除草松土进行间苗，每穴选留一株健壮苗木，其余全部除去。当苗木相距很近时，间苗时不要用手拔，而要从地表剪去，以免损伤保留株的根系。

除草松土：造林后的连续 3 年，每年春、雨、秋三季都要进行除草松土抚育，如搞林粮间作，可种低秆作物，作物中耕除草要与抚育山杏林相结合。

平茬：对2~3年生长不良的山杏林，或3~4年仍不能形成树冠的山杏林，应在加强除草松土抚育的基础上进行平茬。平茬季节以秋、冬为好，高度以低于地面3~5cm为好，平茬工具要锋利，避免根桩劈裂。平茬后新萌发的枝条，4~5年可形成树冠，开花结实。平茬后每个根桩如萌蘖较多，可选留2~3个健壮蘖，其余全部剪除。

老树更新：荒山造林地条件较差，山杏林寿命较短，20~30年后开始衰老，结果枝大量干枯，基部萌发新枝条，此时进行老树更新，能延长结果期。在秋、冬两季，从老树根部距地表15~20cm处，将树砍断，使根部萌发新枝条。如原来已有新枝条萌发，则应保留新萌发的枝条，2~3年即开花结实。

1.4.6.5 经济价值

山杏以取仁为主。杏仁是我国传统出口商品，在国际市场上占有重要的位置。杏仁营养丰富，含油率达55%，是很好的食用油和滋润营养剂，还可药用。如苦杏仁品种改接为甜杏仁品种，则价值更高，含油率可达71.5%，为我国特产。甜杏仁和经过调制去掉苦味的苦杏仁，可用于高级食品加工，如杏仁糖、杏仁茶、杏仁霜等。山杏果肉虽然酸涩不能食，但可加工制酒、造醋，以代替粮食。杏叶可发酵作猪饲料。杏核皮可制活性炭。木材坚硬细密，光泽美丽，可作家具。树皮可提炼单宁、树脂等多种化工原料。杏树对工业有害气体抗性较强，山杏是我国北方各省份以产油为主兼有多种用途的造林树种。

第2章　大兴安岭可燃物特征和管理

2.1　大兴安岭南部春季火行为特征及可燃物消耗

生物质燃烧释放的二氧化碳、一氧化碳和甲烷分别占人类活动排放总量的50%、40%和16%(IPCC，2001)。由于林火在全球气候变化和环境中起着重要作用，并且是CO_2的重要来源，所以，研究林火消耗的可燃物及其对碳汇的影响具有重要的意义。特别是北方林，它包含35%~40%的全球陆地碳，每年过火面积500~2000万hm^2。当前已有大量关于北方林火碳释放的研究(Amiro et al.，2001)。林火与可燃物关系的研究是林火碳排放研究的基础，我国对林火碳排放的研究还不深入，虽然有些研究森林可燃物类型与火行为关系的文献(张家来等，2002；郭平等，2002)，但对我国森林防火重点林区——大兴安岭林区的林火与可燃物的研究还比较少，因此，本文根据对2007年春季大兴安岭2起森林大火过火迹地的调查，分析森林火险与火行为和可燃物消耗的关系，为未来研究我国大兴安岭林区火行为和碳排放提供参考。

2.1.1　研究区概况

大兴安岭林区森林类型主要是以兴安落叶松(*Larix gmelinii*)为主的混交林。主要树种有落叶松、樟子松(*Pinus svlvestris*)、白桦(*Betula platyphylla*)、柞树(*Quercus mongolicus*)、山杨(*Populus davidiana*)和柳树(*Salix matsudana*)等针叶和阔叶树种。土壤为寒温带森林土壤。地势起伏不大，西部、中部高，东部、北部和南部低。平均海拔573m，最高海拔1,528m。气候属于寒温带大陆性季风气候。冬季寒冷而漫长，夏季炎热而短暂，年平均气温在-2℃以下，春季升温快，风速大(可达8级)，干燥少雨(几无雨)。年降水量为450~500mm，年蒸发量为900~1000mm。该区地处高纬度山地，无霜期较短，80~100d，年平均风速2m/s，最大风速7~8级，多发生在春季，极易引起森林火灾。

调查的火烧迹地分别是2007年4月27日松岭区壮志林场663高地发生的森林火灾(124°03′59.8″E，51°09′52″N)和4月30日加格达奇林业局罕诺河管护区内发生的森林火灾(125°39′22.6″E，55°59′58.1″N)(图2-1)。这两起火灾均是人为引起的，罕诺河管护区森林火灾是人为用火引起的，松岭区壮志林场是由于冬季生产作业用火后，没有及时清理余火，转为地下火，到春天引燃地表可燃物，形成地表火。

2.1.2　研究方法

2.1.2.1　标准地调查

2007春季在两个火烧基地内按不同森林类型和火烧强度分别设置标准地，调查火灾发生的时间、地点、气象条件、可燃物状况和林分生长状况，测定林分基本特征和各类可燃物载量与分布特征，调查树木熏黑高度，记录树木死亡情况。乔木层采用10m×10m标准地，下木层采用5m×5m样方，草本层采用1m×1m样方，分别设置4个重复。样地分布如图2-1所示。

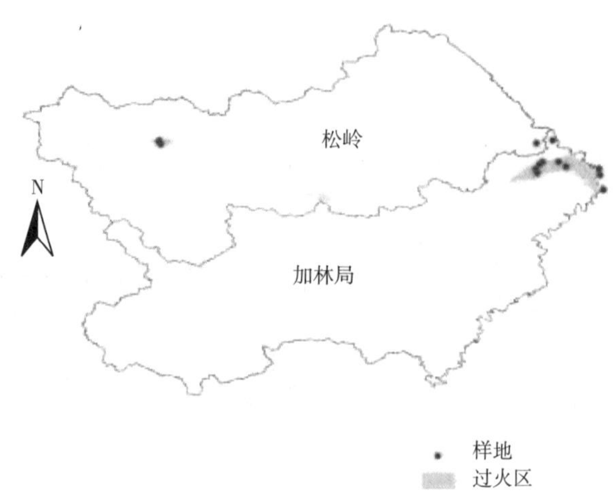

图2-1 火场及调查样地分布

2.1.2.2 地表可燃物调查

地表可燃物载量调查采用线状相交可燃物调查方法(Warren 1990；Ringvall et al., 1999；Gregoire et al., 2003)，按不同径级调查可燃物载量，共分6个径级：0.0~0.49cm，0.5~0.99cm，1.0~2.99cm，3.0~4.99cm，5.0~6.99cm和≥7.0cm。在标准地内采用30m等边三角形样线调查，分别测定不同径级可燃物数量，并沿每个样线均匀测定5处腐殖质层厚度。地表凋落层(未分解的落叶、球果等)采用小样方(0.5m×0.5m)称重法测定，每个试验地5个重复。对地表凋落物、腐殖质层(0~6cm)、不同径级的地表枯枝等可燃物进行取样，每份样品6个重复，带回实验室内烘干，测定可燃物的含水率。腐殖质深度测定采用"T"字形针，测定火烧后林地腐殖质层厚度的变化。

2.1.2.3 遥感图像处理

分别选取火灾发生前后无云或少云的MODIS遥感影像进行地面和大气校正，利用空间分辨率为250m的1、2波段计算NDVI值(Allison et al., 2005)。计算火烧前后NDVI值变化，提取过火区并进行火烧等级分级。把过火区火烧分级图与土地利用图叠加，获得不同植被类型各火烧等级的过火面积。

2.1.2.4 森林火险分析方法

采用加拿大火险天气指数(FWI)系统分析火险变化。利用SAS编制FWI计算程序，计算各气象站2007年1~5月每日的FWI各组分值。FWI系统包括6个组分，3个可燃物湿度码和3个火行为指数。可燃物湿度码包括细小可燃物湿度码(FFMC)、腐殖质湿度码(DMC)和干旱码(DC)。火行为指标包括初始蔓延指数(ISI)、累积指数(BUI)和火天气指数(FWI)。

2.1.3 结果分析

2.1.3.1 2007 年春季火险分析

FWI 系统所有组分都有自己的相对尺度，值越高表示燃烧条件越严重。可燃物湿度表示不同干燥速率的 3 类森林可燃物湿度，随着天气变化可燃物湿度发生变化。对每类可燃物，湿度变化都包括两个阶段——降水和大气水分引起的吸湿和干燥过程，值越大代表可燃物含水量越低，也就越容易燃烧。细小可燃物湿度码是反映地表凋落层和其他成熟的细小可燃物(针叶、苔藓和直径小于 1cm 的小枝)湿度的数量指标，随气象因素变化，FFMC 值变化迅速，时滞 16h。DMC 和 DC 分别指示中等深度的疏松有机层和深层紧密有机层的湿度。FWI 是潜在火线强度的数量指标，它指示的火线强度结合了火蔓延速度和可燃物消耗量。

图 2-2 所示为 2007 年 4~5 月各火险指数变化过程。除 4 月 19~21 日连续 3 天降雨，火险指数明显下降外，FFMC 基本都在 90 以上，4 月 29 日最高达到 97.9，表示细小可燃物极易燃。DMC 和 DC 在 4 月表现出持续性增长趋势，并在 4 月底达到最高，FWI 最高为 37.8，表示极高火险，这也是汗诺河和松岭区壮志林场发生火灾的时段。DC 最高值为 114.4，表示中度火险，深层有机层湿度较大，火烧迹地调查也表明深层腐殖质基本没有被火烧。火行为指数 ISI 和 BUI 也在 4 月末达到高峰(图 2-3)，在 5 月初降雨后有所下降。5 月 3、5 和 7 日分别有 1.9、0.5 和 5.4mm 的降水，各火险指数都显著降低，也为扑救森林火灾提供了有利条件。

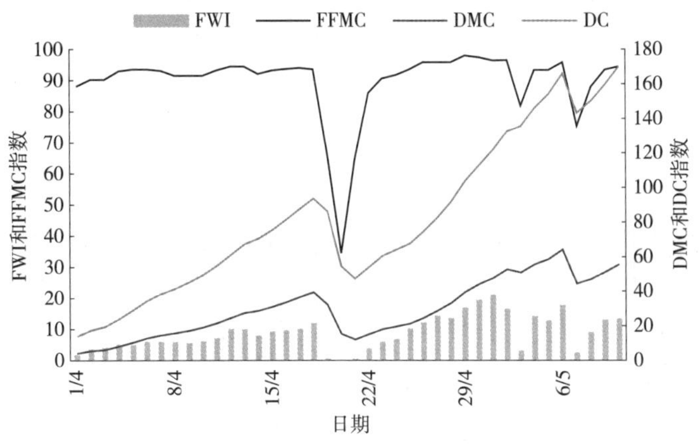

图 2-2 2007 年 4~5 月研究区火险指数

2.1.3.2 火灾后可燃物载量变化

根据大兴安岭地区植被类型和过火区分布，设置了 15 块调查样地。调查样地包括了火烧区主要植被类型，有落叶松纯林、针阔混交林和阔叶林。依据火烧程度，分别调查轻度、中度和重度火烧林分。标准地基本状况见表 2-1。调查样地上发生的火烧主要是地表火，部分地段有冲冠火，没有典型的树冠火。样地调查结果表明，轻度和重度火烧后阔叶林(白桦)径级可燃物载量分别减少 0.9420kg/m^2 和增加 0.9085kg/m^2，重度火烧后地表径

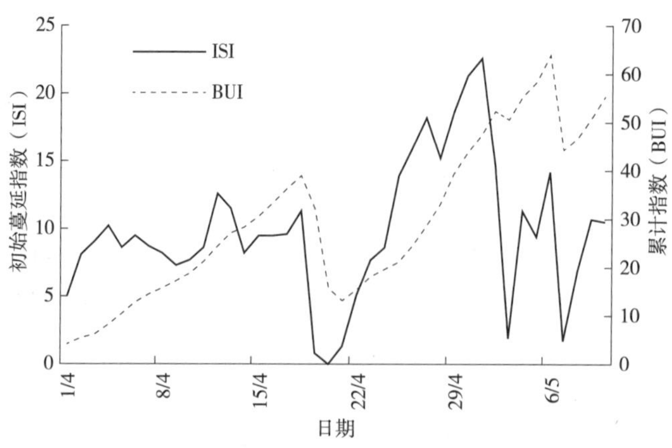

图 2-3　2007 年 4~5 月 ISI 和 BUI 变化过程

级可燃物载量增加是树冠在受到火烧后，有大量枝条未充分燃烧而落到地表造成的。落叶松白桦混交林在中度和重度火烧后径级可燃物分别减少 0. 1666kg/m^2 和 0. 9085kg/m^2，但 5. 0~6. 99cm 径级的可燃物载量增加，这可能是阔叶树在火烧后有较多的大径级树枝从树冠落到地表引起的。落叶松纯林在中度和重度火烧后地表径级可燃物载量则分别增加 0. 3671kg/m^2 和 0. 3201kg/m^2，这是因为落叶松细小枝条较多，部分树冠受火烧影响，大量未燃透的细小枝条落到地面，导致地面径级可燃物载量增加。所有林分在火烧后，落叶层和腐殖质层载量都明显减少。由于大兴安岭林区主要火灾均发生在春季和秋季，春季腐殖质层湿度较大，一般不容易燃烧。从调查结果看，一般地表火和冲冠火主要消耗落叶层和腐殖质上层可燃物。不同径级可燃物的变化情况如图 2-4 所示。样地 3、2 和 6 分别作为阔叶林、针阔混交林和针叶纯林对照。火后阔叶林地表径级可燃物增加不明显，针阔混交

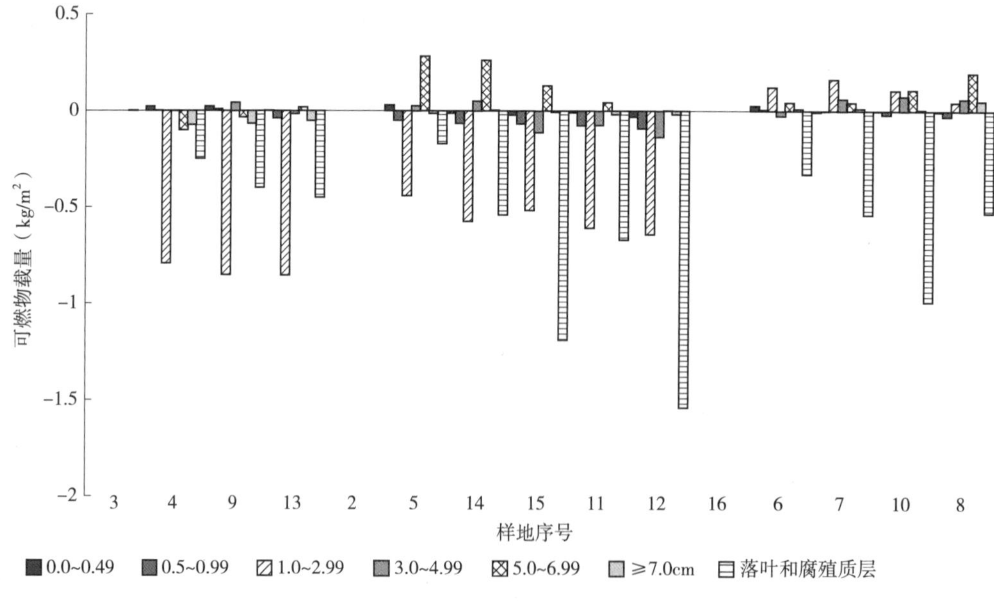

图 2-4　火烧后不同径级可燃物及腐殖质载量变化

林主要是5.0~6.99cm径级可燃物增加，而落叶松纯林火烧后除0.50~0.99cm径级可燃物减少外，其他径级可燃物都明显增加。火烧后林下植被都受到不同程度的影响，8号样地下木死亡率最高(91.3%)，4、7号样地下木死亡率分别为44.4%和47.4%，其他样地下木死亡率较低。由于火灾发生在草本返青前，中度和重度火烧后草本盖度明显下降，但随着火烧后林下光照增加，林下草本将逐渐得到恢复。

表2-1 标准地概况

样地号	树种组成	郁闭度	林龄(a)	密度(株/hm^2)	平均胸径(cm)	平均树高(m)	平均枝下高(m)	死亡率(%)	平均熏黑高(m)	下木盖度(%)	下木平均高度	草本高度(m)	草本盖度(%)
3	白桦，蒙古栎 *Betula platyphylla*, *Quercusmongolicus*	0.7	35	325	16.5	11.3	6.5	15.4		80	0.7	0.20	90
4	白桦，毛赤杨 *Betula platyphylla*, *Alnus sibirica*	0.6	40	450	11	9.7	5.4	22.2	1.4	1	0.8	0.60	68
9	白桦，黑桦 *Betula platyphylla*, *Betula dahurica*	0.7	30~40	450	13.6	11.5	8.8	88.9	5.3	20	0.4	0.48	88
13	山杨，白桦，落叶松 *Populus davidiana*, *Betula platyphylla*, *Larix gmelinii*	0.7	20	500	7.5	6.4		100	2.5	30	0.4	0.55	65
2	落叶松，白桦 *Betula platyphylla*, *Larix gmelinii*	0.5	30	300	16.5	10.1	5.2	25		60	1.0	0.90	90
5	落叶松，白桦 *Betula platyphylla*, *Larix gmelinii*	0.6	40	425	16.6	11.1	8.7	29.4	2.7	0	0	0.28	50
14	落叶松，白桦 *Betula platyphylla*, *Larix gmelinii*	0.7	30	775	8.6	8.7	9.4	64.5	1.7	10	0.4	0.37	40
15	落叶松，杨树 *Larix gmelinii*, *Populus davidiana*	0.5	30	400	13.6	9.7	9.8	56.3	2.7	50	0.4	0.50	90
11	落叶松，白桦 *Betula platyphylla*, *Larix gmelinii*	0.5	10~100	525	7.5	6.1		100	3.2	50	0.9	0.42	77

（续）

样地号	树种组成	郁闭度	林龄（a）	密度（株/hm^2）	平均胸径（cm）	平均树高（m）	平均枝下高（m）	死亡率（%）	平均熏黑高（m）	下木盖度（%）	下木平均高度	草本高度（m）	草本盖度（%）
12	落叶松，白桦 *Betula platyphylla*, *Larix gmelinii*	0.6	30~70	675	8.3	6.6		100	6.6	30	0.4	0.61	70
6	落叶松 *Larix gmelinii*	0.5	40	1025	9.8	6.9	8.2	51.2	1.6	0	0	0.50	90
7	落叶松 *Larix gmelinii*	0.6	30	975	8	7.5	5.9	48.7	1.2	20	0.7	0.30	59
8	落叶松 *Larix gmelinii*	0.3	35	550	8.8	7.1	7.8	86.4	2.3	50	1.3	0.39	85
10	落叶松 *Larix gmelinii*	0.4	20~50	825	9.7	8.8	9	66.7	4.2	30	0.3	0.33	42
16	落叶松 *Larix gmelinii*	0.7	30~50	300	10.7	8.1	3.9	0		30	1.2	0.67	88

2.1.3.3 火烧程度分级

通过 MODIS 遥感图像分析，估算出松岭区壮志林场过火面积 1631.25hm^2，罕诺河火场过火面积 18862.50hm^2(图 2-5)。不同植被类型过火面积见表 2-2，主要火烧类型是森林（郁闭度>30%）和草地。罕诺河自然保护区有大面积湿地，草地占总过火面积的 37.6%。松岭区壮志林场过火区中疏林地和草地分别占 45.6%和 31.0%。

表 2-2 两个火场不同土地类型和火烧程度统计

		森林	灌木林	疏林地	草地	沼泽地	耕地	总计
罕诺河火场	面积（hm^2）	5559.8	357.7	3369.0	6836.2	255.8	1826.8	18205.3
	比例（%）	30.5	2.0	18.5	37.6	1.4	10.0	100.0
	轻度火烧	1819.2	94.9	1548.2	1358.2	105.8	644.8	5571.1
	中度火烧	1887.8	179.2	691.5	3211.1	89.6	531.1	6590.3
	重度火烧	1852.7	83.7	1129.4	2267.1	60.3	650.9	6044.1
壮志火场	面积（hm^2）	381.2	0.0	744.5	505.5	0.0	0.0	1631.2
	比例（%）	23.4	0.0	45.6	31.0	0.0	0.0	100.0
	轻度火烧	170.2	0.0	166.5		0.0	0.0	336.7
	中度火烧	112.6	0.0	332.8	91.8	0.0	0.0	537.2
	重度火烧	98.2	0.0	245.2	413.7	0.0	0.0	757.1

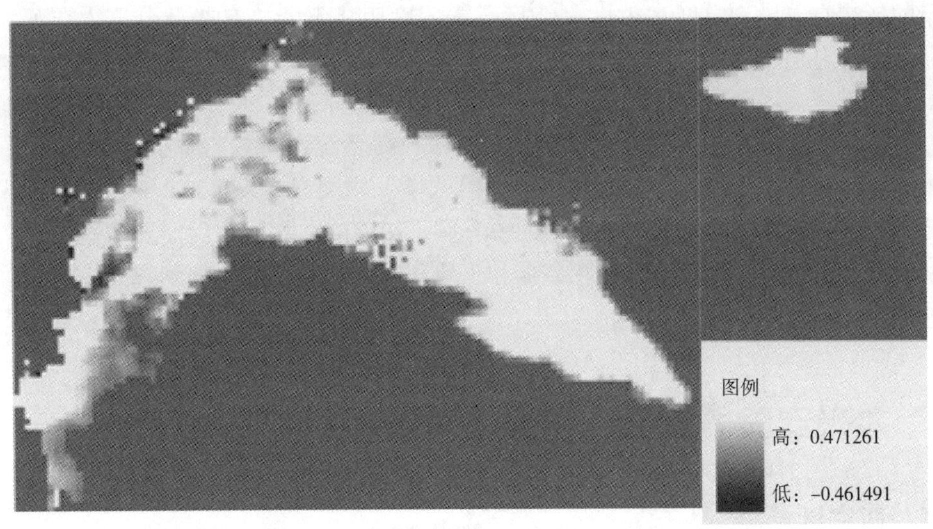

图 2-5　过火后 NDVI 变化：罕诺河火场(左)和壮志火场(右)

根据火烧前后 NDVI 值变化，可以划分火烧等级。按照等距离分类方法，把火烧程度划分为轻度、中度和重度火烧。过火区的 NDVI 变化值为正值，轻度、中度和重度火烧区等级划分阈值分别为：0.1534、0.3068 和 0.4712。罕诺河火场中轻度、中度和重度火烧区分别占 30.5%、36.2%和 33.2%(图 2-5 和图 2-6)。松岭区壮志林场过火区轻度、中度和重度火烧区分别占 20.7%、32.9%和 46.4%。调查中发现，火行为受地形和可燃物类型影响明显。沟塘边缘林分火烧程度较重，主要因为火从沟塘烧入林内，风速较大，火蔓延速率高。

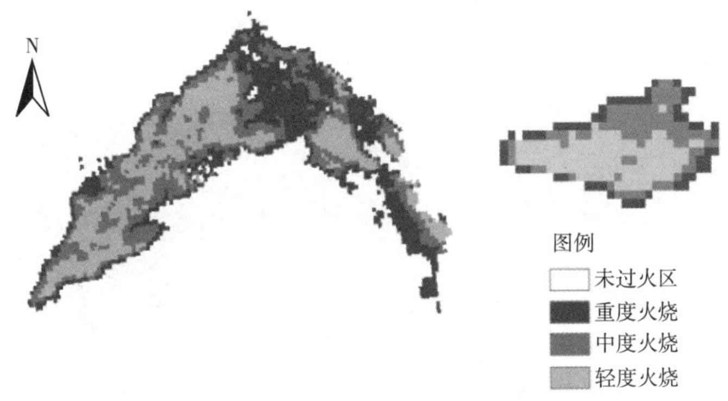

图 2-6　过火区火烧分级图：罕诺河火场(左)和壮志火场(右)

2.1.4　结论与讨论

FWI 系统可以很好地表示大兴安岭地区森林火险的变化，2007 年 4~5 月 FFMC 基本都在 90 以上，DMC 和 DC 在 4 月持续升高，两场大火也发生在火险高的时段。大兴安岭南部林区春季火烧类型主要是地表火，部分林分有冲冠火。火后阔叶林地表径级可燃物增加不明显，针阔混交林主要是 5.0~6.99cm 径级可燃物增加，而落叶松纯林火烧后除 0.50~0.99cm 径级可燃物减少外，其他径级可燃物都明显增加。不同火烧程度对地表可燃物载量的影响有差异。中度和重度火烧后草本盖度明显下降，有些林分下木层死亡率较高。通过卫星遥感数据分析，火行为受地形和可燃物类型影响明显，沟塘边缘林分火烧程度较重。罕诺河火场和松岭区壮志林场过火区重度火烧分别占 33. 2%和 46. 4%。

林火行为受天气条件和地形的影响很大，对 FWI 系统各指数与林火行为的分析表明，FWI 系统可以很好地指示大兴安岭林区的森林火险。本文只是对 2007 年春季两个火烧迹地进行了调查，还不能满足估计林火对北方林碳汇影响的需要，今后需要调查更多森林火烧类型的可燃物载量变化。卫星遥感数据和土地利用图的精度也影响到森林火烧程度判别的准确性。

2. 2　大兴安岭森林可燃物燃烧性研究

2. 2. 1　研究区域

如图 2-7 所示，研究区域位于加格达奇市区的西南方向，甘河西岸，东经 123°55′42″~124°07′08″，北纬 50°16′52″~50°22′16″。在河流两侧多有大量草甸、湿地，在旱季草甸枯萎，腐殖质干燥，南北长约 6km，东西长约 10km，该区域人口道路密集，是森林火灾多发区域。山脉连绵起伏，地形较缓，坡度一般在 10°左右，最大坡度 24°，最高海拔 626m，最低海拔 400m，平均海拔 513m，森林覆盖率为 64. 59%。

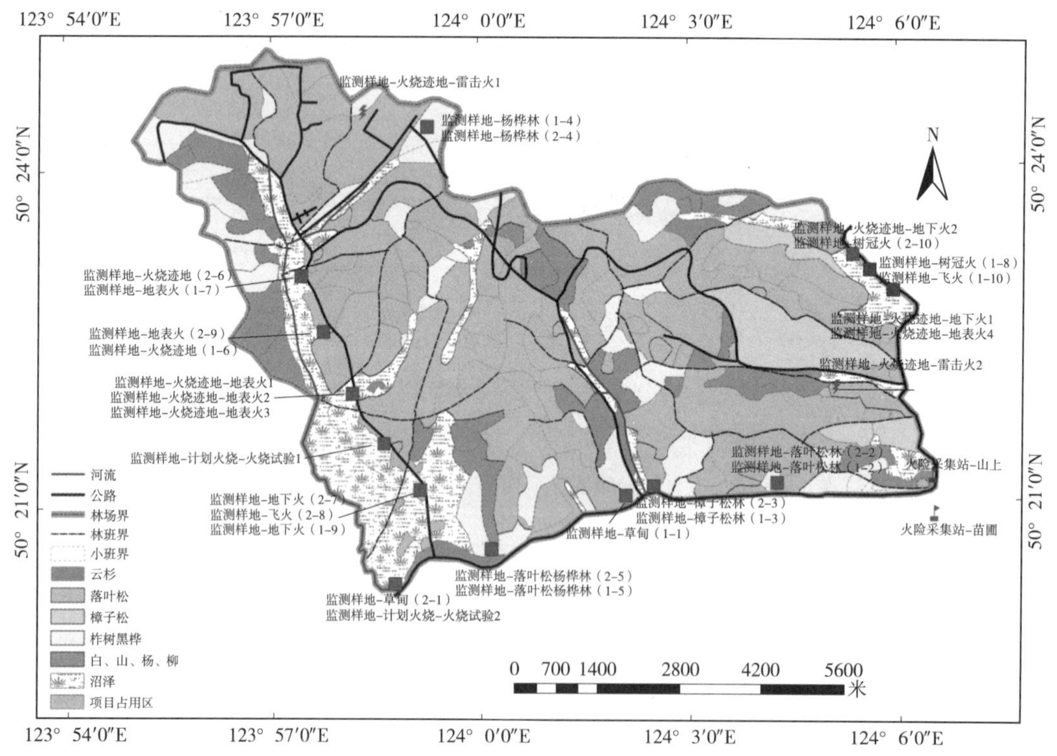

图 2-7　研究区域概况

地质结构主要由花岗岩、砂质片岩和玄武岩等母质组成，成土母质为坡积残余物。地带性土壤为暗棕壤土、棕色针叶林土和草甸土，其次是腐泥沼泽土，典型棕色针叶林土等。植被类型主要有樟子松(*Pinus sylvestris* var. *mongolica*)、落叶松(*Larix gmelinii*)、白桦(*Betula platyphylla*)、蒙古栎(*Quercusmongolica*)等。林内火灾多发，多为人为火，偶有雷击火。

2.2.2 研究方法

2.2.2.1 样地设置

根据森林清查数据及样地调查，将可燃物分为云杉、落叶松、樟子松、柞树和黑桦林、白桦、山杨、柳树林5种类型，每一种类型设置3块20m×20m样地，并用GPS标定。乔木主要测定胸径、树高、活枝枝下高、死枝枝下高，树种；灌木设置5m×5m样方(每个标准地1个)，调查灌木基径、灌高，灌木种类，采用收割法，对全部样本称取鲜重；草本采用1m×1m样方(每个标准地3个)，调查草本层盖度、草高、草本种类，并用收割法取样称取鲜重；地表枯落物和半分解层用20cm×20cm样方(每个标准地3个)，主要测量枯落物和半腐层厚度，并取样称取鲜重。

把取回样品放入烘箱内，在105℃下连续烘干24h至绝干重，用电子天平称重，计算出每个样方内不同种类可燃物含水率，进而计算出样方内灌木、草本、枯枝落叶层和半分解层可燃物的载量。将采集的地表样品在氧弹量热仪中进行热值测定，根据不同的类型，计算不同可燃物热值的平均值，见表2-3。

表2-3 不同可燃物热值

可燃物类型	样品热值(J/g)	可燃物类型	样品热值(J/g)
半腐层	19765	灌木	20685
草本	16249	死可燃物	19510
地衣	18721	松萝	18025
凋落物	25411	小叶章	18968

为了本项目的实施，在黑龙江省加格达奇野外试验基地，选择不同的森林可燃物类型，建立了5块不同规格的大样地，其中包括30块的野外森林可燃物标准样地，进行了样地调查、观测和数据处理(表2-4)。同时，对研究区域进行了地理信息数字化和可燃物分类。

表2-4 试验样地概况

编号	样地名称	样地规格(m)	经度	纬度
1	八宝山落叶松纯林	100×100	124°5′19.788″	50°17′53.406″
2	塔列图河地下火火烧迹地	100×100	123°59′20.118″	50°17′56.466″
3	良种基地草甸落叶松林火烧迹地	100×100	123°58′32.58″	50°19′51.534″
4	雷击火样地(阔叶混交林)	100×100	123°59′4.716″	50°21′41.742″
5	计划火烧长期观测样地	200×200	123°56′2.368″	50°22′40.562″

根据当地林业局的造林记录档案和实地调查，分别在大兴安岭加格达奇市白桦林区、兴安落叶松林区、典型草甸和沼泽草甸，以及南瓮河自然保护区草甸和灌丛、云南省景谷县思茅松林区和安宁市云南松林区采用GPS定位结合测绳和地质罗盘仪测坡向、坡度、坡位，选取具有代表性的林分和草甸，区分为对照样地和计划烧除样地，并记录样地坐标、海拔、坡向、坡度、坡位等相关地形信息，郁闭度、林级、树高、胸径、林分密度等林分信息，气温、风速等气象信息以及地表可燃物类型等相关指标。

大兴安岭南部草甸计划烧除实验样地6块，典型草地和沼泽草地、落叶松林、白桦林计划烧除样地和对照样地各16块；南瓮河自然保护区草甸、灌丛计划烧除样地和对照样地各16块；云南省景谷县思茅松林区设置计划烧除样地和对照样地各48块。思茅松样地分为长期影响样地和短期影响样地，长期样地为年限10~15年、烧除次数为8~10次的长期计划烧除，短期样地为年限为2年、烧除次数为1次的短期计划烧除。

植被分类数据用1∶1000000中国植被分布图，在数字化的基础上，进行不同可燃物类型的分类，主要分为针叶林、阔叶林、灌丛、混交林、沼泽、草甸和农作物。

黑龙江省和内蒙古自治区大兴安岭地区的1972—2006年日值火灾数据，包括发灾发生的日期、火灾次数、过火面积、火因、火发生位置的经纬度坐标等。

气象数据使用1972—2006年国家基本站点日值、月值和年值数据，共有10个站点，为了提高插值的效果，在研究区域周边也选择了3个站点。主要字段包括平均气温、最高气温、降水、风速等，来源于国家气象信息中心中国气象科学数据共享服务网。

数据从国家1∶25万基础地理数据中提取，用于人为火模型的构建。

SRTM 90m DEM数据，用于分析不同海拔的火灾分布。

IPCC 2000年发布的《排放情景特别报告》《SRES-Special Report on Emissions Scenarios》中构建了4种新的温室气体排放方案。中国科学家于2003年引进Hadley气候预测与研究中心开发的区域气候模式系统PRECIS(Providing Regional Climates for Impacts Studies)，构建中国区域水平分辨率50km的SRES气候变化情景，在许多域得到应用。

本文使用英国Hadley中心开发的区域气候模式PRECIS输出的中国区域气候变化情景A2、B2情景，对大兴安岭森林火灾发生趋势进行分析。

根据森林清查数据及样地调查，将可燃物分为阔叶林、针叶林、混交林和疏林地4种可燃物类型，每一种类型设置3块20m×20m样地，并用GPS标定。乔木主要测定胸径、树高、活枝枝下高、死枝枝下高，树种；灌木设置5m×5m样方(每个标准地1个)，调查灌木基径、灌高，灌木种类，采用收割法，对全部样本称取鲜重；草本采用1m×1m样方(每个标准地3个)，调查草本层盖度、草高、草本种类，并用收割法取样称取鲜重；地表枯落物和半分解层用20cm×20cm样方(每个标准地3个)，主要测量枯落物和半腐层厚度，并取样称取鲜重。

把取回样品放入烘箱内，在105℃下连续烘干24h至绝干重，用电子天平称重，计算出每个样方内不同种类可燃物含水率，进而计算出样方内灌木、草本、枯枝落叶层和半分解层可燃物的载量。

可燃物的热值与火烧强度密切相关，关于不同植被热值的测定已有大量的研究，本文在查阅相关文献的基础上对不同可燃物类型的热值进行确定。

2.2.2.2　样品采集

(1)林下可燃物采集方法

在标准样地按对角线分别选取 3 个 1m×1m 草本样方和 5m×5m 的灌木样方，调查地表死可燃物、草本层和灌木层。测量 1m×1m 小样方内草本的高度和盖度，采用全收获法收割全部草本并记录野外鲜重、取样装袋，并收集不同时滞的地表死可燃物和半腐殖质，记录野外鲜重并取样。收割 5m×5m 小样方内全部灌木，记录野外鲜重并取样。可燃物分类标准：1h 时滞可燃物为 D(直径)≤0.64cm 的小枝、树叶以及杂草；10h 时滞可燃物为 0.64≤D≤2.54cm 的枝条；100h 时滞可燃物为 2.54cm<D≤7.62cm 的粗枝(陈宏伟等，2008)。

(2)腐殖质层厚度测量和土样采集方法

在每个标准样地内按对角线形式选取 3 个土壤样品采集点，挖深度为 0.6m 的土壤剖面，记录腐殖质层 A_1 厚度(段文霞等，2007)，在腐殖质层选取 0.5m×0.5m 小样方，按实际厚度采集全部样品。土样采集按 0~20cm、20~40cm、40~60cm 土壤深度层次分层采样 150~200g，并在现场进行称重，将采集样品带回实验室，仔细挑除土壤样品中的植物根系和石砾等杂物，自然风干后过 0.25mm 及 0.149mm 筛，储存在玻璃瓶中待测定，同时用环刀法取原状土，带回室内测定土壤容重和吸湿系数。

2.2.2.3　样品分析

(1)样品含水率测定

根据相对含水率式计算每个样品的含水率，将收集的可燃物样品在 105℃ 下连续干燥 24h 至恒重，计算每个样方内不同类型可燃物的含水率，该 3 个样方的均值即为该样地可燃物含水率。

(2)样品指标测定

林下可燃物样品有机碳含量的测定采用干烧法。取粉碎的 0.2g 恒重样品，放入处理过的瓷坩埚(于>900℃ 下灼烧 2h 以上)，通氧气使其充分燃烧生成 CO_2，用 Multic/N3000 碳氮分析仪测定有机碳含量，每次测 3 个平行样，测定结果取平均值，精度为 0.01，误差为±0.3%。

土样采用用重铬酸钾高温外加热氧化—亚铁滴定法(GB 9834—88)测定土壤碳，pH 采用电极法测定，全氮为硫酸钾-硫酸铜-硒粉消煮、定氮仪自动分析法，全磷和有效磷为钼锑抗比色法，速效性钾为火焰吸收光谱法，碱解氮为碱解扩散法，各项指标均测 3 个平行样(孙龙，2011)。

2.2.2.4　空间数据处理

DEM 数据源于全球科学院计算机网络信息中心国际科学数据镜像网站，植被数据选择 Landsat8 卫星影像，进行辐射定标和归一化植被指数提取。

(1)辐射定标

$$\rho\lambda = M_{\rho} Q_{cal} + A_{\rho} \tag{2-1}$$

式中　$\rho\lambda$——大气顶层反射率；

M_{ρ}——元数据中的波段特殊相乘调整系数；

Q_{cal}——校正量化标准像素值(DN);

A_p——元数据中的波段特殊相加调整系数。

采用红外波段(4*R*red)和近红外波段(5*R*nir)调整反射系数，据元数据文件查的 $M_\rho=0.00002$，$A_p=0.100000$。

在 ENVI 遥感软件中加载红外波段(4*R*red)和近红外波段(5*R*nir)进行波段运算，得出经辐射定标后的红外波段(4*R*red)和近红外波段(5*R*nir)。

(2)归一化植被数据(NDVI)提取

NDVI 计算公式

$$NDVI=\frac{R\text{nir}-R\text{red}}{R\text{nir}+R\text{red}} \tag{2-2}$$

式中 *NDVI*—归一化植被指数;

*R*nir——近红外波段反射率;

*R*red——红外波段反射率;

在 ENVI 遥感软件中完成计算红外波段(4*R*red)和近红外波段(5*R*nir)的反射率，得到景谷县和大兴安岭的 NDVI 归一化植被指数影像。

2.3 大兴安岭南部草甸火烧研究

大兴安岭南部存在大量的季节性湿地草甸，分布于平缓沟塘及森林过渡区域，以莎草科、乔本科为主，约占整个林区面积的20%以上。草甸是火灾多发地，冬季积雪覆盖，温度较低，发生火灾的可能性较低。春秋季节，草本枯死，载量高达 $10t/hm^2$，一旦发生火灾，可发展为中强度地表火，而5年以上未过火的草甸容易发生高强度地表火，蔓延速度快，火沿着沟塘向林区蔓延，演变为森林火灾，后果不堪设想。很多林区通常在积雪消融前的春末、有少量积雪覆盖的时候采用计划火烧的方式烧除沟塘区域草甸和草甸—森林过渡区域，减少草甸可燃物的载量，破坏可燃物分布的连续性，以降低火险。

在大兴安岭加格达奇市林业站区域的草甸选取6个100m×100m样地，在样地对角线选取1m×1m小样地5个，按全收获法收集样地上所有可燃物，分别记录烧除前和烧除后野外可燃物鲜重，带回实验室烘干称重测算含水率计算载量。

烧除率的计算公式为:

$$\text{烧除率}=\frac{\text{烧除前可燃物载量}-\text{烧除后可燃物载量}}{\text{烧除前可燃物载量}}\times 100\% \tag{2-3}$$

$$\text{花脸率}=\frac{\text{未过火面积}}{\text{计划烧除面积}}\times 100\% \tag{2-4}$$

在少量积雪覆盖时开展计划烧除，是为了降低计划烧除过程跑火的风险，通过可燃物含水率控制火强度和蔓延速度，达到良好烧除效果。计划烧除前后，可燃物的含水率差异较大，由烧除前平均含水率46.69%变为70.92%(表2-5)。理论上应该是烧除过程中高温高热对可燃物进行预热，烧后可物含水率降低，但实际过程中，烧除后采样的区域为烧除前积雪覆盖的区域，未发生过火，烧除过程中积雪受热融化，影响了可燃物的含水率。

见表2-5、表2-6，六次计划烧除实验效果良好，均大幅减低可燃物载量，可燃物平均载量由烧除前5.41t/hm^{2}下降为1.21t/hm^2，下降幅度为4.2t/hm^2，下降百分比为77.63%；高度由50~60cm降为10~12cm，平均高度由烧除前的55cm下降为10.33cm，下降百分比为81.21%；厚度由24~32cm降为8~12cm，平均厚度由烧除前的27.67cm下降为9.33cm，下降百分比为66.28%；烧除率均在70%以上，平均烧除率为76.62%，花脸率在16%~20%，平均花脸率为17.16%。烧除后剩下的可燃物主要为苔草的下部茎和根，不易燃烧蔓延。烧除后可燃物载量、高度和厚度均大幅降低，客观上也降低了将来发生火灾的可能性和火强度。烧除率和花脸率是评价计划烧除效果的主要指标，花脸率过大，说明未过火的区域多，影响烧除的效果和防火效率。火强度过小、可燃物含水率分布以及火烧不均匀是引起花脸率过大的主要因素，火强度过小可能因没有烧除过多细小可燃物而导致地表可燃物载量仍旧过大，一旦在干旱或防火季节发生火灾，将快速发展为高强度地表火，增加扑救难度。

表2-5　草甸计划烧除前后可燃物含水率和载量

样地序号	纬度(°)	经度(°)	计划烧除前		计划烧除后		烧除率(%)
			含水率(%)	载量(t/hm^2)	含水率(%)	载量(t/hm^2)	
1	50°19′58.914″	124°6′33.234″	44.45	5.7608	66.51	1.2387	78.50
2	50°19′2.136″	124°6′7.326″	35.42	6.5821	70.26	1.0559	83.96
3	50°18′52.052″	124°6′51.174″	52.60	2.8087	74.18	0.7665	72.71
4	50°13′47.610″	124°0′9.492″	59.70	3.5355	70.79	1.0119	71.38
5	50°18′53.052″	123°59′9.120″	47.34	5.8672	71.81	1.5280	73.96
6	50°19′56.286″	124°6′37.578″	40.61	7.8869	71.98	1.6388	79.22

表2-6　草甸计划烧除前后可燃物情况

样地序号	计划烧除前			计划烧除后			花脸率(%)
	平均高度(cm)	平均厚度(cm)	预计烧除面积(m^2)	平均高度(cm)	平均厚度(cm)	未过火面积(m^2)	
1	55	32	10000	10	10	1600	16
2	60	26	10000	12	12	1500	15
3	50	28	10000	10	8	1800	18
4	50	24	10000	10	10	2000	20
5	55	30	10000	10	8	1800	18
6	55	26	10000	10	10	1600	16

在大兴安岭南部草甸选择100m×100m的烧除样地6个，样地信息和可燃物信息见表

2-7。每隔10m树立带有刻度的标杆，利用摄像机记录火焰高度和每次蔓延过标杆的时间，十次的平均值即为火蔓延速度。选择昌特莱尔用火焰高度计算火强度的公式：

$$R=\frac{L}{t} \tag{2-5}$$

式中 R——火蔓延速度，m/min；

L——蔓延距离，m；

t——蔓延时间，min。

$$I=273h_f^{2.17} \tag{2-6}$$

式中 I——火线强度；

h_f——火焰高度。

火线强度计算结果见表2-7，草甸计划烧除的火线强度在168.216~566.579kW/m，符合计划烧除的火线强度小于750kW/m的标准。

见表2-8，2号样地的可燃物含水率最低，载量和高度均较高，风速也最大，以致火线强度达最高值，烧除效果最好。1号样地和6号样地含水率相差不大，6号样地载量比1号样地高，平均风速较1号样地小，所以1号样地的火线强度较6号样地高，烧除效果相差不大。5号样地含水率和载量次之，火焰高度和火线强度较4号、3号样地高。4号样地的可燃物含水量、载量和高度以及风速均较大，致使4号样地火线强度较3号样地高。3、4、5号样地的烧除效果相近。由此可见，火焰高度一般与可燃物载量、含水率和可燃物高度以及风速有关，可燃物载量高、含水率低、可燃物盖度高、风速大，则火焰高度高。

在计划烧除火线强度的标准范围内，火线强度反映出烧除效果的优良，火线强度高则烧除效果好。

表2-7 草甸计划烧除火行为

序号	火焰高度(m)	平均火焰高度(m)	蔓延速度(m/min)	火线强度(kW/m)
1	0.6~1.5	1.2	5.0	405.495
2	0.3~1.6	1.4	10.0	566.579
3	0.4~1.5	0.8	2.5	168.216
4	0.4~1.6	0.9	5.6	217.205
5	0.2~1.6	1.0	2.6	273.00
6	0.3~1.4	1.1	3.2	335.723

表2-8 草甸计划烧除火环境

序号	类型	坡度(°)	可燃物类型	温度(℃)	湿度(%)	地表温度(℃)	最大风速(m/s)	平均风速(m/s)	点烧时间
1	草甸	0	薹草	2	48.2	1.6~5.2	3.3	2.2	2013.4.14，12：00
2	草甸	0	薹草	1.3	46.4	4~24	4.8	3.5	2013.4.15，12：00
3	草甸	0	薹草	5.2	40.3	2~5.3	2.0	1.0	2013.4.16，12：00

（续）

序号	类型	坡度（°）	可燃物类型	温度（℃）	湿度（%）	地表温度（℃）	最大风速（m/s）	平均风速（m/s）	点烧时间
4	草甸	0	薹草	5.2	48.4	2.4~10.2	3.4	2.1	2013.4.16，14：00
5	草甸	0	薹草	8.9	43.1	8.7~20.1	2.0	1.0	2013.4.17，12：00
6	草甸	0	薹草	6	47.6	3.5~8.4	2.6	1.6	2013.4.17，14：00

2.4 草甸地下火的燃烧效率和小尺度空间格局研究

森林火灾的碳释放的定量化研究是全球变化研究的一个重要方面。对森林火灾碳释放的研究主要有排放因子法和排放比法，以及基于火灾辐射功率的遥感计算方法。Seiler 和 Crutzen(1980)提出生物量燃烧量计算方法：

$$M=A\times B\times C \tag{2-7}$$

式中 M——燃烧消耗的干生物量(kg/m^2)；

A——过火面积(m^2)；

B——可燃物载量(kg/m^2)；

C——燃烧效率。

温室气体的计算方法一般都从这个公式推导而来。一般过火面积可以通过遥感或统计数据的方法获得，然而可燃物载量和燃烧效率的空间异质性和复杂性，导致获得的可燃物载量和燃烧效率具有很大的不确定性。为了避开这些问题，研究人员试图通过遥感的方法对森林火灾燃烧过程中释放的温室气体进行计算。由于卫星传感器时间和空间分辨率的问题，通过遥感的方法仍然具有很大的局限性，目前应用很广的仍然是排放比的方法。

燃烧效率是估计森林火灾释放含碳气体量的关键，它是指生物质燃烧掉的部分占总质量的比例，Wong(1979)首次将燃烧效率的概念应用到森林的燃烧过程，作为森林火灾温室气体释放量计算的关键因子。燃烧效率与可燃物类型密切相关，可燃物结构对燃烧效率也有重要影响，Fearnside 等(1993)对巴西热带雨林的调查发现，树干、枝、叶的燃烧效率分别为 39%、92%、和 100%。Mouillot 等(2006)将全球分为 8 个生物群系，并且对每一种生物群系按树枝、叶子、粗死木质残体、枯落物和树木的比例对燃烧效率进行估算，这种估算将可燃物结构和类型与燃烧效率有机地结合起来，对于温室气体释放量的计算将更加有效和准确。Ward 等(1996)对非洲稀树草原的燃烧效率进行了调查，发现纯草地燃烧效率较高，稀树草原生态系统由于具有数量不等的草，以及更加密实的枯枝落叶层，燃烧效率相应较低。他们发现燃烧效率依赖于草以及草和枯枝落叶数量总和的比例。根据 Ito 和 Penner(2004)的研究，对于由草地和树木构成的生态系统而言，树木的覆盖率对燃烧效率具有直接影响，不同的覆盖率对应不同的燃烧效率，树木覆盖率与燃烧效率之间具有指数关系，可以用下面的公式近似表示：

$$CE = e^{-0.013Tp} \tag{2-8}$$

式中 CE——燃烧效率；

Tp——树木的覆盖率。

可燃物的尺寸大小对燃烧效率有直接影响，Carvalho 等(1998)测得雨林地区小尺寸[胸径(DBH)<10cm]、中尺寸(10cm<DBH<30cm)和大尺寸(DBH>30cm)的可燃物燃烧效率分别为 88.2%、4.39%和 0.43%，平均燃烧效率为 20.5%。燃烧效率与燃烧类型也有密切关系，热带落叶林的燃烧效率根据不同的燃烧类型——有焰燃烧、有焰和阴燃混合燃烧以及阴燃，其燃烧效率在 72.89%~95.7%变化。土地利用方式也影响燃烧效率的变化，小农场计划火烧的燃烧效率为 46.7%~57.5%，但砍伐经演潜后的区域，燃烧效率会有所提高。Amiro 等(2001)对加拿大 15 个生态气候区的可燃物消耗量进行了估算，并做出了可燃物消耗量的分布图，为大尺度的森林火灾温室气体释放量计算提供依据。Van der werf 等(2003)认为树叶以及枯落物的燃烧效率的估算对增加温室气体排放量估算不确定性的贡献并不是很大，因为它们的燃烧效率总是比较一致，然而对于树木或者倒木来说却很难准确估算，燃烧效率的值一般在 0.0~0.5 变化。

不同的燃烧效率估算方法具有很大的差异，对于较大的区域，研究者多采用遥感的方法，通过提取某些能反映燃烧效率的指标对燃烧效率进行反演。Lambin 等(2003)研究中部非洲稀树草原和森林火灾的燃烧效率的遥感指标。他们发现燃烧格局是燃烧效率的潜在指标。通过统计分析评估在不同的季节燃烧区域和未燃烧区域，破碎化的区域和连续区域以及前期燃烧的区域和刚燃烧的区域 NDVI 与地表温度是否不同，表明过火区域具有更高的地表温度和更低的 NDVI 值，相对于连续的区域，破碎化的区域燃烧效率更低。因此，可以通过对植被破碎化和连续性的评估对燃烧效率进行修正，以减少温室气体计算的不确定性。由于某些确定性的指标不能很明显地反映燃烧效率的差异，地面调查的方法仍然得到广泛的应用。

由于影响燃烧效率因素的多样性和复杂性，对于大尺度对燃烧效率或可燃物消耗量进行准确估计有一定的难度，通过模型直接对可燃物消耗量进行计算，可以比较好地估测温室气体释放量，如 FOFEM，Consume(Wiedinmyer et al.，2006)，可以根据着火时的可燃物类型、可燃物湿度、季节、地理位置等对可燃物消耗量和存留量进行计算，计算出燃烧效率。Li 等(2000)根据加拿大火险等级系统，基于可燃物分类、FWI(fire weather index)和地形，对火行为进行估算，FBP(fire behavior prediction)除了对火强度和火蔓延速度进行计算外，还对可燃物消耗量进行计算，包括地表可燃物消耗量和树冠可燃物消耗量。可燃物湿度码、FWI 指数、可燃物类型和地形决定了地表可燃物消耗量，以及在树冠火发生时树冠可燃物的消耗量。

由于森林火灾的燃烧效率因火灾类型和森林特点不同而变化，国内森林火灾温室气体排放量的计算过程中用到的燃烧效率具有比较大的差异。王效科等(1998)对国内外的文献进行统计，认为燃烧效率介于 0.1~0.5，并通过生物量在森林不同层次结构的分布和火灾类型对燃烧效率的影响对燃烧效率估算值的合理性进行了解释。田晓瑞等(2003)根据目前国外的研究结果，根据不同的植被带或类型，对燃烧效率进行了估计或引用，其值为 0.09~0.30。焦燕等(2005)引用温带森林的燃烧效率，认为黑龙江省森林的燃烧效率为 0.09~0.12。胡海清等(2007)对大兴安岭乔木燃烧释放碳量进行研究，假设所有林火都是地表火，根据不同的火烧强度分别对树叶、树皮、树枝的燃烧效率进行估算。由于对燃烧效率估计值的不同，使得对温室气体排放量的计算与实际有很大出入，并且很难进行比较分析。燃烧效率的时空变异性使得准确的燃烧效率值很难获得，使碳的释放量具有很大的不确定性。Jain(2007)估算的全球森林火灾 CO 释放量不确定性为±65%，不确定性最高的地区为北美和中东达到±99%。因此，准确获得森林火灾燃烧过程中的各个因子就成为降低不确定性的一个关键。

大兴安岭的草甸资源丰富，初级生产力高，分布面积广，居大兴安岭草地之首。大兴安岭林区的沟塘地段，多分布喜光草本植物和小灌丛，为草甸植被类型，这类植被约占24%(柴瑞海等，1988)，均属细小易燃可燃物。在旱季，长期干旱条件下，易引发草甸火，进而引发地下火或森林火灾，草甸多分布在公路河流两侧，是进行计划火烧的重要区域，也是火灾多发区域，是火灾温室气体排放的重要来源。

本文选择大兴安岭典型草甸火火烧迹地，设置标准样地，采地 GIS 及地统计学的方法对高强度草甸火的燃烧效率进行计算，进而为碳释放量的计算提供有效参数。

2.4.1　研究区域

研究区域位于加格达奇市区的西南方向，甘河西岸，东经 123°55′42″~124°07′08″，北纬 50°16′52″~50°22′16″(图 2-8)。在河流两侧多有大量草甸、湿地，在旱季草甸枯萎，腐殖质干燥，南北长约 6km，东西长约 10km，该区域人口道路密集，是森林火灾多发区域。

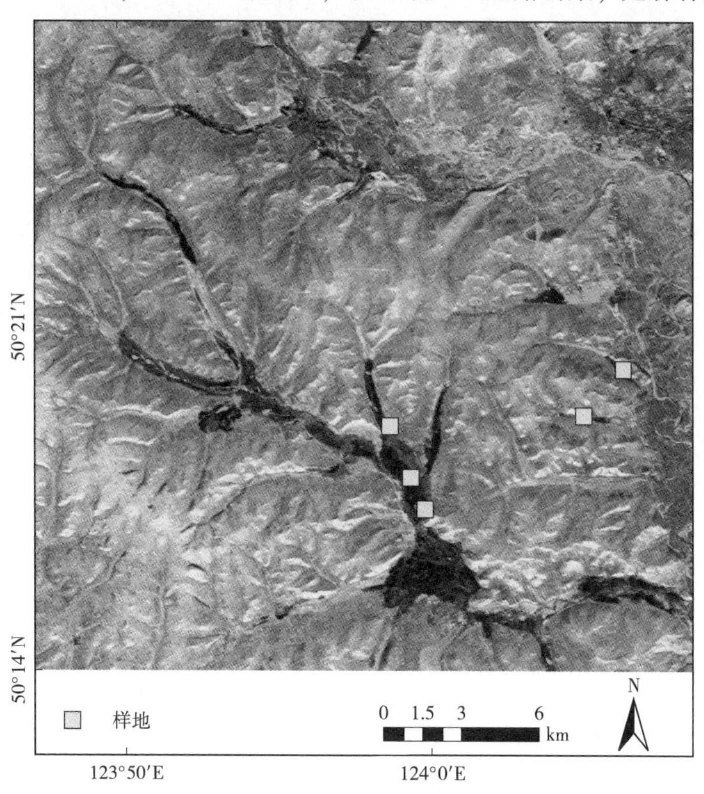

图 2-8　研究区域和样地位置

山脉连绵起伏，地形较缓，坡度一般在10°左右，最大坡度24°，最高海拔626m，最低海拔400m，平均海拔513m，森林覆盖率64.59%。

地质结构主要由花岗岩、砂质片岩和玄武岩等母质组成，成土母质为坡积残余物。地带性土壤为暗棕壤土、棕色针叶林土和草甸土，其次是腐泥沼泽土、典型棕色针叶林土等。植被类型主要有樟子松(*Pinus sylvestris* var. *mongolica*)、落叶松(*Larix gmelinii*)、白桦(*Betula platyphylla*)、蒙古栎(*Quercusmongolica*)等。林内火灾多发，多为人为火，偶有雷击火。2008年3月7日至19日计划烧除产生大面积的草甸地下火。

2.4.2 研究材料和研究方法

根据CBERS-02B火烧后数据(时间2008-03-31)，基于植被指数和阈值提取方法对火场进行提取，确定研究范围和调查样地。共选择确定5个样地，对燃烧深度进行调查。同时，在火烧迹地附近就近对未着火的草甸设立小样地，建立对照样地，对火前可燃物载量进行计算。

2.4.2.1 可燃物采样与载量计算

在火烧迹地样地附近，就近寻找未燃烧的岛状区域，做1m×1m样方，对草本层进行收割，称取鲜重，并采样；然后，在小样方内部作20cm×20cm样方，对枯落物层和腐殖层进行取样，称取鲜重。把取回样品放入烘箱内，在105℃下连续烘干24h至绝干重，用电子天平称重，计算出每个样方内不同种类可燃物含水率，进而计算出样方内草本、枯枝落叶层和腐殖层可燃物的载量。

2.4.2.2 燃烧深度确定与插值

在火烧迹地上做20m×19m(3号样地为20m×20m)样方，每隔1m对交叉点的燃烧深度进行测量，并记录下平面坐标。研究区域属于重度火烧，地表草本可燃物和枯落物层全部消耗完，地表草本可燃物和枯落物层载量用对照样地样方进行计算。腐殖层形成深度不一的斑块，燃烧深度的确定方法以测量点周边最近距离未燃烧的腐殖层顶部为基准点进行测量。用全球定位系统(GPS)对起始原点的经纬度进行标定。将记录的经纬度坐标在ArcGIS 9.3中进行投影，使之由地理坐标变为投影坐标，然后，对记录下的平面坐标分别与原点的投影坐标相加，使测量深度的每一个标记点具有真实的地理坐标。

半方差函数的计算公式为：

$$\gamma(h)=\frac{z}{zN(h)}\sum_{i=1}^{N(h)}[Z(x_i)-Z(x_i+h)]^2 \tag{2-9}$$

$(i=1,\ 2,\ 3,\ 4\cdots\cdots N(h))$

式中 $Z(x_i)$和$Z(x_i+h)$分别为区域化随机变量Z在空间位置x_i和x_i+h上的取值；$N(h)$是抽样间隔等于h时的点对数；$\gamma(h)$为变异函数值(又称为半方差，semivariance)。

采用地统计学的方法对燃烧深度进行插值计算，地统计学主要以区域化变量理论为基础，研究那些分布于空间并显示出一定结构性和随机性的自然现象。过火烧迹地燃烧格局的特点是既有空间异质性，又具有连续性，地统计学是研究火烧迹地燃烧格局特点的理想方法。在本文中采用，使用ArcGIS 9.3中的地统计学扩展模块对样地进行插值。

运用地理信息系统软件 ArcGIS 中的地理统计分析(Geostatistical Analyst)模块中的克里金(Kriging)方法对样点数据进行插值，Kriging 方法建立在变异函数理论及结构分析基础上，是在有限区域内对区域化变量的取值进行无偏最优估计的一种方法，该方法一般要求数据符合正态分布。利用 Q-Q 曲线对数据进行正态分布检验，表明所有数据均服从正态分布。同时对不同方向上的变化进行趋势预测，在去除趋势效应的条件下对各参数进行拟合比较，利用 ArcGIS 提供的普通克里金(Ordinary Kriging)方法，通过交叉验证(Cross-Validation)，从中选择最优的理论模型，最终选择球状(Spherical)模型进行插值，各模型参数见表 2-9，绘制实际半变异函数曲线，生成燃烧深度表面预测图。

表 2-9 半方差函数理论模型参数

样地编号	样本数	块金值	基台值	块金系数(%)	变程
1	420	0.00077898	0.000850049	91.64	19.7037
2	420	0.0018992	0.002201440	86.27	19.7558
3	441	0.000833	0.000851068	97.88	19.7558
4	420	0.0011284	0.001395920	80.84	19.7558
5	420	0.0010174	0.001073765	94.75	16.6424

以半方差 $r(h)$ 为 Y 轴，以抽样间隔 h 为 X 轴，绘制散点图，结合散点图进行理论模型曲线的确定，得到半方差函数图(semivariogram)，得出 3 个重要的参数，即块金值(Nugget)、基台值(Sill)和变程(Range)。基台值表示变量在研究系统中最大的变异程度，包括空间结构方差和块金方差。空间结构方差表示非随机的结构原因形成的变异，块金方差反映的则是由实验误差和小于最小取样尺度所引起的随机变异，变程表示研究变量在空间上自相关的范围。

2.4.3 结果与分析

2.4.3.1 可燃物层次结构与载量

草甸垂直方向具有明显的层次结构，自上而下大体可分为草本层、枯落物层和腐殖质层，高强度草甸火在燃烧过程中形成斑块体和垂直结构，不同层次可燃物垂直分布有很大的不同(图 2-9、图 2-10)，虽然草本层所占厚度比较大，但所占载量比例并不大，草本层、枯落物层和腐殖层载量平均所占比例分别为 18.50%、28.95% 和 52.55%(表 2-10)。平均可燃物总载量为 37.3t/hm²，远远大于大兴安岭乔木林地表可燃物载量，其中落叶松林地表可燃物载量最大，也仅为 20.270t/hm²(李华等，2002)。由于可燃物载量比

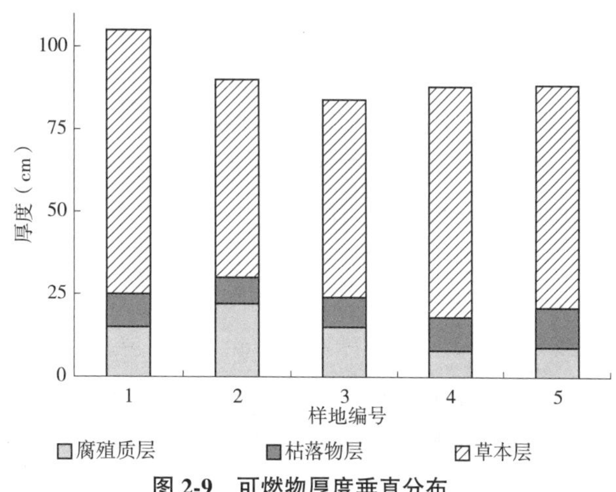

图 2-9 可燃物厚度垂直分布

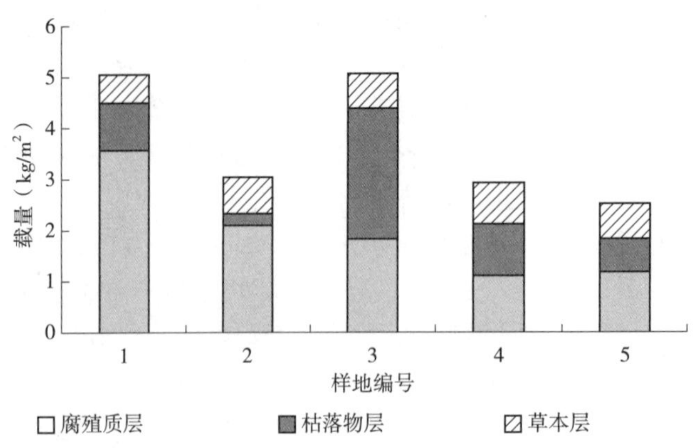

图 2-10　可燃物载量垂直分布

较大，尤其是腐殖层所占比例比较高，在干旱季节一旦发生火灾就易释放大量温室气体。

表 2-10　可燃物载量垂直分布

样地编号	草本层		枯落物层		腐殖质层		
	高度（cm）	载量（kg/m^2）	厚度（cm）	载量（kg/m^2）	厚度（cm）	载量（kg/m^2）	密度（kg/m^3）
1	80	0.55	10	0.93	15	3.57	23.77
2	60	0.71	8	0.23	22	2.1	9.55
3	60	0.68	9	2.56	15	1.83	12.22
4	70	0.81	10	1.01	8	1.11	13.91
5	67.5	0.69	12	0.65	9	1.18	13.06
平均	67.5	0.69	9.8	1.08	13.8	1.96	14.5
载量百分比(%)	-	18.5	-	28.95	-	52.55	-

由于地表草本可燃物占可燃物总载量的比例并不大，因此在适应的火险条件下有计划地进行计划烧除，使得火强度控制在较低的范围，避免腐殖层的燃烧，这将有效地减少温室气体的排放。

2.4.3.2　草甸火燃烧迹地空间相关性

一般认为块金值代表随机变异的量，而基台值代表变量空间变异的结构性方差，块金系数是块金值与基台值的比值，按照区域化变量空间相关性程度的分级标准，块金系数小于25%时说明系统具有强烈的空间相关性，在25%～75%时表明系统具有中等的空间相关性，大于75%时则说明系统空间相关性较弱。燃烧深度的块金系数为80.84%～97.88%，均在75%以上，燃烧深度在空间分布上具有较弱的空间相关性(图2-11～图2-15)。

2.4.3.3　可燃物消耗量及燃烧效率计算

可燃物消耗量由燃烧效率和该可燃物载量决定。可燃物的燃烧效率受多种因素的影响，除了受可燃物类型影响外，还受气象条件、可燃物湿度、地形等综合因素的影响。

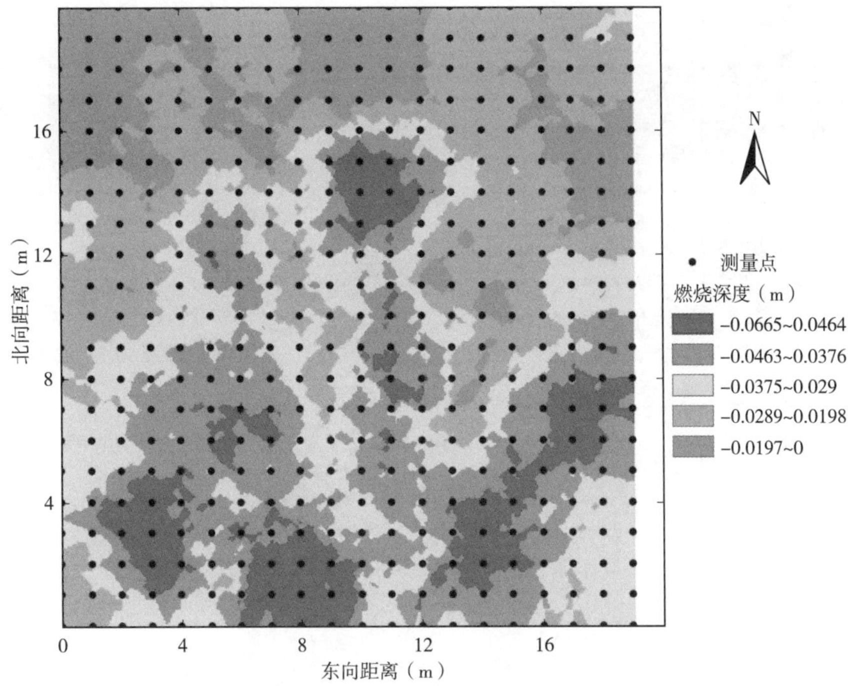

图 2-11　样地 1 燃烧深度

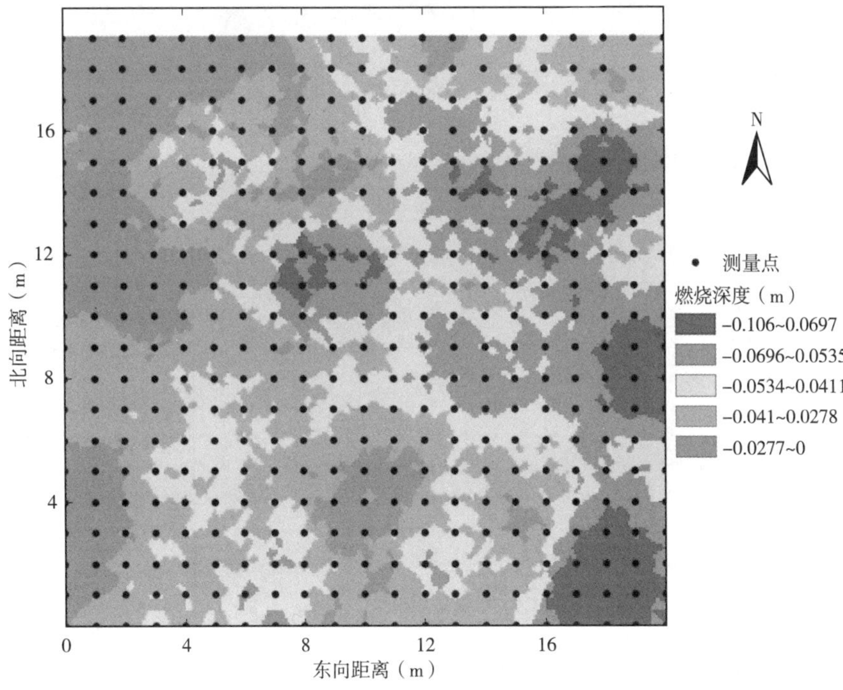

图 2-12　样地 2 燃烧深度

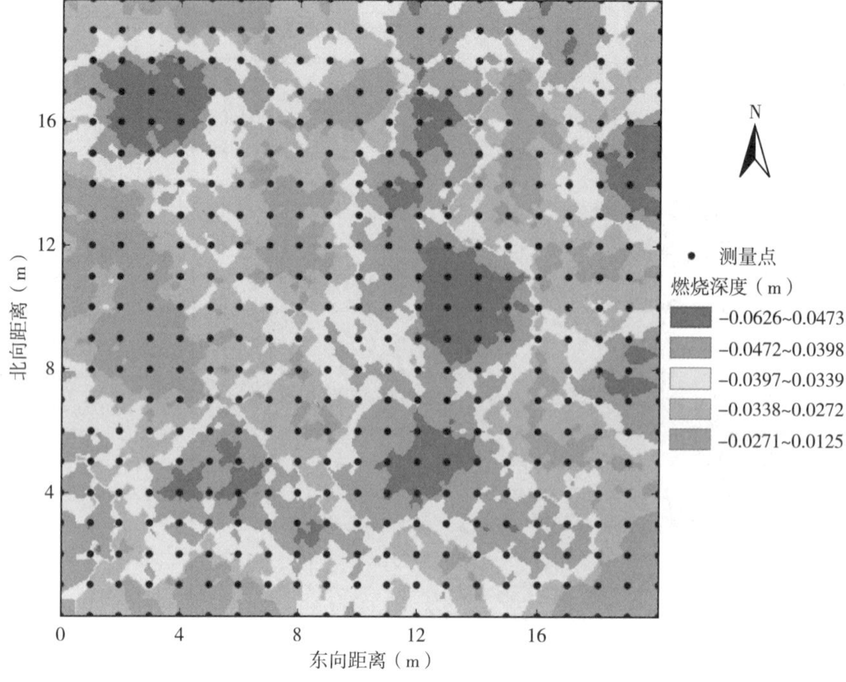

图 2-13　样地 3 燃烧深度

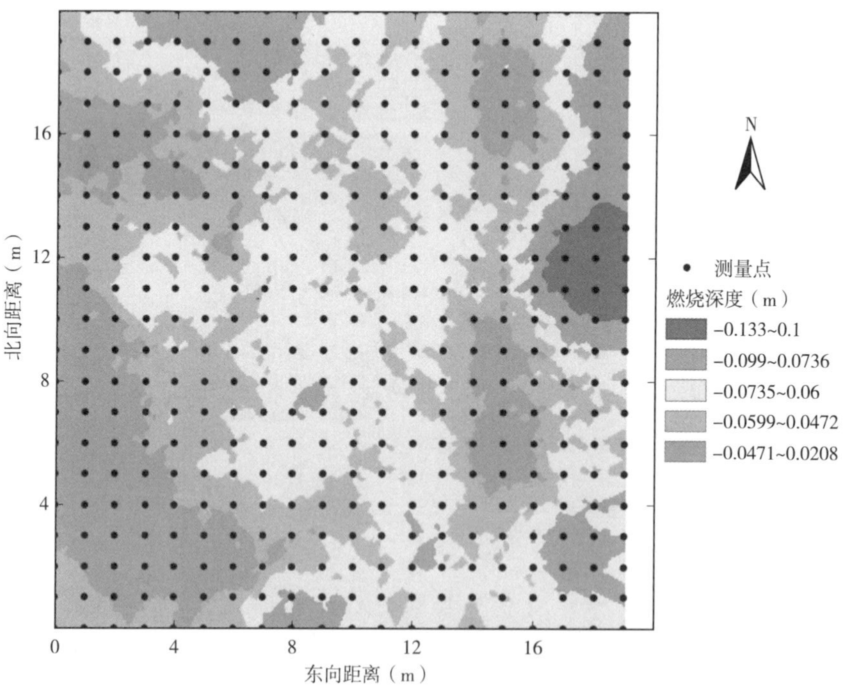

图 2-14　样地 4 燃烧深度

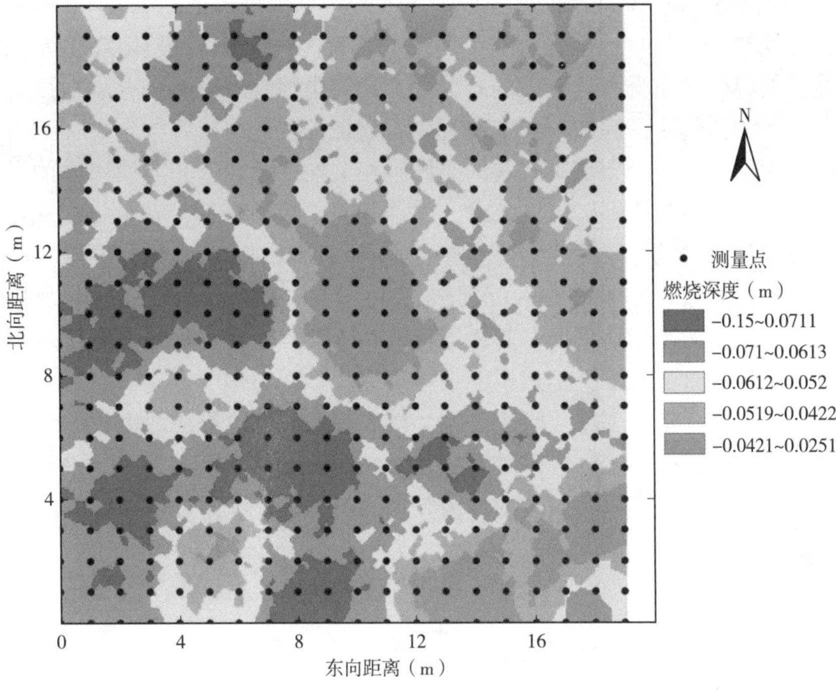

图 2-15　样地 5 燃烧深度

按地面草本和枯枝落叶层全部消耗完，腐殖质按插值后计算。对于插完值的样地，在 ArcGIS 中对消耗的体积进行计算，根据对照样地调查的可燃物的密度对过火样地的燃烧消耗量进行计算。

对于重度火烧区而言，地表草本可燃物和枯落物层全部消耗完，腐殖层形成深度不一的斑块，对燃烧效率有重要影响的主要是腐殖层的深度。可以计算出平均每公顷腐殖质为 6. 36t/hm^2，枯落物层消耗量为 10. 8t/hm^2，草本层消耗量为 0. 69t/hm^2，草甸火总消耗量平均值为 17. 85t/hm^2。平均燃烧效率为 64. 51%，根据不同的火烧强度，不同样地的燃烧效率在 44. 35%~90. 56%变化(表 2-11)。

表 2-11　腐殖质消耗量

样地编号	燃烧体积(m^3)	密度(kg/m^3)	单位面积消耗量(kg/hm^2)	燃烧效率(%)
1	12. 26	23. 77	7668. 95	44. 49
2	16. 24	9. 55	4081. 37	44. 35
3	14. 25	12. 22	4353. 38	72. 49
4	22. 77	13. 91	8335. 02	90. 56
5	21. 46	13. 06	7375. 46	82. 44
平均	17. 40	14. 50	6362. 84	64. 51

2. 4. 4　结论与讨论

燃烧效率的确定受多因素的影响，不同学者的研究结果差别很大，Hoelzemann 等

(2004)在全球野火释放模型(GWEM, Global Wildland Fire Emission Model)中根据植被带将燃烧效率进行简单分类。草地燃烧效率为0.85，不确定性为0.1。与田晓瑞等(2003)统计的不同植被带的燃烧效率具有比较大的差异。在研究中综合考虑多种要素对燃烧效率进行确定仍然是一个亟待解决的问题。在本研究中，燃烧深度的块金系数为80.84%~97.88%，腐殖质的燃烧深度在空间分布上具有弱的空间自相关性，燃烧效率与腐殖质的燃烧深度直接相关，燃烧效率与植被类型、天气条件、立地等因子密切相关，它是一个变化的，是空间分布上异质并且相关的一个变量。草甸的平均燃烧效率为64.51%，根据不同的火烧强度，不同样地的燃烧效率在44.35%~90.56%变化，与Hoelzemann等(2004)所应用的稀树草原和草地上的燃烧效率相比偏低，其原因可能在于大兴安岭草甸地下有比较厚的腐殖质层，即使在比较高的火强度下，仍然不能全燃烧完。

从火险角度考虑燃烧效率与火险的关系，根据着火时火险等级的变化，结合可燃物和天气状况对燃烧效率进行确定，可以对大尺度的燃烧效率或可燃物消耗量进行估算。通过大样本的调查，建立燃烧效率和火险或者天气条件的关系，进而可以根据火险或者天气条件对燃烧效率进行确定。

2.5　森林地下火可燃物

2.5.1　森林地下火火环境研究

森林火灾可划分为树冠火、地表火和地下火。地下火也叫土壤层火，土壤层可燃物包括森林中接近土壤层的细小可燃物、腐殖层可燃物和泥炭层可燃物。在腐殖质中燃烧的火称为腐殖质地下火，在泥炭层中燃烧的火称为泥炭地下火。地下火作为森林中一种难以控制的燃烧现象，其形成机理极为复杂。丰富的近土壤层和地下可燃物是森林地下火发生的物质条件。气象条件促进了森林地下火的发生，特别是遇到降水少、长期干旱、地面温度增加，相对湿度降低，可燃物干燥的情况时，地下火灾很容易发生，如图2-16所示。

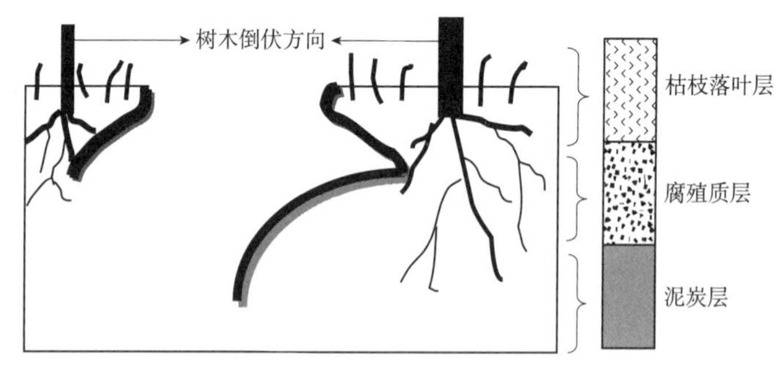

图2-16　森林地下火示意

地下火只占森林火灾的1%，主要发生在我国北方寒冷的针叶林中，南方林区很少发生地下火(王正非，1985；文定元和舒立福，1999)。寒冷地区森林无霜期长，凋落物分解缓慢，在土壤层积累了深厚的枯枝落叶层可燃物，阴湿的森林枯枝落叶可燃物层高于干燥森林，山体北坡可燃物层高于南坡的。

森林地下火往往发生在处于长期干旱、降水少、蒸发量大、高温低湿季节中的原始森林里。地表火主要发生的原始森林区域，如针叶林、阔叶林或针阔混交林，都有可能发生地下火。我国的森林地下火主要发生在东北地区大小兴安岭林区和新疆阿尔泰林区，一般出现在干旱的季节，新疆阿尔泰林区地下火主要发生在8~9月。

地下火一般燃烧速度慢、持续时间长、燃烧充分，具有隐蔽性强、燃烧不连续、方向易变等特点，地下火在所有火灾中对森林危害最大，特别是对落叶松、樟子松、云冷杉等的破坏更为严重(王正非，1985；金可参和居恩德，1990)。

近几年来，由于全球气温的不断升高，北方林区气候偏旱，林地地温偏高，森林地下火有增长的趋势(Anderson，1964；Bancroft，1976)，地下火作为一个随机干扰因子引发森林火灾，使得地下火的预防与扑救变得非常困难。

2.5.1.1 研究区域概况

研究区域选择地处寒温带针叶林区的黑龙江省大兴安岭北部原始林区呼中区，该区地处大兴安岭主山脉东坡，伊勒呼里山脉北坡，西部与内蒙古相邻，地理坐标为东经122°42′14″-123°18′05″，北纬51°17′42″-51°56′31″，总面积94万hm^2，其中，林地面积60万hm^2。

本地区属于中低山冻土地貌，海拔多在700~1200m，坡度较大，最高山峰海拔1404m，平均海拔812m，是森林火灾发生较多的区域。

该区植被属寒温带针叶林，森林类型以兴安落叶松—偃松(*Larix gmelinii*-*Pinus pumila*)和偃松灌丛为主，分布遍及全区，还有少量白桦林(*Betula platyphylla*)和樟子松(*Pinus sylvestris* var. *mongolica*)。

该区属寒温带大陆性气候，又具有明显的山地气候特点。年平均气温为-4.4℃，极端最低气温-49.2℃，年降水量481.6mm，主要集中在6月、7月和8月，无霜期80~100d。

自成立行政区以来，多发的地下火给森林防火工作带来了很多困难，造成很大损失。这就提出了要研究地下火的特点、预防地下火的发生、减少森林资源的损失的问题。

2.5.1.2 研究方法

森林的燃烧需要有一定的火环境，降水和干旱状况、火源和地下可燃物状况构成了地下火发生的火环境(图2-17)。地下火是森林中发生的地表火烧到地表以下可燃物而引起的燃烧现象。在研究地下火的形成时，地下可燃物的厚度和干燥程度是燃烧的基础，地下火的燃烧与可燃物干燥程度以及气象条件密切相关。

(1)资料收集

整理地下火发生资料，收集和地下火发生密切相关的气温、降水等气象资料。气象因素促进地下火的发生和燃烧。温度较高的，由于干旱，地下水位降低，地中泥炭层干燥，容易发生地下火。

(2)野外调查

选取发生地下火的火烧迹地，按照起火时间进行编号，选择2001—2002年发生地下火的8处火烧迹地，设置标准地，调查其可燃物类型、地下可燃物、可燃物厚度和坡向(表2-12)。

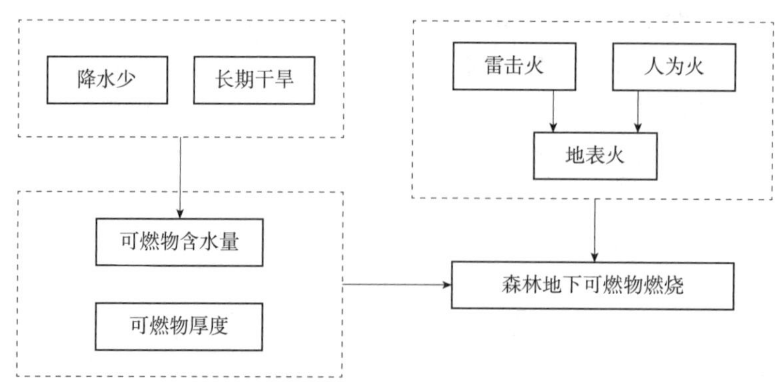

图 2-17 森林地下火发生的火环境示意

表 2-12 森林地下火调查表

编号	地点	可燃物类型	地表可燃物	地下可燃物	坡向	地下可燃物厚度(cm)
1	呼中石林	落叶松—偃松林	杜香、枯枝、落叶、苔藓	腐殖质、树根	南	37
2	呼中林场 40 号线	落叶松—偃松林	枯枝、落叶、苔藓	腐殖质、树根	北	55
3	碧水林场 2 支线	落叶松—偃松林	杜香、枯枝、落叶、苔藓	腐殖质、树根	南	39
4	呼中林场 18 号线	草塘	禾草	草根、腐殖质	平地	42
5	呼中林场 27 号线	樟子松—白桦	枯枝、落叶	树根、腐殖质	南	35
7	雄关林场 9 号线	落叶松—偃松林	杜鹃、枯枝落叶	腐殖质、树根	北	47
8	苍山林场 5 号线	落叶松—偃松林	枯枝落叶、苔藓	腐殖质、树根	北	51

(3)室内测定

在标准地采集杂草、枯枝落叶、腐殖质和泥炭可燃物，进行含水率测定。将采集的样品称重，然后放置烘干箱中，保持恒温 24h 烘干，采用式 2-12 计算相对含水率：

$$含水率=\frac{鲜质量-干质量}{干质量}\times 100\% \qquad (2\text{-}10)$$

地下火的发生和燃烧与地下可燃物含水率有关，土壤层含水率越小，则地下火越易发生燃烧，且蔓延速度较快。正常条件下，地下可燃物层生长期含水率在 60%以上，难以发生燃烧现象(表 2-13)。

表 2-13 地下可燃物层含水率随干旱天数变化值

干旱天数	3	5	10	20	30	>50
腐殖质含水率(%)	45	40	37	25	19	15
泥炭层含水率(%)	61	59	58	55	47	40

(4)数据分析

统计呼中区历史逐月平均气温资料，计算多年平均值，并与地下火多发年份 2001 年和 2002 年同期平均气温数据进行比较。

以日降水量小于 0.5mm 连续日数作为干旱日数，与测定的腐殖质层和泥炭层含水率建立关系式。

式中　Y 为可燃物含水率，a、b 为待定系数，x 为连旱日数。

$$Y=ae^{-bx} \tag{2-11}$$

根据表 2-13 数据，可得出如下关系式：

腐殖质层：

$$Y_f=0.4482e^{-0.0241x} \tag{2-12}$$

泥炭层：

$$Y_p=0.6301e^{-0.009x} \tag{2-13}$$

2.5.1.3　结果分析

2.5.1.3.1　地下火发生的气象条件

(1) 降水

降水量的多少和蒸发量的大小，决定植被层的干燥程度，植被层的干湿度决定林火的种类(William，1977；Frandsen，1987)。地下火只有在长期干旱高温的天气条件下出现，旱情越严重，地下火越多。3～6 月降水量在 140mm 以上时，地下火就少，降水量在 120mm 以下时，地下火就多于往年，如图 2-18 所示。

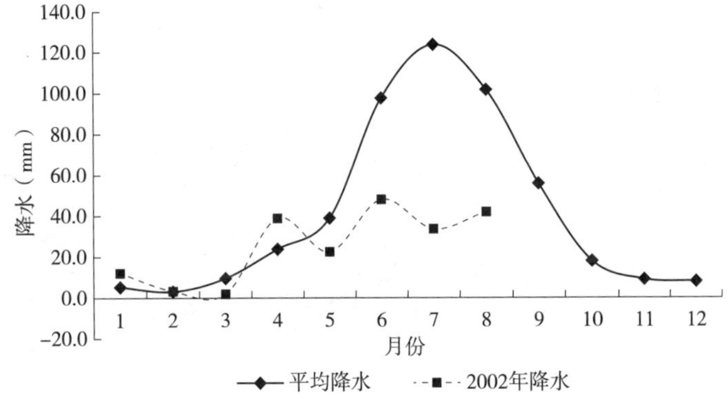

图 2-18　2002 年 1～8 月降水与历年月平均降水比较(1974—2002 年)

(2) 温度

在北方的 3～4 月，平均气温在 0℃以下，土壤封冻，难以发生地下火；进入 6、7 月，平均气温在 15℃以上，土壤解冻，遇到干旱、高温天气，土壤层可燃物干燥，易发生地下火燃烧现象，如图 2-19 所示。

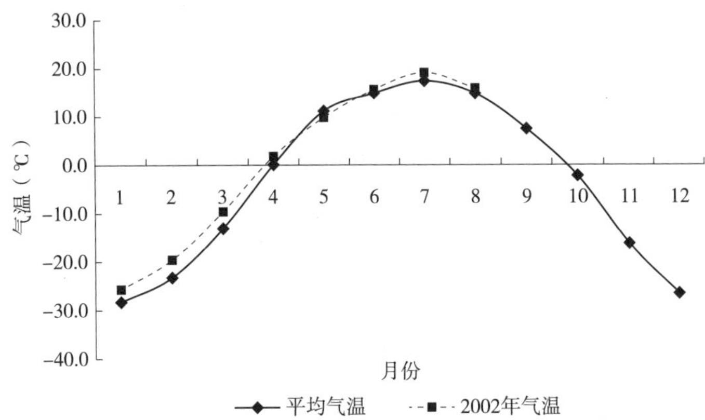

图 2-19　2002 年 1～8 月平均气温与历年月平均气温比较

2.5.1.3.2　地下火发生的可燃物条件

发生地下火的可燃物类型主要有落叶松—偃松林、落叶松—杜鹃林、落叶松—苔藓林和落叶松—白桦林等阴湿类型。其中，以落叶松—偃松林类型最多。阴湿的森林枯枝落叶可燃物层高于干燥森林的，山体北坡可燃物层高于南坡的。

地下火发生时，早晚在地下火发生的地面上烟雾弥漫，有时冒出火苗，远处不易发现。白天只有在燃烧层较浅或有地缝的地方，方可能见到零星冒烟。由于在地下燃烧供氧不足，只能慢慢燃烧，火的温度高，燃烧彻底，上边烧去腐殖质，下边烧到泥炭层。

2.5.1.3.3　土壤层可燃物含水率

大兴安岭林区属大陆性气候，多受西伯利亚和蒙古干冷空气的影响，春夏气候比较干燥，遇有连旱的天气，气温便高，蒸发量大于常年，植被水分入不抵出，含水量急剧下降，腐殖质含水率可以由40%以上减少到20%以下，如图2-20所示，泥炭层含水率可以由60%以上减少到40%以下，如图2-21所示，在这种情况下，极易发生地下可燃物层燃烧蔓延现象。

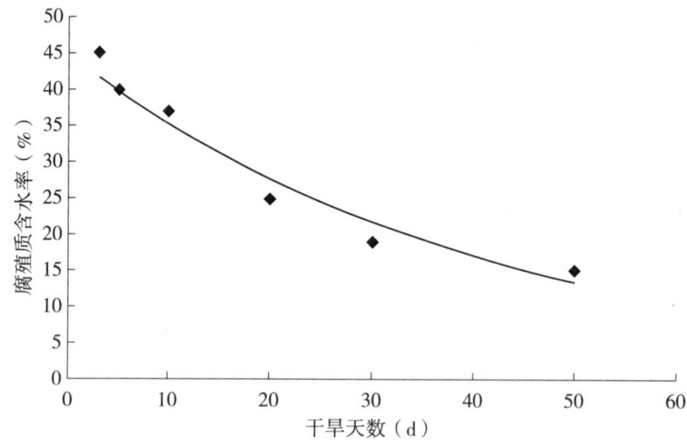

图2-20　干旱天数与腐殖质层可燃物含水率关系

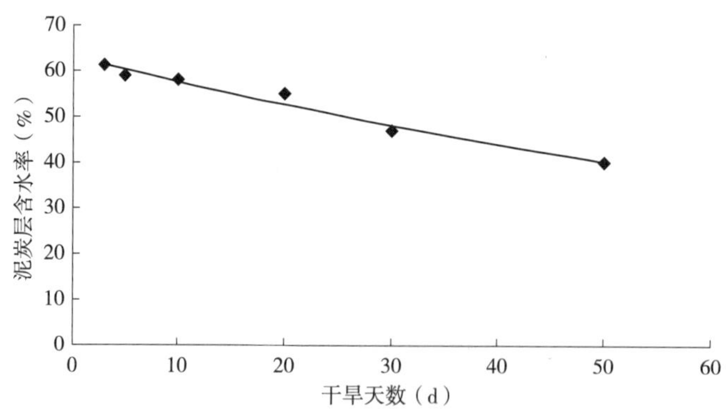

图2-21　干旱天数与泥炭层可燃物含水率的关系

2.5.1.3.4　地下火发生的火源条件

地下火主要由地表火燃烧到地下引起，在气候偏旱的高火险条件下，野外火源首先引燃地表火（Frandsen，1987）。当风速较小时，形成稳进的地表火，遇到干燥的塔头、枝丫堆、倒木、树根时，地表火便向粗腐殖质层内扩散燃烧。当高温、高热逐渐渗透到地表下面时，就形成森林地下火，并开始蔓延，火线经过地段的可燃物全部被燃毁。当地下火烧到腐殖质层较薄的地段或地缝时，又可燃出地面转为地表火。当火烧到复层异龄林时，又可演变为树冠火。

在经常发生干雷暴的地方，由于树干被雷击引燃，火烧到树的根部时，引燃地表细小可燃物，燃烧蔓延到地下，也能引起地下火。

2.5.1.3.5　地下火发生时间

可燃物处于生长期，活可燃物依靠降水和借助根部吸收土壤中的水分补充水分，活可燃物含水量相对于死可燃物含水量大，而地下死可燃物只能靠降水来补充水分，遇到干旱，地下死可燃物缺乏水分补充，变得越来越干燥，极易燃烧蔓延。

由于森林地下火是在地表下的腐殖质层里燃烧，一般很难发现明火，特别是在晚间温度低、湿度大时，火行为隐蔽性更大。在上午10时到傍晚之前，可出现明火和烟，但都不如树冠火和地表火明显。火的燃烧方向也不易确定，火场的边缘也很难明断清楚。

2.5.1.4　结论与讨论

森林地下火往往发生在处于长期干旱、降水少、蒸发量大、高温低湿季节中的原始森林里。地表火发生的原始森林区域，如针叶林、阔叶林或针阔混交林，都有可能发生地下火。地下火一般燃烧速度慢、持续时间长、燃烧充分，具有隐蔽性强、燃烧不连续、方向易变等特点，地下火在所有火灾中对森林危害最大，特别是对落叶松、樟子松、云杉等的破坏更为严重。

森林地下火发生取决于4个条件：干旱状况、地表可燃物含水率、较深厚的地表地下可燃物和较高的温度。地下火作为森林中一种难以控制的燃烧现象，其形成机理极为复杂。地下火作为一个随机干扰因子引发森林火灾，使得地下火的预防与扑救变得更加困难。

2.5.2　地下火火行为研究

地下火的发生次数仅占森林火灾的1%左右，但造成的危害却相当严重。地下火也叫土壤层火，在腐殖质中燃烧的火称作腐殖质地下火，在泥炭层中燃烧的火称作泥炭地下火。地下火只有在极干旱季节才能发生。地下火是林间地下可燃物的燃烧，在地表看不见火焰，有时会有烟，可一直烧到矿物层和地下水层的上部。地下火蔓延速度缓慢，每小时4~5m。但其燃烧区散热慢，不易觉察，破坏大，持续时间长，能烧掉腐殖质、泥炭和树根等，导致树木枯黄而死。地下火多发生在干旱的针叶林内。由于燃烧时间长，在秋季燃烧的地下火，可以隐藏地下一直燃烧到第二年春季。这种越冬的地下火多发生在高纬度地区，在我国大、小兴安岭北部均有分布，在四川的甘孜和阿坝地区也有单纯的地下火发生。

地下火是森林中一种难以控制的燃烧现象，其形成机理非常复杂。地下火是一种阴燃过程，具备阴燃过程的所有特征，但同时又具有特殊性。从可燃物来说，不同的浮沤时间，其热值、传播性、燃烧的难易、热解特性，也就是物性参数值发生较大的变化；从流体力学角度看，由于很大部分燃烧是在地表之下，因此与空气接触的自由表面小，也就是说地下火是在相对缺氧的条件下进行的阴燃；另外，由枯树、落叶等浮沤成的混合物并非均匀致密的，其孔隙度会不同，从而影响其燃烧过程；从传热方面看，由于泥土的传热性能差，地下火的热量的损失将需更长的时间。

阴燃指材料的无焰燃烧，一般具有灼热特征，生烟量中等。阴燃能持续较长时间，它可能转变为明燃，也可能经一定时间后熄灭。决定地下火是否能够维持阴燃的主要影响因素是地下火可燃物中的有机物含量、无机物含量和水分含量。阴燃是燃烧波通过多孔材料的缓慢传播，其特征是温度较低和氧化反应不完全。阴燃由氧气经多孔材料的扩散速度所控制，通常需要多孔材料存在，而炭则可能是阴燃的前提，纤维素材料，如木材、树枝等常能成炭，导致阴燃，一旦在炭层发生阴燃，火焰即将沿材料表面传播。

研究证实，近 50 年来东北地区是向干旱发展的，20 世纪 90 年代中期以来干旱化趋势尤为明显，在气温和降水两个要素中，气温的升高对干旱化的作用可能更重要。关于 1951—2007 年东北地区气候变暖对干旱加剧的可能影响的研究表明，干旱强度变化具有显著的 2~3 年的周期变化，近期的 1996—2007 年是近 57 年来干旱发生频次最多的时期，平均每年有 4.1 个月会出现不同程度的干旱，发生干旱的频率为 34%。夏季发生干旱的频率最高，达 34.5%，春季次之，为 32.25%，秋季为 27.5%，冬季发生干旱的频率最小，这不仅与降水偏少有关，也与气候变暖有密切联系。大兴安岭地区年平均气温总体呈变暖趋势，20 世纪 90 年代是近 34 年来最温暖时期，四季平均气温均呈显著性升高趋势，其中，冬季升高幅度最为明显，升高幅度最小；年降水量与平均相对湿度呈略增加趋势，年变化波动较大，四季降水量均呈增加趋势，其中，降水增加最不明显且波动最大；冬季相对湿度呈略减少趋势，其余 3 个季节呈略增加的趋势，21 世纪初的几年，均有较大幅度地减少，且气温升高，表现出明显的暖干化趋势，气候向有利于林火发生的方向演变。

近几年来，由于气候偏旱，地温偏高，大兴安岭森林地下火有增长的趋势，在这种情形下，干旱导致森林地下火时有发生，迫切需要对地下火的形成、火行为、火影响和火后果进行研究。认识地下火可燃物的形成、相关性质，以及地下火发生发展的客观规律，是有效控制和扑救森林地下火的前提。然而，地下火机理方面的相关研究却进展缓慢。在外业调查和实验室研究的基础上，从可燃物和火行为的角度进一步深入研究地下火的形成和危害。

2.5.2.1 研究地概况

大兴安岭林区是我国最靠北、面积最大的一个林区，是我国重要的木材生产基地，也是我国少有的原始林区之一。大兴安岭地区属寒温带大陆性季风区，又具有明显的山地气候特点。地势起伏不大，西部、中部高，东部、北部和南部低。平均海拔 573m，最高海拔 1528m。冬季寒冷而漫长，夏季炎热而短暂，年平均气温在-2℃~-4℃，≥10℃的积温为 1100~2000℃。春季升温快，风速大(可达 8 级)，干燥少雨。年降水量为 450~500mm，年蒸发量为 900~1000mm，相对湿度 70%~75%。该区地处高纬度山地，无霜期较短，在 80~100d 之间，年平均风速 2m/s，最大风速 7~8 级，多发生在春季，极易引起森林火灾。大兴安岭地区冬季在寒冷而干燥的蒙古高压的控制下很少降水，只有在强烈的冷锋过境时，才会产生降雪，但降水量不大，每年 11 月到翌年 4 月底降水量尚不足全年的 10%。

与此相反，在一年中的暖季，本区东南季风活跃，南来的海洋湿润气流在北方气流的冲击下可形成多量降水，造成这一时期的降水量可达全年降水量的85%~90%，降水多的季节正好与温暖季节一致，对于林木生长显然是有利的。

土壤为寒温带森林土壤，也称灰黑土，主要分布在大兴安岭西坡海拔1200~1400m范围内。这类土壤形态特征是腐殖质层深厚，淀积层不发达。除枯枝落叶层以外，其下类似黑土，腐殖质层的厚度在0.5m以上。土壤有机质呈现蜂窝状结构。腐殖质是已死的生物体在土壤中经微生物分解而形成的复杂聚分子的复合物，无固定形态，通常与土壤无机矿物结合成胶粒。沼泽土分布于山间谷地和河漫滩上面，水分过多，泥炭发达。根据泥炭层的发育状况，可分为草甸沼泽土、腐殖质沼泽土和泥炭沼泽土。其上生长着沼泽植被，沼泽化较轻的地段有时也生长兴安落叶松。

森林类型主要是以兴安落叶松(*Larix gmelinii*)为主的混交林。主要树种有落叶松、樟子松(*Pinus sylvestris* var. *mongolica*)、白桦(*Betula platyphylla*)、蒙古栎(*Quercusmongolica*)、山杨(*Populus davidiana*)和柳树(*Salix matsudana*)等针叶和阔叶树种。

2.5.2.2 研究方法

2.5.2.2.1 收集资料

收集当地气象台与地下火发生密切相关的气温、降水、相对湿度等气象资料，整理地下火发生的资料，从当地扑火队了解地下火发现的方法、扑救的方法、组织过程、熄灭过程以及地下火在燃烧过程中所表现出的各种特征。

2.5.2.2.2 外业调查

分别于调查地下火的火烧迹地设置样地5块，每块为20m×10m，测定燃烧深度。调查可燃物类型、厚度和连续性。在火烧迹地边缘选取未烧地块作为对照，取土壤剖面5个，依次量取地上可燃物的高度、土壤厚度，半分解层厚度、腐殖质厚度。在样地内按照2m×2m设置小样方，在样方内按照垂直分布，依次采集草本、半分解和腐殖质可燃物样品，称重，取样后用标准信封装好，装入塑料封口袋密封带回实验室。

2.5.2.2.3 实验室测定

(1)含水率

一般采用烘干恒重法测定可燃物含水率。常用的测量形式有2种：绝对含水率和相对含水率。这里测定的是绝对含水率。

把采回的样品放入101A-2型电热鼓风恒温干燥箱中，保持105℃，24h烘干至恒重，采用式2-16计算含水率：

$$含水率=\frac{鲜质量-干质量}{干质量}\times 100\% \tag{2-14}$$

(2)热值

热值指单位质量干物质在完全燃烧后所释放出来的热量值，是能量的尺度，单位为J/g或kJ/kg，一般包括干重热值和去灰分热值2种表示方法。去灰分热值是去掉灰分含量后求算的热值，能比较正确地反映单位有机物中所含的热量，消除含灰分多少不同的干扰。

热值既与有机物含量有关，也与矿物质成分有关，有机物含量越高，干重热值越大，燃烧后的灰分中主要为矿质元素，因而灰分含量越高，干重热值越小，矿质元素含量越高，干重热值越小。有研究表明，干重热值与灰分含量具有极显著的线性相关。

氧弹式热量计法是测定热值的基本方法。把烘干的样品用 FZ-102 微型植物粉碎机进行粉碎，用 XRY-1C 微机氧弹式热量计(上海昌吉地质仪器有限公司)测样品热值，每个样品重复 3 次，取平均值。

$$Q=\frac{k[(T-T_0)+\Delta t]}{G} \tag{2-15}$$

式中 Q——预测可燃物的发热量，Cal/g；

k——水当量，Cal/℃；

T_0——点燃前的温度,℃；

T——点燃后的温度,℃；

Δt——温度校正值,℃；

G——样品质量，g。

(3)灰分含量

采用干灰分法测定。灰分也称矿物质，它主要由含有钠、钾、钙、磷、铁等元素的化合物组成。林木中灰分含量随树种、土壤、树龄、生长条件、伐木季节而改变，也随植株不同部位而异。一般，树皮、叶子含灰分量较多，木材和茎含灰分量较少。灰分可分为水溶性灰分和水不溶性灰分，前者主要为水溶性盐类，后者主要为硅酸盐。研究表明，水溶性灰分对森林可燃物燃烧性影响较大。一般采用高温加热法，即先将待测物高温灰化，再用电子秤称重，用箱式电阻炉加热，设定温度为 590℃，采用下式计算：

$$\text{灰分含量}=\frac{\text{坩埚加灰分含量}-\text{坩埚质量}}{\text{样品绝干质量}}\times 100\% \tag{2-16}$$

(4)点着温度

点着温度也称燃点，指一种可燃物在绝干条件下开始燃烧时的最低温度。可燃物受到外界火源的直接作用而开始的持续燃烧现象被称为着火。可燃物开始着火的最低温度即为该可燃物的燃点。森林可燃物的燃点在森林防火中有着重要意义，它表明可燃物起火燃烧的难易程度，燃点越低则越容易被引燃。燃点的测定常用点燃法，使用 DW-02 型点着温度测定仪。该仪器是由控制器和铜锭炉两部分组成，控制器通过一个热电阻对铜锭炉的温度进行控制。控制器的温度是由数字显示，而且可以预先设定一个温度。铜锭炉内温度达到设定温度 7~8min 后将保持恒温。每个样品重复 3 次，取平均值。

2.5.2.3 地下火发生的条件

对大兴安岭地区地下火形成的火环境，以及呼中林区地下火发生的气象条件进行研究，结果都表明，丰富的近土壤层和地下可燃物是森林地下火发生的物质条件，气象条件促进了森林地下火的发生，特别是在遇到降水少、长期干旱、地面温度增加、相对湿度降低和可燃物干燥的情况下，地下火灾很容易发生，地下火有地理和时间分布特征。

森林的燃烧需要有一定的火环境，降水、干旱状况、火源和地下可燃物状况构成了地下火发生的火环境。地下火是森林中发生的地表火烧到地表以下可燃物而引起的燃烧现象。在研究地下火的形成时，地下可燃物的厚度和干燥程度是燃烧的基础，地下火的燃烧与可燃物干燥程度及气象条件密切相关。

2.5.2.3.1 气象条件

(1)降水

降水量的多少和蒸发量的大小，决定植被层的干燥程度，而植被层的干湿度决定林火的种类。地下火的燃烧与可燃物干燥程度以及气象条件密切相关。地下火只有在长期干旱高温的天气条件下才能出现，旱情越严重，地下火越多。3~6月降水量在140mm以上时，地下火就少，降水量在120mm以下时，地下火就多。在湿润的条件下，森林地下火很难发生和维持，这也是地下火的一个特点。见表2-14，2008年1月、2月、3月的降水量分别为0mm，13mm和8.8mm，3个月的降水量总和为21.8mm；3个月的月平均相对湿度分别为54%、54%和44%，最小相对湿度分别为23%、18%和9%，处于比较干旱状态。干旱通过多种途径对火行为产生深远影响，首先，它使深层可燃物及重型可燃物(原木、大树枝)变干，大大地增加了有效可燃物量，从而增加了燃烧速度；其次，过度的干旱促使植被过早成熟，乔木和灌木顶部枯萎，也增加了有效可燃物量；再次，干旱使河流水位降低，失去了天然防火线，并使土壤有机质暴露出来，枯立木的树根也成了有效可燃物；最后，干旱使已腐朽可燃物的含水量降到最低程度，增加飞火的着火概率，使飞火更严重持久。干旱导致地上植被枯萎，从而使得有效可燃物的载量增加，地下水位降低，腐殖质上部暴露于地面、含水率降低、变得干燥，地表火一旦发生，就很容易蔓延至地下，引起地下火。

(2)温度

在北方的3~4月，平均气温在0℃以下，土壤封冻，难以发生地下火；进入6月或7月，平均气温在15℃以上，土壤解冻，遇到干旱、高温天气，土壤层可燃物干燥易发生地下火燃烧现象。见表2-14，2008年3月平均气温为-2.9℃，低于0℃。但0cm地温为-0.7℃，10cm地温为-2.6℃。在比较低的气温下发生地下火，原因可能是在烧防火线时，地表火在有地缝时点燃了地缝周围的可燃物，顺着地缝烧入地下，引起地下火，或者是地表火引燃了干枯的倒木、粗大枝条等引起阴燃，而阴燃的温度高达300~350℃，火强度达到一定程度时引燃地下可燃物从而转化成地下火。地下矿物质可以持续维持300℃以上的高温达几个小时，特别是泥炭的温度可以达到600℃，如此高的温度足以分解有机物并烧毁土壤有机质，从而维持地下火。

表2-14 地下火发生气象资料表

日期	气温(℃)	降水(mm)	相对湿度(%)	最小相对湿度(%)	0cm地温(℃)	10cm地温(℃)
2007.1	-16.8	7.4	64	29	-13.3	-11.8
2007.2	-16	0	62	22	-11.3	-10.2
2007.3	-9.3	8.7	52	16	-6.6	-6.6
2008.1	-21.4	0	54	23	-21.4	-18.8
2008.2	-14.8	13	54	18	-15.2	-14.3
2008.3	-2.9	8.8	44	9	-0.7	-2.6

2.5.2.3.2 可燃物

在大兴安岭林区，丰富的近土壤层和地下可燃物是地下火发生的物质条件，按自上而下的层次，这些可燃物可以分为杂草、枯枝落叶、腐殖质和泥炭。泥炭是原始森林沉积的凋落物经过长时间复杂生物物理化学过程后形成的一种物质，含有大量的有机质，在适当的条件下就会发生阴燃，形成森林地下火灾。经使用热重—差热分析(TG—DTA)技术研究发现，泥炭样品含有多达45种元素，碳、氧元素质量含量达55.91%，表明泥炭中含有大量有机物质和无机盐类；在不同升温速率的热解实验中，泥炭样品表现出相似的质量损失规律：在升温过程中，质量损失过程可以分为三个阶段，依次为水分损失阶段、有机质热解阶段和矿物质分解阶段；水分约占总失重的12%，在差热曲线上表现为明显的吸热峰；有机质热解失重占总失重的74%，热效应不明显；矿物质热解失重占总失重的14%，在差热曲线上表现为较小吸热峰。

(1)可燃物的形成

大兴安岭林区发生地下火的可燃物类型主要有落叶松—偃松林、落叶松—杜鹃林、落叶松—苔藓林和落叶松—白桦林等阴湿类型。其中，以落叶松—偃松林类型最多。枯枝落叶可燃物层在阴湿森林中的较干燥森林的厚，在山体北坡的较南坡的厚。本文主要研究的是落叶松林以及落叶松与草甸交界处的地下火。

在大兴安岭林区，最容易燃烧的植物为草本植物，特别是一些阳性杂草。这些阳性杂草能够忍受极端恶劣的环境。这些阳性杂草火烧后，萌发快，草根盘结度越来越密而不利于树种更新，逐渐林地面积缩小，草地面积日益扩大，林地连年火灾易形成草原化草甸。枯死的草类具有较强的吸湿性，能较快地与周围空气进行水分交换，也就是说既能快速吸湿也能被快速地干燥。白天气温升高时，空气的相对湿度下降，在阳光的照射下草类所含的水分能快速地进入大气中；夜晚气温降低，空气湿度加大，草类又能很快地从空气中吸收水分。大兴安岭的草甸大多为原生植被，组成以中生植物或湿中生植物为主，并混有湿生植物，主要分布在较低海拔地带，即山地下部寒温性针叶林亚带以及相邻接到山地中部寒温性针叶林亚带的下部地带。草甸在大兴安岭植被中占有特殊地位。全区草甸植被的植物组成、结构等方面随着生境变化而有所不同，但均以小叶章(*Deyeuxia angustifolia*)为建群种，即小叶章草甸。小叶章草甸在大兴安岭主要分布在海拔1000m以下的谷地或低湿地。大兴安岭小叶章草甸的生产力比较高，在腐烂、分解后不断地沉积在草甸里，形成腐殖质或者泥炭，构成了地下可燃物。在森林草甸交界的地方，地下火可以越过草甸或者森林，引发大的火灾(表2-15)。

表2-15 大兴安岭小叶章草甸特征

植被亚型	主要植物	典型特征
典型草甸	白花地榆、金莲花、小叶章草甸	草层高、茂盛，产草量较高，鲜草5250~8250kg/hm^2，最高可达11250kg/hm^2，分布在较低海拔地带，土壤肥沃
沼泽草甸	修氏苔草、小叶章草甸	草层茂盛，产草量也较高，达5250—9750kg/hm^2，地势平坦，土层较肥

(2)可燃物的含水率

地下火的发生、燃烧与地下可燃物含水率有关，土壤层含水率越小，则地下火越易发生，且蔓延速度较快。沼泽、泥塘松树湿地在有机土壤里维持阴燃状态的影响因素中含水率和矿物质含量是主要影响因素。在泥炭层中，含水率决定了阴燃的引燃成功与否，也就是说水分在泥炭浅层的分布将会指示林火能否被表面的火源点燃，而厚度和受火影响的地区会指示泥炭层水分分布。从北方林泥炭测得的临界含水率为80%，折干计算(干燥质)为125±10%，而湿的为55±2%。因此，可以通过野外测量泥炭表层干燥质含水率来进行火险等级的大致预报，低于115%，那么火险等级会高，如果介于115%和135%之间，则属于中间状态，如果高于135%，那么火险等级将会很低。正常条件下，地下可燃物生长期含水率在60%以上，难以发生燃烧现象，原因是水的蒸发潜热很大，达到225kJ/kg，水分形成大的比热容，使得阴燃区温度大幅度下降而未燃区温度上升甚微，从而阻碍阴燃区的维持与传播。因为林间可燃物在不同程度上含有水分，而森林的蓄水功能使得地表之下的可燃物会有很高的含水率，也会阻滞阴燃过程。在湿润的条件下，森林地下火很难发生和维持。

草本层主要是小叶章，高度在60~80cm，含水率为5.03%~23.84%，处于很干燥状态时，容易引燃，一旦着火后在条件适合时，会慢慢引燃地下可燃物，从而引起地下火；分解层厚度为10~16cm，含水率为53.95%~99.57%；腐殖质层的厚度为7~30cm，含水率为47.75%~85.74%，处于一个变化的过程，达到低值时可能引发地下火，达到高值时则不利于地下火的蔓延(表2-16)。

表2-16 地下火发生的可燃物

样地	草本层			半分解层			腐殖质层		
	高度(cm)	含水率(%)	载量(kg/m²)	厚度(cm)	含水率(%)	载量(kg/m²)	厚度(cm)	含水率(%)	载量(kg/m²)
1	80	17.54	0.55	16	59.84	32.53	7	78.62	33.93
2	60	5.03	0.71	12	82.29	24.14	7	47.75	66.73
3	60	17.10	0.68	12	53.95	38.97	20	81.05	105.94
4	70	23.84	0.81	10	70.64	23.44	30	85.74	80.44
5	-	-	-	15	99.57	24.05	30	81.45	193.99

(3)可燃物的相关性质

热值是指在绝干状态下单位质量可燃物完全燃烧时所释放的热量，单位为kJ/kg。可燃物的热值影响着火温度和火的蔓延过程。半分解物和腐殖质的热值在实验进行中只能点烧试样质量的一半或者2/3，得不到具体数值，主要原因是灰分含量过高，以致在点着后不久便自行熄灭。灰分是将可燃物放在高温中燃烧后的残留物，可燃物中灰分物质含量越高越不容易燃烧，灰分物质的热效应主要表现在能限制焦油产生和增加木炭的生成量。灰分可分为水溶性灰分和水不溶性灰分，前者主要为水溶性盐类，后者主要为硅酸盐，水溶性灰分对森林可燃物燃烧性影响较大。不同可燃物种类的灰分含量差异很大，木材中灰分的质量分数一般低于2%，树皮稍高些，叶子中灰分的质量分数最高，一般在5%~10%（表2-17）。

表 2-17 可燃物性质比较

内容样品	热值(kJ/kg)	灰分含量(%)	点着温度(℃)
半分解物	-	73.18	405
半腐层	19765	17.03	365
腐殖质	-	82.08	525
小叶章(全株)	18968	-	285
凋落物	25411	-	336

点着温度是指可燃物在绝干条件下开始燃烧的最低温度。点着温度表明可燃物起火燃烧的难易程度，可燃物的点着温度越低则越容易被引燃。半分解物和腐殖质的点着温度比较高，分别为405℃、525℃，但即使达到这些点着温度，火焰也不是很明显，原因也可能和灰分含量过高有关。一般而言，木质类森林可燃物的平均燃点在360℃以上，草本类可燃物燃点多在230℃以上，森林可燃物的燃点在230~460℃。相比之下，小叶章的热值虽然较低，为18968kJ/kg，点着温度也低，为285℃，但却属于易燃植物，原因是小叶章为阳性草，生长在全光下，植株茂密，体内含有大量纤维素，特别是早春，只需积雪融化，它们裸露在空气中很快便干燥易燃，因此小叶章很容易着火，并且迅速蔓延，引发草甸或者森林大火，在条件具备的情况下，也可能引发地下火(表2-15)。

2.5.2.3.3 火源

森林地下火往往出现在长期干旱、无雨或少雨、日照时数长、蒸发量大、高温低湿的季节。据资料记载，只要有地表火发生的地段，无论是针叶林、阔叶林或针阔混交林，都有可能发生地下火。另外，在经常发生干雷暴的地方，树干被雷击引燃，火烧到树根部时，也能引起地下火。

地下火主要由地表火烧到地下引起，在气候偏旱的高火险条件下，野外火源首先引燃地表火。当风速较小时，形成稳进的地表火，遇到干旱的塔头、树根等时，地表火便向粗腐殖质层内扩散燃烧。当高温、高热逐渐渗透到地表下时，就形成森林地下火，并开始蔓延。当地下火烧到腐殖质层较薄的地段或地缝时，又可跃出地面转为地表火。当火烧到复层异龄林时，又可演变为树冠火。在经常发生干雷暴的地方，树干被雷击引燃，火烧到树的根部时，引燃地表细小可燃物，引起周围粗大可燃物的阴燃，阴燃引起的高温蔓延到地下，也能引起地下火。此次调查的地下火主要是由地表火引起的。

地下火同地面以上的外部空间的联系是仅通过有限的出口和微小的空隙进行的，因此即使外部的风速很大，地下火区域中的空气供应、气流状况仍然变化甚微，可以说地下火是一种相对独立的燃烧过程，其进程主要受自身物理参数和化学动力学参数的控制，而对外部空间的条件变化并不敏感。

2.5.2.4 地下火的火行为

森林火灾的发生、蔓延、熄灭的全过程，也就是森林火灾的起始、持续、终止的全过程。对火行为的描述主要采用火强度、火焰高度和火蔓延速度等指标，森林可燃物性质、地形和天气条件直接影响到森林火行为。一般都是由地表火开始，引燃附在树干上的地衣、苔藓、树皮，火沿着树干从基部向上或向下蔓延。当烧至树冠则引起树冠火，而烧至地下则为地下火。树冠火也能下降到地面形成地表火，而地下火也可从地表的缝隙中窜出烧向地表，形成地表火。树干火也可能引起地表火，如雷击火引起的树干火烧至地表；树干火亦可引起死火复燃，形成新火场。通常，针叶林发生树冠火，阔叶林一般发生地表火，在长期干旱年份易发生树冠火或地下火。

由于受腐殖质及泥炭层的厚度、坚实度及含水率的影响，地下火的火行为非常复杂，在一般情况下，大多是弱地下火。地下火发生时，地面上烟雾弥漫，有时冒出火苗，但远处不易被发现。只有在燃烧层较浅或地缝处，才能零星见到冒烟。地下火类似强度不大的地表火，形状不像地表火那样延长，烟量也较少；发生不久的地下火，烟从整个火场冒出后，仅从周围冒烟。

当地下火所能接触的可燃物都耗尽的时候，地下火也就渐渐地熄灭。地下火的可燃物是由林间的落叶、草本经多年的积累并在泥土中沉积而形成的。由于在地下燃烧，供氧不足，因此燃烧缓慢，但火的温度高，燃烧彻底。地下火使得矿质土壤的温度上升到300℃，并且能够持续几个小时，如果是泥炭的话，温度可以达到600°，如此高的温度，足够导致有机材料的分解，杀死重要的土壤生物体，烧毁大部分的腐殖质和泥炭，并且烧死、烧伤树木的根系，特别是落叶松的根系，从而造成落叶松的死亡。地下火的主要危害体现为潜伏的时间长，当传播到地面时会转化为有焰火，引发地表火。

2.5.2.4.1 地下火的蔓延

地下火的蔓延可以分为腐殖质层和泥炭层的蔓延。

(1)腐殖质层地下火的蔓延特点取决于腐殖质的组成和分布结构。一般将腐殖质层分为上、下两层。上层未进行分解或者处于半分解状态，结构疏松、孔隙大、易干燥、易燃。由于较靠近地表，气温和降水能影响到其火行为，火强度较低，蔓延速度较快，易产生明火和烟，并引发地表火。腐殖质地下火一般与地表火同时存在，是最容易扑灭的地下火。腐殖质下层呈半分解、分解状态，结构紧密、孔隙小、保水性强、湿度大、较难燃，但着火后能长期保持热量，维持阴燃状态，很难被扑灭。受气温和降水影响小，火强度较高，蔓延速度较慢。腐殖质层越厚、越坚实，则燃烧速度越慢。基本不产生明火和烟，蔓延情况主要受可燃物分布和含水率的影响，如果可燃物含水率低、数量多且连续性好，则地下火燃烧时间长，且蔓延速度较快；如果可燃物含水率高、数量少且连续性不好，则地下火不能或很难燃烧，且蔓延速度较慢，表现为火线不连续，且容易发生复燃火。

(2)泥炭层地下火由于远离地表，与地表的接触较少，受外界气温和降水的影响很小。由于处于相对封闭的系统内阴燃，火强度极高，蔓延速度极慢，基本不产生明火和烟。泥炭层地下火一般是由腐殖质下层地下火引燃的，原因是干旱引起地下水位下降，泥炭层含水率降低。腐殖质下层的燃烧使得泥炭层的水分不断蒸发，含水率降低到30%以下后逐渐开始燃烧，从而引燃泥炭，通过干燥预热作用，附近的泥炭层水分蒸发、燃烧。蔓延主要受泥炭层厚度和含水率的影响，如果泥炭层含水率低，则蔓延速度较快；如果泥炭层含水率高，则地下火不能或难燃烧，且蔓延速度较慢；厚度越大，则地下火燃烧时间越长、火强度越高、破坏力越大，容易发生复燃火，个别地段形成越冬火。

地下火的蔓延是热传导的过程。热传导是热量在某一可燃物体内进行传播或通过直接接触，由一可燃物体传递给另一可燃物体的一种传热方式。热传导是地下火蔓延时热传播的主要方式。在这类火中，热量在可燃物体内传播并通过直接接触由一可燃物传播给另一可燃物，如图 2-22 所示。

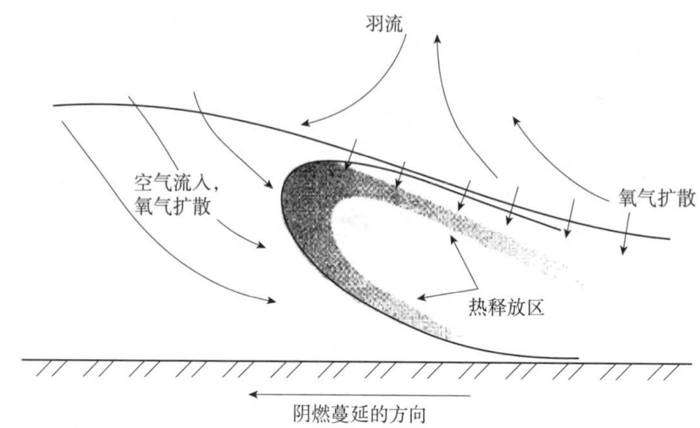

图 2-22　地下火阴燃蔓延方向

基于能量守恒原理的多孔介质的传热，可以用式 2-17 来表达。

$$q=\rho V\Delta h \tag{2-17}$$

式中　q——通过火初期表面的净能量流，W/cm^2；

ρ——可燃物的体积密度，g/cm^3；

V——阴燃的蔓延速度，cm/s；

Δh——热焓变化，J/g，周围环境温度上升为点燃温度。

要求得阴燃的速度，式 2-17 变化为：

$$V=\frac{q}{\rho\Delta h} \tag{2-18}$$

模型没有单独考虑吸热/放热时烧焦的产物，也没有考虑空气和反应区的相对流动方向。模型只考虑这些过程所产生的净能量流。一旦净能量 q 减少，引燃的蔓延速度减慢。

假定点着温度与放热的氧化区最高温度不一样，那么

$$\Delta h=C_{fu}(T_{\max}-T_0) \tag{2-19}$$

式中　C_{fu}——可燃物的热能，J/(g℃)；

T_0——周围环境的温度,℃。

假定放热从氧化区通过传导传播到高温分解的吸热区，并且似稳态(Quasi-steady state)存在，即认为火在微观上是不稳定的，每时每刻都有微小的变化，但从宏观上看，火的蔓延却以恒速的似稳态进行)存在，可变为：

$$V\approx\frac{\lambda(T_{\max}-T_0)}{x}\cdot\frac{1}{\rho C_{fu}(T_{\max}-T_0)} \tag{2-20}$$

消除($T_{max}-T_0$)项，得到

$$V \approx \frac{\lambda}{\rho C_{fu}} \cdot \frac{1}{x} \tag{2-21}$$

式中 λ——可燃物的传导率，W/(cm℃)；

x——热传导的距离，cm，如图2-23。

热扩散率定义为：

$$\alpha = \frac{\lambda}{\rho C} \tag{2-22}$$

那么公式变换为：

$$V \approx \frac{\alpha}{x} \tag{2-23}$$

这个模型可以近似地计算地下火的蔓延速度。

只要测得地下火可燃物的热扩散率就可以比较方便地计算出蔓延速度。例如，干燥腐殖质的热扩散率 $\alpha \approx 10^{-3}$ cm/s^2，周围环境的温度 T_0 为27℃，阴燃温度 T_{max} 为327℃，热传导的距离 x 为1cm，那么估计的阴燃蔓延速率约为 10^{-3}cm/s，也就是大约每分钟为0.6mm，这与实际情况比较符合。

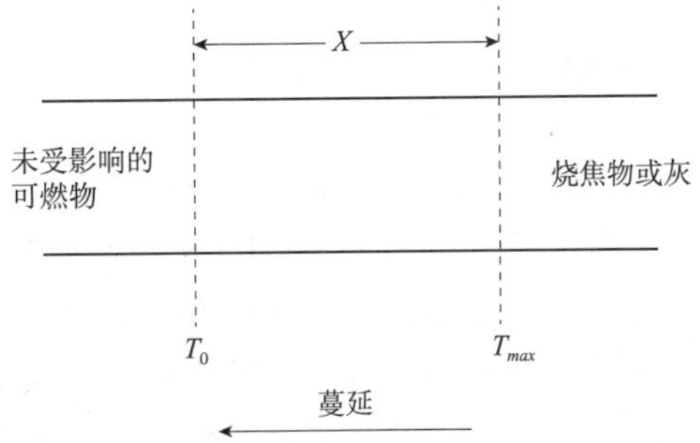

图2-23 阴燃燃烧热传递的简单模型

2.5.2.4.2 燃烧深度

地下火的火强度无法采用常规林火的火强度公式来计算，目前还没有成熟的公式，都是通过多个参数的计算来获得，准确性不高，一般用燃烧深度来近似计算。燃烧深度指的是烧掉的腐殖质或泥炭层从地表到地下的垂直距离，单位为cm。腐殖质深度测定采用"T"形针，测定火烧后林地腐殖质层厚度的变化。火烧迹地的燃烧深度为15~30cm，可见火强度还是比较高的(表2-18)。

表2-18 火烧迹地调查

样地	着火时间	燃烧深度(cm)	样地	着火时间	燃烧深度(cm)
1	2008.3.7	25	4	2008.3.19	15
2	2008.3.19	30	5	2008.3.17	27
3	2008.3.19	16			

2.5.2.4.3 地下火的特点

(1)燃烧火线不连续

火点不易被发现，地下火的火线走向与地下可燃物含水率、厚度有关。地表火只在地下可燃物含水率低的地方引起地下火，地下可燃物含水率高的地方不会产生地下火，导致地下火的燃烧火线呈现出时续时断、既不连续又不规则的燃烧轨迹。另外，由于森林地下火是在地表下的腐殖质层和泥炭层里燃烧，一般很难发现明火，特别是在早晚温度低、湿度大时，更加隐蔽。只有在燃烧层较浅或有地缝的地方，才可能见到零星冒烟。所以，无论是瞭望塔，或地面都不易发现，火场的边缘也很难判断准确。

(2)林火种类演变性强

发生林火时，野外火源首先引燃地表火。由于风速较小，多形成稳进的地表火，当遇到干旱的大塔头、大枝丫堆、大倒木、大树根或腐殖质层十分干燥时，地表火便向腐殖质层内扩散燃烧，当高温、高热逐渐渗透到地表下面时，就形成森林地下火，并开始缓慢蔓延，火线经过地段的地表可燃物全部被燃烧。当地下火烧到腐殖质层较薄的地段或地缝时，又可燃出地面转为地表火，当条件具备时，地表火又可演变为树冠火、地下火、地表火与树冠火形成立体燃烧。

2.5.2.4.4 地下火的形状

由于地下火受到气象、地形、可燃物本身等因素的限制，但受风的影响很小，火场一般呈环形。根据火烧迹地调查，一般认为地下半腐层火烧迹地呈鸡爪形插花状，而腐殖质下层火烧迹地呈不规则形插花状。

2.5.2.4.5 地下火的分类

林火通常分为地表火、树冠火和地下火 3 种类型。地表火是最常见的一种林火，根据其蔓延速度不同可分为急进地表火和稳进地表火，其中后者对林木的危害较重。树冠火通常是由地表火遇到强风或特殊地形向上烧至树冠，并沿树冠蔓延和扩展。根据其蔓延情况又可分为急进树冠火和稳进树冠火。其中，后者是危害森林最严重的一种火灾。地下火则指在地表以下蔓延和扩展的火，多发生在长期干旱、有腐殖质层或泥炭层的林中，在地表看不见火焰，只有烟雾，蔓延速度十分缓慢，持续时间长。

地下火分类缺乏国内资料，根据国外文献资料，地下火不以火焰高度来度量而用腐殖质层和泥炭层的燃烧深度来度量，分级标准是：弱地下火为燃烧深度小于 25cm；中等地下火为燃烧深度 25~50cm；强地下火为燃烧深度大于 50cm。弱地下火火强度达到 300~2700kW/m(相当于火焰高度 1~3m 的地表火)；中、强地下火火强度大于 2700kW/m(相当于火焰高度大于 3m 的地表火)。地下火也是由地表火烧至地下引起的。由于受腐殖质层和泥炭层的厚度、坚实度及含水率的制约，在一般情况下，大多是弱地下火。中等地下火和强地下火很少，只有在极端干旱时才能发生。

由于地下火主要燃烧地表以下可燃物，包括腐殖质和泥炭。根据我国森林火灾地下火实际情况，以燃烧物不同，把地下火分为两类：一是浅层地下火，即腐殖质火，主要燃烧林地腐殖质，燃烧深度 25cm 以下，多发生在积累大量凋落物的原始林内和经常进行计划烧除的草甸子和人工林下；二是深层地下火，即泥炭层火，主要燃烧腐殖质和泥炭层，燃烧深度 25cm 以上，有时达 1m 以上，主要发生在多年未发生较大森林火灾或长时间未进行计划烧除的草甸子和原始林、次生林下。这种火燃烧较深，破坏树木的根系，烧后有大量风倒木。在大小兴安岭，有时形成越冬火，是所有火灾持续时间最长的。我国森林火灾中发生的地下火大多数是浅层地下火，少数是深层地下火。

地下火发生后在地表上看不见火焰，只有烟雾，蔓延速度十分缓慢，持续时间长。国外对地下火的分类是用腐殖质层和泥炭层的燃烧深度作依据的。地下火主要是地表以下可燃物的燃烧，包括腐殖质和泥炭的燃烧。

根据我国地下火的实际情况，结合相关的研究，以燃烧对象为主对地下火进行分类，见表2-19。我国地下火大多数是浅层地下火，少数是深层地下火。深层地下火燃烧较深，持续时间长，能破坏树木的根系，烧后有大量风倒木。

表2-19 地下火的分类

类别	燃烧对象	燃烧深度（cm）	火强度（kW/m）	发生地点	注释
弱地下火（腐殖质层火）	草甸、林地腐殖质	<25	≤2700	积累大量凋落物的原始林内和经常进行计划烧除的草甸子和人工林下	相当于火焰高度1~3m的地表火
强地下火（泥炭层火）	草甸、林地腐殖质和泥炭	25以上	>2700	多年未发生较大森林火灾火，长时间未进行计划烧除的草甸子和原始林、次生林下	相当于火焰高度>3m的地表火

2.5.2.4.6 地下火的危害

森林地下火的危害性很大，它不仅难以被发现，而且燃烧时间长、破坏力大。地下火的危害可以火烈度来表示，火烈度指火烧入有机土壤的垂直深度。地下火烧入地下土壤的垂直深度越大，表明传播的能量越多，所造成的危害就越大。地下火的危害包括对林木的危害，造成树木根系的破坏，容易形成风倒木。如地下火对长叶松的影响，包括火维持的时间，长时间的热辐射对树干、根的导管组织的破坏，造成长叶松死亡和受伤。泥炭火阴燃的烈度会造成森林土壤的极大破坏等。

林木造成的损失大：森林地下火火强度高、蔓延速度慢、持续时间长、破坏树木根系。浅根系树木遭受地下火后很难存活。对大兴安岭的主要造林树种落叶松伤害最大，原因是落叶松侧根裸露，两个相邻侧根间特别干旱并积累了相当数量的死可燃物，地表火产生的高温、高热引燃落叶松裸露树根间腐殖质，发生的地下火灼伤或燃烧侧根，引起落叶松死亡，形成大片风倒木。由于树根对热敏感度高，地下火对根系破坏十分严重，导致死亡率很高，在85%以上。

扑救难度大：森林地下火具有隐蔽性强、较难发现、燃烧不连续、火强度大等特点，给扑救工作带来很大困难。发生火灾的原始森林多在尚未开发的无人区域。地下火发生时，干旱少雨、天气炎热。干旱不仅助长了火势，而且导致难以找到灭火的水源。

2.5.2.5 小结

大兴安岭地下火的发生与可燃物干燥程度以及气象条件密切相关，地下火只有在长期干旱高温的天气条件下才能出现，旱情越严重，地下火越多；在东北的3~4月，平均气温在0℃以下，即使土壤封冻，也可能发生地下火。只有研究地下火发生的气象相关性，才能够为地下火的预测预报提供基础。

大兴安岭小叶章草甸的生产力比较高，在腐烂、分解后不断地沉积，形成腐殖质或者泥炭，构成了地下可燃物。地下可燃物主要包括腐殖质和泥炭。由于地下可燃物的灰分含量过高，很难测出具体的热值，但点着温度比较高。小叶章的热值较低，为18968kJ/kg，点着温度也低，为285℃，一旦引燃很容易引起火灾。继续深入研究地下可燃物的物理、化学性质，如可燃物的结构、形成、组成含量、燃烧特性等，并从能量的角度来分析，对地下火的形成、蔓延将会有更深刻的认识。

地下火的火行为不同于地表火和树冠火的火行为，对它无法直观地进行跟踪观察和判断，也很难进行量化的计算。受地下可燃物的厚度、坚实度及含水率的影响，地下火的火行为非常复杂。腐殖质层地下火由于处于半分解、分解状态，结构疏松、孔隙大、易干燥、易燃，比较靠近地表，受气温和降水影响大，火强度较低，蔓延速度较快；泥炭层由于远离地表，与地表的接触较少，受外界气温和降水的影响很小，在相对封闭的系统内阴燃，火强度极高，蔓延速度极慢。由于地下火很难直观地观察和测算，火强度只能根据燃烧深度近似计算。火烧迹地形状与地表火的圆形、椭圆形不同，为鸡爪形插花状或不规则形插花状。以燃烧对象对地下火分类，可将其近似分为弱地下火和强地下火。如何科学、合理地评价地下火的火行为、火的强度、火的烈度、火的蔓延过程、火的影响(包括对森林、对大气的影响)，并且做出预测，对地下火的扑救和预防有着现实的意义。

2.5.3 地下火扑救与控制技术研究

20 世纪 90 年代以来，由于全球增温、“厄尔尼诺”“拉尼娜”现象频繁剧烈，干旱、高温、低温冻害等气候异常现象日益增多，森林火灾发生次数和损失呈上升趋势。我国是世界气候变化敏感区和脆弱区之一，在森林火灾方面变化突出。黑龙江省是林业大省，也是森林火灾的多发省份。1992 年，大兴安岭和黑河发生了大面积的森林火灾，仅黑河地区就有 76 个火点相连成大小 20 片火场，过火面积 12 万 hm^2，其中有林地 8 万 hm^2。2000 年，黑龙江省发生了继 1987 年“五・六”大火以来最严重的森林火灾，共发生 8 起重大、4 起特大森林火灾，持续燃烧了 45d，过火面积逾 3.3 万 hm^2，不包括破坏生态造成的损失，仅林火和林木损失就高达 5.2 亿多元。2002 年，黑龙江大兴安岭林区发生了 69 起森林火灾。

为此，笔者从森林火灾扑救工作中的重点和难点——地下火入手，通过对地下火分类、地下火蔓延规律、森林地下火日变化规律、森林地下火特点等森林地下火火行为特征及气候、可燃物、火源等森林地下火发生原因的研究，分析了如何预防和扑救森林地下火灾及具体措施，并提出了扑救森林火灾的新技术、新机具。

预防和扑救地下火是世界性的难题。地下火是我国林火近年来突出的新特征，由于草青树绿，其火行为春秋两季相比有不同的特征。春季一般风比较大，温度较低，林火主要以急进地表火蔓延，很少发生地下火；而秋季火是以稳进地表火为主，并伴有强劲的地下火。特别是由于黑龙江省属黑土带地区，腐殖质层厚，泥炭层厚，发生的森林地下火虽然蔓延缓慢，火场面积不大，但彻底扑灭地下火难度极大，已经控制的火场随时可能死灰复燃，形成新的火源。目前，各地在扑救火工作中，对地表火的扑救比较容易，对地下火的扑救普遍感到难度较大。由于对地下火缺乏足够的科学研究，预防上无的放矢，扑救上技术手段、工具缺乏，地下火的扑救成为扑火工作中的重点和难点。因此，研究分析地下火灾的特点，找出发生原因，采取针对性措施进行预防和控制，是当前亟待解决的课题。

2.5.3.1 研究区域概况

黑龙江省位于我国东北部，面积 45.39 万 km^2，占全国总面积的 4.7%，居全国第六位。该区属大陆性气候，冬季寒冷干燥，炎热多雨，春秋季多大风，空气湿度低、干燥。年降水量平均为 500~600mm，多集中在 7、8、9 月。冬季，降水虽少，但气温低，积雪深厚，气候比较湿润。

全省地貌分为5个区域：西北部的大兴安岭、东北部的小兴安岭、东南部的东部山地（由数条并行的东北—西南走向的山岭组成，有张广才岭、老爷岭和完达山等）、西部的松嫩平原区及东部的三江兴凯湖平原。山地海拔高度在300~1600m，平原地区海拔在35~200m。山地面积占58.9%，其中，中山为4.4%，低山为20.4%，丘陵占21.8%，台地为1.8%，山区河谷和冲积平原为10.5%；平原占41.1%。省内有较大面积的森林土壤、草原土壤和森林草原土壤，属地带性土壤，同时存在着大面积的非地带性土壤。

地带性植被属寒温带针叶林和温带针阔混交林。森林主要分布在大兴安岭、小兴安岭、张广才岭、老爷岭和完达山等大片林区。松嫩平原和三江平原是少林地区，天然林比重大、人工林少。

黑龙江省是全国森林防火的重点省份，年均森林过火面积居全国之首，是火灾危害最严重的地区。近几年，森林火灾在我国频繁发生，黑龙江省是发生次数、火灾损失最严重的省份之一。

2.5.3.2 研究方法

对森林地下火灾的研究立足于对春、秋季森林火灾研究成果，通过科学手段，研究分析地下森林火灾的特点，对地下火发生的环境条件、扑火过程和经验教训进行调查分析，并在此基础上，得出预防及扑救地下森林火灾的有效措施。

2.5.3.3 森林地下火灾的火行为特征

林火行为也就是林火特性。广义的是指森林燃烧的全过程，即林火的发生、发展、蔓延以至熄灭的全过程；而狭义的只是指林火的发展蔓延，主要有火蔓延速度、火强度、火焰高度三个要素，其他要素还有火线宽度、火线长度等。

林火行为的研究属于基础应用研究，也称应用基础研究，它在森林火灾科学中具有突出的地位和作用。林火行为的研究成果对森林火灾的防治具有指导意义。

2.5.3.3.1 地下火蔓延规律

森林在着火后，火势会向四周和上下不断地蔓延、扩展。火在森林中能自由蔓延与热的传播方式有密切关系。林火释放的热量的传播方式主要有3种，即热对流、热辐射和热传导。热对流和热辐射所传递的能量主要将火焰前方的可燃物进行预热，是外部的传热方式，它们使热量传递到可燃物的表面，促进林火的蔓延。而热传导则是可燃物在其内部的传热方式。热传导是物体内部微粒能量的传递，依靠分子来传热，在森林燃烧过程中，它是地下火的一种主要传热方式。

影响林火蔓延的主要有可燃物、地形、气象3个方面因素。通过调查研究分析发现，地下火蔓延主要受可燃物影响，地形对地下火的影响非常小，气象因素中的降水、气温对地下火有影响，地下火是在腐殖质层内燃烧，不受地表风速的影响，可自由缓慢地蔓延，风对地下火的影响可以忽略。

影响地下火蔓延的自然因子主要有可燃物类型、可燃物含水率、可燃物厚度、可燃物坚实度、降水、气温。腐殖质层和泥炭层是地下火燃烧的对象。腐殖质层主要由枯死的凋落物（如落叶、枯草、枯枝、死的苔藓、球果等）组成。

腐殖质层地下火的蔓延特点决定于其组成和分布结构。一般将腐殖质层分为上、下两层。腐殖质上层未进行分解，结构疏松，孔隙大，水分易蒸发，容易干燥，易燃。这一层发生的地下火受气温和降水影响较大，火强度较低，蔓延速度较快。经测算，有林地的燃烧速度为2~4m/h，塔头甸子为1~3m/h，易产生明火和烟，并引发地表火，一般与地表火同时存在，火线滞后3~5m，是最容易扑灭的地下火，火烧迹地呈鸡爪形插花分布。

腐殖质下层呈半分解状态，结构紧密、孔隙小、保水性强、可燃物湿度大，较难燃，但着火后能长期保持热量，不易扑灭。这一层发生的地下火受气温和降水影响较小，火强度较高，蔓延速度较慢，经测算，有林地的燃烧速度为1~2m/h以下，塔头甸子小于1m/h。一般腐殖质层越厚、越坚实，燃烧速度越慢，基本不产生明火和烟，蔓延情况主要受可燃物分布和含水率的影响。如果可燃物含水率低、数量多，地下火燃烧时间长，且蔓延速度较快；如果可燃物含水率高、数量少，则地下火不能或难燃烧，且蔓延速度较慢，腐殖质层地下火表现为火线不连续，是较难扑救的地下火，在清理火场时很难清理，而且容易发生复燃火。火烧迹地呈不规则形插花分布。

泥炭层发生的地下火基本不受气温和降水的影响，火强度极高，蔓延速度极慢，经测算，燃烧速度为1~4cm/h以下，草塘地下火燃烧速度比有林地慢，基本不产生明火和烟，一般是由腐殖质下层地下火引发极干旱的泥炭层，这部分燃烧的泥炭层通过干燥预热作用，使附近的泥炭层水分蒸发，含水率降低到30%以下后逐渐开始燃烧。蔓延情况主要受泥炭层厚度和含水率的影响，如果泥炭层含水率低，蔓延速度较快；如果泥炭层含水率高，则地下火不能或难燃烧，且蔓延速度较慢；厚度越大，地下火燃烧时间越长、火强度越高、破坏力越大。泥炭层地下火是最难扑救的地下火，在清理火场时很难彻底清理，容易发生复燃火，个别地段形成越冬火。火烧迹地近似环形插花分布。

2.5.3.3.2 森林地下火日变化规律

一般在早9：00以后，随气温逐渐增高，各地下火点开始冒烟，复燃现象发生，当地下火烧到腐殖质层较薄的地段或地缝时，又燃出地面转为地表火，产生明火。这一时期是地下火产生和林火种类演变的开始期，地下火火点易被发现，扑救效率最高。

11：00~16：00，一般正处在一天中气温最高、湿度最小、风速最大时期，此时地下火点数量最多。地下火引发地表火，条件具备时地表火引发树冠火，地表火又产生新的地下火，地下火、地表火与树冠火形成立体燃烧。这一时期是地下火发生、发展和林火种类演变最剧烈的时期，地下火火点不易被发现，因新火点不断出现，是扑救工作最繁忙、扑火人员最疲劳的时期。

16：00以后，气温逐渐下降、湿度相应增大、风速也逐渐减小，地下火强度减弱、蔓延速度降低，大部分浅层地下火逐渐熄灭，继续燃烧的地下火主要向下和横向发展，基本见不到明火，整个火场被烟雾笼罩，极难发现火点位置。这一时期是地下火的潜伏期，也是地下火最容易扑灭的时期，但由于火点不易被发现、夜间工作难度大等原因，扑火效率不高。另外，极易发生人员伤亡事故。

2.5.3.3.3 森林地下火特点

发生林火时，野外火源首先引燃地表火。由于一般风速较小，多形成稳进的地表火，遇到干旱的大塔头、大枝丫堆、大倒木、大树根或腐殖质层十分干燥时，地表火便向腐殖质层内扩散燃烧，当高温、高热逐渐渗透到地表下面时，就形成森林地下火，并开始缓慢蔓延，火线经过地段的地表可燃物全部被燃毁。当地下火烧到腐殖质层较薄的地段或地缝时，又可燃出地面转为地表火。当条件具备时，地表火又可演变为树冠火。地下火、地表火与树冠火形成立体燃烧。

地下火的火线走向与地下可燃物含水率、厚度有关。地表火只在地下可燃物含水率低的地方引起地下火，地下可燃物含水率高的地方不会产生地下火。这导致地下火的燃烧火线呈现出时续时断，既不连续又不规则的燃烧轨迹。

另外森林地下火由于是在地表下的腐殖质层和泥炭层里燃烧，一般很难有明火，特别是在早晚温度低、湿度大时，更加隐蔽。只有在燃烧层较浅或有地缝的地方，才可能见到零星冒烟。在上午 10 时到下午 4 时之前，可能出现微弱的明火和烟，通常被树冠火和地表火产生的浓烟所掩盖。所以，无论是瞭望塔还是地面，都不易发现，火场的边缘也很难判断准确。

森林地下火具有隐蔽性强、燃烧不连续、火强度大等特点，故给扑救工作带来很大困难。发生火灾的原始森林多在尚未开发的无人区域，并且远离公路和铁路，主要灭火队伍只能步行前往火场。地下火发生时，干旱少雨、天气炎热。干旱不仅助长火势，而且使人难以找到灭火的水源。黑龙江省地下火发生区一般山的高度不高，但坡长，取水困难，有时往返取水一次逾 1h，大大降低了扑火效率，不仅费功、费时，而且消耗也非常大。2001 年黑河地区圣山火场，着火面积仅为 20hm^2，动用了 50 名森警、41 名专业队员，共计 91 人，扑打了 23 天才将火势控制。

2.5.3.4 森林地下火灾的预防

我国森林防火方针是“预防为主，积极消灭”。因为森林火灾一旦发生，不仅会无情地毁灭森林中的各种生物，破坏陆地生态系统，同时产生的巨大烟尘，还会严重污染大气环境，直接威胁人类的生存条件。而且扑救森林火灾耗费大量的人力、物力和财力，给国家和人民生命财产带来巨大损失，扰乱社会经济发展和人民生产、生活秩序，直接影响社会的稳定。

森林火灾预防是防止森林火灾发生的先决条件，是一项群众性和科学性很强的工作。森林火灾预防必须坚持行政领导负责制，充分发动群众，宣传群众，不断提高、强化群众的森林防火意识，坚持依法治火，严控火源，同时要根据各地的自然特点和社会经济条件，运用各种先进的科学技术，加强各种防火设施设备建设，采取各种行政、经济、法律等手段，努力提高森林火灾的控制能力。

针对黑龙江省森林地下火灾的实际情况，预防森林地下火灾应从改善生态环境、提高认识、加强林火预测预报及监控力度、提高森林防火工作科技水平入手。

2.5.3.4.1 加强林火预测预报及监测

由于森林火灾与异常气候条件密切相关，它的发生发展受气候的影响是非常显著的，因此对它的预测预报是可能的，也是非常必要的。通过对森林火灾机理和发生原因的分析，我们可以发现森林火灾不是每年都发生的，也不是在所有时段都发生的。因此，我们要加强对森林火灾预测预报技术、方法的研究。只有准确、及时地对林火进行预测预报，使各地在易发地区、易发时段有针对性地采取措施，才能有效地预防林火的发生、减少森林火灾造成的损失。

林火监测的主要目的就是为了及时发现火情，是实现“打早、打小、打了”的第一步。目前各地只注重春秋季防火期的林火监测，防火期结束，航护飞机离场、瞭望人员撤离、地面巡护结束。如这时发生森林火灾，再将地面巡护和瞭望人员临时召回，而飞机回场必须逐级申请，造成监测力量削弱。另外，由于火场烟雾较大、地下火较多，瞭望能力受限，不易发现火情。所以，在此期间应该加大地面巡护和瞭望人员数量，提高监测机具、设备水平，增强监测能力。

根据林火中地下火、复燃火较多的情况，在监测中应加强对火烧迹地、雷击火区的火情监测。

2.5.3.4.2　森林地下火灾预防的具体措施

森林地下火是由地表火引起的，因此防范地下火，必须同时考虑对地表火的预防。经过近几年的调查研究工作，笔者认为有效地预防地下森林火灾要采取以下措施。

(1)对本地区森林火灾进行研究分析，总结经验教训，找出规律、特点。调整工作思路，改进措施。制定预防和扑救森林火灾的方案。通过召开专题会、座谈会和新闻媒体报道等一些有效途径，加大宣传教育力度，转变只重视春秋两季防火的思想观念，使广大干部职工真正认识到夏防的重要性，在思想上提高认识，在行动上统一步调，严格遵守防火戒严期的有关规定。

(2)在原有春秋森林防火形势分析会基础上，坚持每年召开森林防火形势分析会。加强对林火预测预报，及时掌握火险情况。在森林火险高时，每隔 3～5d 做一次气象形势分析和火险趋势预报，电传给各有关单位。尤其是不仅要通知森林防火指挥部，还要通知到乡镇、村屯，对森林火险等级特别高的地区，一定要保证通知到每一个在林区活动的人员。通过宣传教育，让广大群众深刻认识到森林火灾的危害性，自觉预防森林火灾。

(3)制定森林扑火预案，做好各项准备工作，明确责任。预案要科学严谨，要符合本火险区的实际。要做到组织机构健全有力，领导分工明确责任具体。专业扑火队经常演练，在森林防火期要一级待命，机具、车辆保持完好状态。备足给养，做好后勤保障工作。

(4)针对飞机巡护较弱的不利情况，发挥瞭望塔和地面巡护作用，林区的瞭望塔瞭望员继续上岗值班，加强地面巡护力量，实行 24h 对火险监测，做到有火及时发现，及时报告。

(5)增建防火公路、机降点和蓄水池，为扑救火提供必要的设施保证。由于火多发生在地理位置偏远和交通不便的地方，特别容易发生在水源缺少的地带，所以要对辖区内雷击区进行详细调查，对各雷击区新建塔道、防火公路、机降点、蓄水池、瞭望塔、停机坪，进行合理布局，统一规划，统一施工，统一验收。

(6)完善雷电监测系统及林火自动气象预报系统，提高雷击火的预测预报能力。目前，大兴安岭地区现有的雷电监测系统和林火自动气象站的设施设备已经使用十几年，设备老化严重，不能发挥其效应。面对雷击火频繁发生的严峻现实，要建立完备的雷击火监测体系，以适应当前防火工作的需要，做出准确的雷击火发生预报。

(7)在春季较安全时期，统一组织对森林重点火险区周围农田的残留物进行烧除，减少农事用火数量。对雷击区通过整枝、抚育伐、卫生伐等技术手段清除枯枝、枯立木、病腐木，减少雷击火源的形成，便于火源控制。

(8)增加定位系统设备，充分发挥地理信息系统多功能作用。森林地下火具有火行为隐蔽、火点不易发现的特点，必须采用准确的定位技术，以保证扑火人员及时到达火场，实现打早、打小，有火不成灾。

(9)增加运兵车辆和飞机，成立索降灭火队伍。地下火形成有一定的时间，因此要增强快速扑救能力，使扑火队伍尽快到达火场，在地表火形成地下火之前将火扑灭，减少森林地下火灾的发生。

(10)建立和完善人工增雨系统，提高防灭火效果。干旱、少雨是火发生的气候条件，增设车载人工增雨火箭装置，遇有适宜天气条件实施人工增雨作业，可以降低森林火险等级，增加地下可燃物含水率，有效地预防森林地下火灾。

(11)对地下可燃物进行调控。地下火与可燃物种类、载量、含水率密切相关，通过计划烧除、清林等手段对地下可燃物进行调控，减少地表及腐殖质层可燃物载量，提高降解速度，可以有效预防森林地下火灾的发生。

2.5.3.5 森林地下火的扑救

扑救是森林防火的重要组成部分。我国是一个森林火灾多发的国家。火灾一旦发生，蔓延十分迅速，如果扑救不及时或指挥、扑救方法不当，贻误战机，不仅会造成经济上的重大损失，甚至会导致人员伤亡，产生严重的政治影响，其后果非常严重。与春秋季相比，夏季火的扑救更加困难，需要根据不同的森林类型、水源情况等使用不同的扑火工具，采用不同的扑救方法，才能安全将火扑灭。目前，对扑救地表火研究较多，而对地下火扑救研究非常少。各地扑救森林地下火没有成形的技术和合适的机具，工作起来事倍功半，效率极低。

为了提高扑救森林地下火能力，使森林防火工作再上新台阶，笔者立足现有技术，在全面分析现有灭火手段的基础上，结合多年来扑火实践经验，并充分利用国内外先进技术，进行系统总结分析，制定了森林地下火扑救办法。森林地下火一般是伴随着地表火同时发生的，有时也会地下、地表、树冠立体燃烧。考虑到地下火、地表火的相互影响、相互变化的关系，在研究中对这一部分也要兼顾。

2.5.3.5.1 森林地下火扑救机具

由于森林地下火与以往其他的林火有很大的不同，现有的很多技术、机具使用起来事倍功半。因此，必须对现有的技术、机具加以改进，以适应森林火灾的扑救工作。笔者课题组通过调查和实践发现以下新技术、机具适用于森林地下火的扑救。

(1)以水灭火机具

对森林地下火扑救，单靠挖、翻、埋的方法不易做到彻底扑灭，而少量的水即可扑灭一个火点。2002年黑河扑火队员使用风水灭火机(风力灭火机加上水桶)扑救火，水流像铅笔头大小，10kg水大约能打1km，取得了良好效果；另外，在水枪的头部加上雾化装置，使水流分散，在扑救高度为20~30cm的地表火和地下火时，效果特别好。

(2)隔断设备

由于发生森林地下火灾的地区久旱无雨、水源匮乏，无法全部采用以水灭火，必须用隔断法进行处理。传统的打、挖、翻、埋方法对地下火不能快速扑灭和快速阻隔，通过研究发现，喷土枪和索状炸药较适用于森林火灾的隔断工作。

英国、意大利、俄罗斯均研制了喷土枪，我国目前未开展喷土枪的研制工作。通过比较分析，笔者认为开沟能力为 1.8～2km/h，每走一次可开深 7cm、宽 23cm 沟的俄罗斯 TP-1 型喷土枪，从价格性能比上和适用范围方面非常适用于我国北方林区，只要稍加改进，即可推广应用。我国北部林区土层较薄，在土壤中夹杂着鹅卵石，据此，笔者认为该喷土枪要在我国推广应用必须对铣转子加以改进，应由铣转子改为铣转子组，设计出 3 种铣转子：一是具有锋利刀刃的铣转子(用于切割腐殖质层及树根)；二是具有较锋利刀刃的铣转子(具有较强的韧性，用于含少量细小石子的土层)；三是刃较宽的钝铣转子(韧性极强，用于含大量沙石或大石块的土层)。这三种铣转子在扑救火灾的过程中要同时携带，能够快速替换，根据立地条件不同随时更换。

索状炸药可以在土层较薄的北部林区快速开设隔断带，大大节省时间、人力。但考虑价格等方面原因，只能在关键时间、关键地点使用。

(3)探火设备

探寻森林地下火点位置是扑救工作的难点，在扑火过程中由于地下火不易被发现，在形成地表火以后才被发现，使损失增大的情况屡有发生。1994 年中国林科院森林生态环境与自然保护研究所研制的 FIO-1 型森林红外余火火源巡检仪可以快速、准确地查明地下余火火源，是一种高科技产品。2001 年，笔者利用它在扎龙保护区苇塘火扑救工作中探寻地下余火，效果非常好；另外，上海中备研制的红外成像产品可以穿透浓烟迅速发现火点，并且在图像上显示各地区的不同温度，有助于发现深层地下火，该系列产品灵敏度高、种类齐全，可以适用于不同情况、不同地点。

(4)用水技术

森林地下火最佳扑救手段是用水，不仅快速，而且彻底。由于林火发生时期普遍干旱、少雨，水资源匮乏，因此必须合理、高效地使用有限的水资源。飞机直接撒水、水枪喷水等传统做法浪费严重，通过研究笔者发现如下的用水技术较适用于森林地下火及其相关的地表火的扑救工作。

建立永久或临时蓄水池，由飞机、水车补充用水，用风水灭火机、雾化水枪扑灭地表火，然后用风力灭火机、锹、耙等清除覆盖地下火的灰土层盖，再用风水灭火机、雾化水枪直接将水喷洒在火上。这样使用极少量的水即可将地下火彻底地扑灭，且很少发生复燃现象。

2.5.3.5.2　森林地下火扑救方法

扑救森林火灾主要有扑打法、土灭火法、水灭火法、风力灭火法、化学灭火法、爆炸灭火法、航空灭火法、以火灭火法等。对森林地下火及其相关的地表火比较适用的是扑打法、土灭火法、水灭火法、风力灭火法、爆炸灭火法，而化学灭火法、航空灭火法、以火灭火法不适用。另外，通过实践发现扑救森林地下火采用隔断法比较有效。隔断法是通过机械、人力等手段破坏地下可燃物的连续性，从而切断地下火的蔓延，有效地控制地下火的发展。目前，应用隔断法主要采用镐、锹、斧子、耙、开沟机等工具。

在实际工作中，笔者往往不是采用单一的方法，而是多种方法融合、交互使用。例如，扑救森林地下火时，往往采用扑打法、水灭火法、隔断法相互配合使用；相关的地表火，一般采用扑打法、土灭火法、水灭火法、风力灭火法、隔断法相互配合使用。具体采用哪一种方法为主，要根据当时的条件因时因势因地，由前线扑火指挥员决定。

大量的扑火实践证明，扑救森林火灾必须讲究战术。如果不讲究战术，不但保证不了扑火工作的顺利实施，而且还可能贻误战机，造成不应有的损失，甚至酿成伤亡事故。特别是在扑救森林火灾主要依靠扑火队伍在地面灭火时，更应研究和注意运用扑救森林火灾的战术。

目前常用的灭火基本战术有：全线合围，封控周边战术，也称围歼战术；多点突破，分段扑灭战术，也称速决战术；两翼推进，追歼火头战术，也称追歼战术；打烧结合，以火攻火战术，也称以火攻火战术；打清守结合，稳步推进战术，也称稳控战术；打隔结合，隔离阻火战术，也称隔离战术。

在扑救森林地下火及其相关的地表火时，各级指挥员往往将各种基本战术进行有机结合，例如，在原始林内，往往采用阻隔战术与稳控战术相结合；在草塘内采取追歼战术和稳控战术相结合。

森林地下火的扑救"主在打、重在清"，需要特别注重地下火与地表火的相互关系。我们通过对黑龙江省近年火场及内蒙古"7.28"火场的调查研究发现，在森林地下火扑救中主要采用的是直接扑打法和间接扑打法，以及根据不同的条件确定使用不同的方法。

(1)直接扑打法

直接扑打法是将地下火场的地表用人工或掘土机挖开、切断火线，向地下火浇水或用新土掩埋，将火直接扑灭。虽然火场旱情严重，但部分林区山沟中小溪较多，给扑火工作带来很多便利条件。扑救距水源较近处的林火，可利用背囊式水枪、二号工具、铁锹等进行直接扑打，但对不同的林火类型，其具体实施方法略有不同。对火焰高度较低、火强度较小的地下火与地表火立体火场和跳石塘地区，扑火人员先用背囊式水枪、风力灭火机、二号工具等消灭明火，再用铁锹、耙清理火线边缘的余火，将正在燃烧的可燃物搂进火线内侧，最后沿火线向火场内侧5m处挖出30~50cm宽的防火沟，阻隔林火的蔓延。然后，使用风水灭火机、雾化水枪等工具进行地下火扑救。黑河地区发生火的绝大部分火场(火焰高度30~50cm，易扑、难清、易复燃)属此类型；对火焰高度较高、火强度较大的地下火与地表火立体火场，扑火人员难以接近火线边缘。扑打时要选植被相对稀少地带，在未形成树冠火尚在地表燃烧阶段，或利用夜间风小、温度低及下山火蔓延速度慢等有利条件，利用背囊式水枪及二号工具消灭明火，再利用铁锹沿火线边缘向里侧清理余火，并沿火线挖出防火沟，阻隔地表火及地下火的蔓延。大兴安岭偃松较多地区属此种类型。

在扑救距水源较远处火的过程中，不能完全依靠背囊式水枪的作用，对地被物及地下可燃物较薄处的林火，可利用风力灭火机配合二号工具进行扑打，不必挖防火沟，只要留少量人员看守即可。看守人员2人一组，一人带锹、一人背水袋，发现冒烟隐患，用锹挖开表层，使用水枪注水，发现一点，消除一点；对地被物及地下可燃物较厚处的林火，扑火人员利用风力灭火机、二号工具直接扑火，待明火熄灭后迅速沿火线边缘向里侧清理余火，并沿火线内侧5m向里挖出30~50cm宽的防火沟，控制火势蔓延后用锹、水对地下火进行扑打。

(2)间接扑打法

间接扑打法是对已发现的地下火区，利用割灌机、油锯、手锯、铁锹等工具在距火线前方一定距离的位置开设防火隔离带，并在隔离带内挖出防火沟，将地下火封闭在一个小区范围内燃烧，使火线不再扩大蔓延。通常间接扑打法不单独使用，而是与直接扑打法配合使用。此种方法较适用于扑救植被比较稠密的林内及大的沟塘发生的地下火，在具体操作时应该充分利用河流、水沟、道路等自然条件，以减少工程量；从隔离带内清理出的可燃物应堆放在隔离带背火一侧林内，以减少隔离带边缘地下火产生；隔离带的开设宽度、防火沟的深度不必强求一致，可根据可燃物的高矮、山形、地势(坡度、坡位)等情况，灵活掌握，以能阻隔火的蔓延为标准；事先要估测好火线长度，调动足够的灭火队伍和有效的灭火工具(锹镐、撬棍、运水工具等)，采取递进式挖隔离带，分段负责，力争在最短的时间内，统一行动将火控制。

(3)森林地下火扑救中的注意事项

在阻隔地表火和地下火并发的森林火灾的时候，不能只挖隔火沟，必须配有开设隔火线；在土层浅的林内扑救地下火时，扑火人员应时刻注意安全，防止被倒木砸伤；由于林内小气候复杂，风向多变、烟雾较浓，扑火人员要提前准备好湿毛巾，以备风向突变时，用湿毛巾捂住口鼻安全撤离，防止烟呛窒息，发生事故。

地下火烧过的地方常造成地表塌陷，所以在扑救前须先摸清地下火燃烧情况，并进行标注，尽量不要在火区内乱走，以免因掉入火坑而发生伤亡事故。另外，扑火队员要穿专用鞋和裤子，并把裤角扎紧，以免在扑救地下火过程中造成烫伤。在跳石塘地区扑救地下火时，一定不要夜间作业。跳石塘地区在使用风力灭火机时，应针对地形地貌火灾类别、燃烧方式等不同情况区别对待，以免造成助燃。

2.6 大兴安岭可燃物消耗量研究

2.6.1 大兴安岭森林可燃物分类

按照监督分类与非监督分类结合的方法，将大兴安岭可燃物类型划分为五大类：常绿针叶林、落叶松林、阔叶林、针阔混交林、森林草甸。

落叶松林和常绿针叶林主要分布在大兴安岭北部和东部，针阔混交林主要分布于大兴安岭中西部区域，阔叶林主要集中在南部区域，森林草甸分散在大兴安岭整个区域，但主要集中于东南部。

根据1：100万植被分布图和地面调查数据等对分类结果进行验证，分类精度的检验结果见表2-20。

表2-20 分类精度检验结果

可燃物类型	取样像元数	正确像元数	误分像元数					精度(%)
			落叶松林	常绿针叶林	针阔混交林	阔叶林	森林草甸	
落叶松林	400	308	/	6	58	12	16	77
常绿针叶林	400	348	15	/	17	12	8	87
针阔混交林	400	287	43	5	/	49	16	72.5
阔叶林	400	302	5	11	58	/	19	75.5
森林草甸	400	338	0	8	34	10	/	84.5

从精度检验的结果可以看出，总体平均分类精度为79.3%，其中，落叶松林、针阔混交林和阔叶林的分类精度分别为77%、72.5%和75.5%。落叶松林、阔叶林和针阔混交林出现误分的原因，主要是由于大气、植被光谱反射等因素对传感器的影响，特别是针阔混交林的混合像元对传感器有较大影响。

2.6.2　大兴安岭森林火灾面积

根据2005—2007年的遥感数据，利用植被指数(NDVI)差值，计算出2005—2007年大兴安岭总过火面积为436512.5hm²，其中，2005年、2006年和2007年的过火面积分别为163175hm²、256187.5hm²和17150hm²。由图2-24可以看出大兴安岭的过火区主要由4场大火造成的，这几场火灾分别是2005年1场、2006年2场和2007年1场，这些森林大火造成的总过火面积为414500hm²，占研究时段总过火面积94.96%。

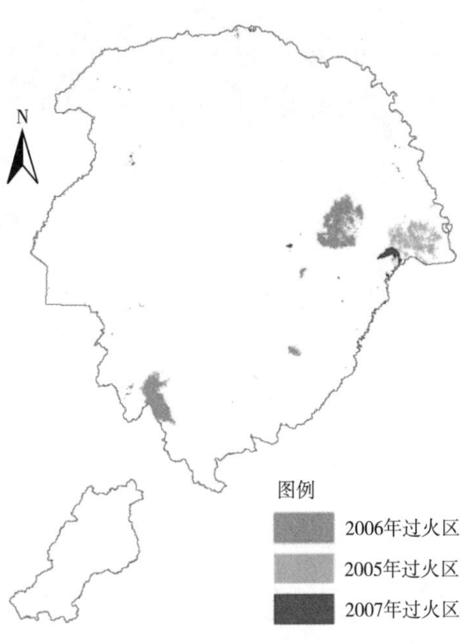

图2-24　2005—2007年大兴安岭过火面积

从大兴安岭2005—2007年过火区中选取大小不同3场过火区与飞机勾绘结果进行检验，得到3场林火过火面积误差平均值为12.5%(表2-21)，估计精度为87.5%，表明所用方法可行。

表2-21　大兴安岭林火过火面积精度检验

过火时间和地点	过火面积(hm²)		误差(%)
	植被指数	飞机勾绘	
2006年5月25日黑龙江绿水	4600	4008	+14.8
2006年5月8日黑河	21156.25	18000	+17.5
2006年5月24日砍都河	144837.5	137695	+5.2

2.6.3　大兴安岭森林过火区火烧强度等级

根据植被指数差值对过火区进行火烧强度等级划分。把火烧等级划分为轻度、中度、重度火烧。结合所有的遥感数据过火区域NDVI值，得到火烧等级划分阈值分别为0.1417、0.2434和0.345。

根据对2007年加格达奇罕诺河森林火灾地面调查数据对火烧强度等级划分阈值进行验证。根据确定的各火烧强度等级阈值，获得2005—2007年大兴安岭过火区火烧等级分布图(图2-25~图2-27)。

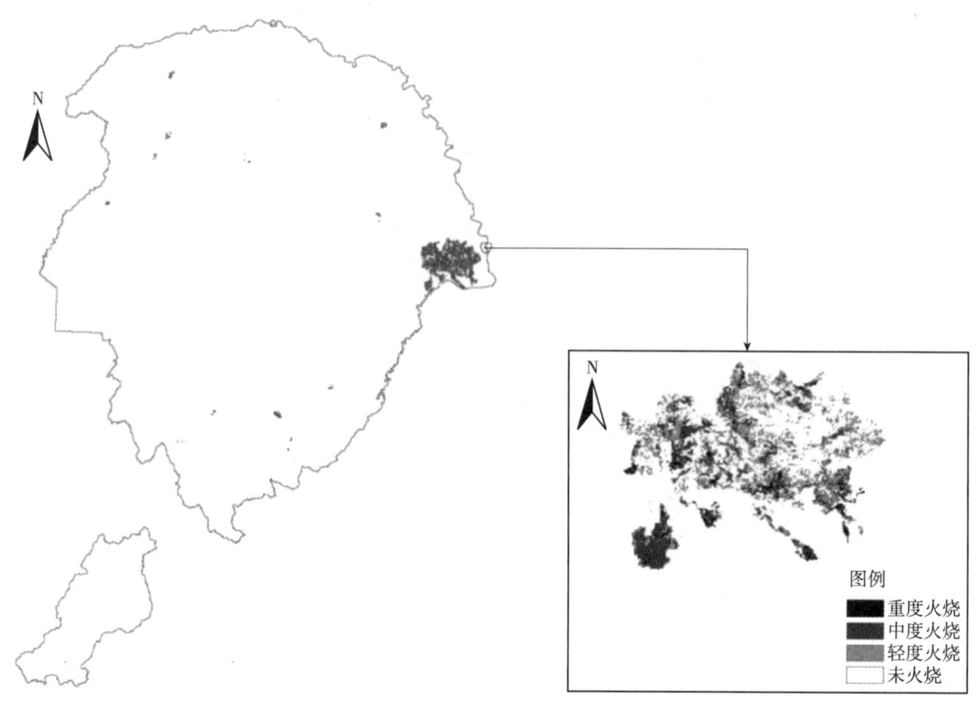

图 2-25　2005 年林火造成等级

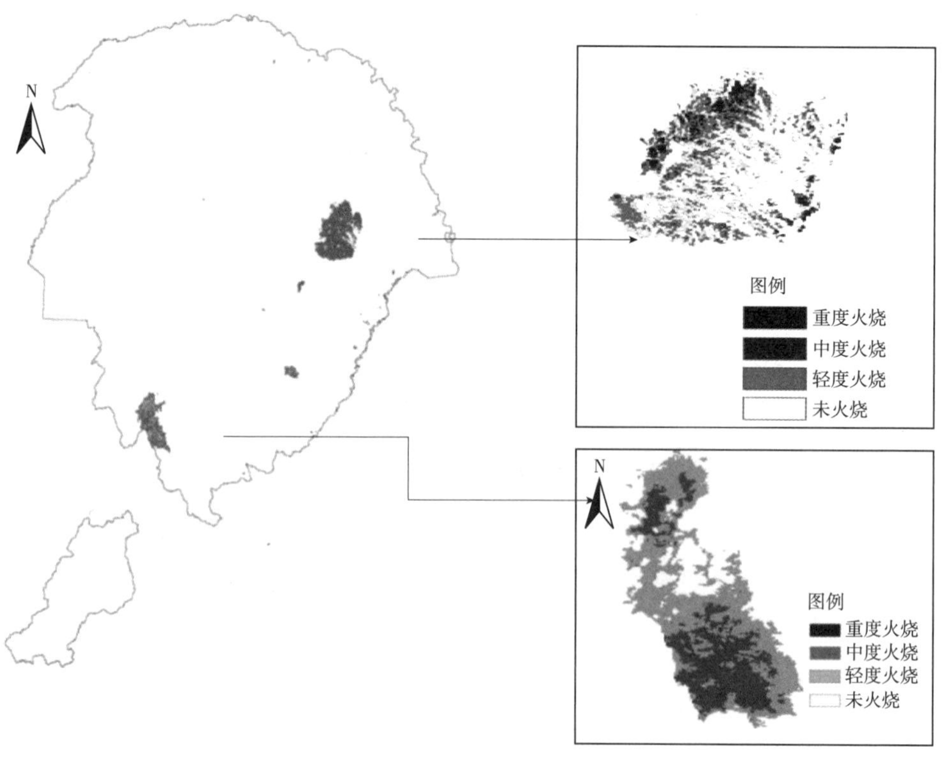

图 2-26　2006 年林火造成等级

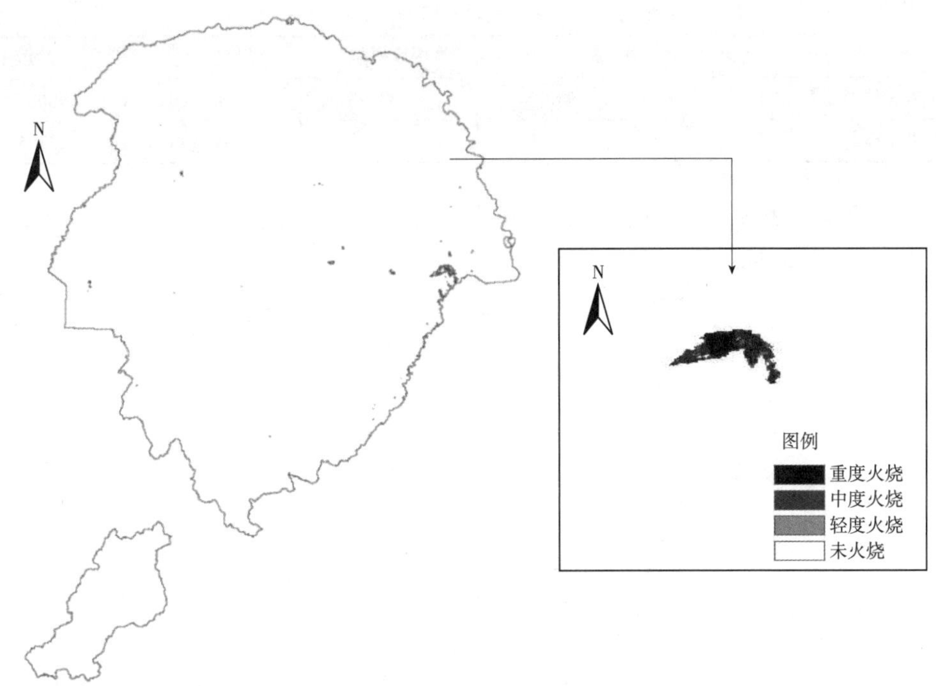

图 2-27 2007 年林火造成等级

根据火烧等级图得到各年不同火烧等级的过火面积(表 2-22)。2005—2007 年过火区总面积为 436512.5hm^2，其中，重度、中度和轻度火烧面积分别为 79159.38hm^2、150159.15hm^2 和 207178.35hm^2，重度、中度和轻度火烧面积分别占 18.1%、34.4%和 47.5%。大兴安岭的森林火灾主要是地表火，主要消耗的是落叶层和腐殖质上层可燃物，所以，轻度和中度火烧面积较大。

表 2-22 不同火烧强度林火造成面积 hm^2

年份	重度火烧	中度火烧	轻度火烧	火烧面积
2005	28175.0	33781.3	101218.8	163175.0
2006	45100.0	111132.5	99975.0	256187.5
2007	5884.4	5265.4	5984.6	17150.0

2005—2007 年主要过火区是由 4 场大火造成的。这 4 场大火中，轻度火烧面积最大，为 198185.7hm^2，占这 4 场火灾总面积的 47.8%，中度火烧占 33.4%，重度火烧仅占 18.8%(表 2-23)。其中，尤其以 2005 年和 2006 年两场较为严重。2005 年林火发生在秋季，2006 年两场火都发生在春季。过火面积以落叶松林和针阔混交林为主。

表 2-23 2005—2007 年 4 场大火火烧等级分布 hm^2

时间	地点	重度火烧	中度火烧	轻度火烧	总面积
2005 年 10 月	呼玛县	27843.75	26206.25	101218.75	155268.75
2006 年 5 月	松岭砍都河	44443.75	73962.50	26431.25	144837.50

（续）

时间	地点	重度火烧	中度火烧	轻度火烧	总面积
2006 年 5 月	伊木河	493.75	33343.75	64850.00	98687.50
2007 年 4 月	罕诺河	5214.48	4790.40	5685.70	15706.25

根据不同火烧等级过火面积图，结合可燃物分类图，得到不同可燃物类型不同火烧强度的过火面积(表 2-24)。

表 2-24 2005—2007 年各可燃物类型过火面积 hm^2

可燃物类型	重度火烧	中度火烧	轻度火烧	总和
落叶松林	15963.02	30374.75	67768.24	114106.00
针阔混交林	39631.59	65334.36	60140.71	165106.70
阔叶林	8044.80	10723.66	30814.15	49582.61
森林草甸	15027.04	42098.22	47176.30	104301.56
总和	78666.45	148531.00	205899.40	433096.80

2005—2007 年，落叶松林和针阔混交林过火面积最大，占总过火面积的 26.3% 和 38.1%，其中，主要表现在中度和轻度火烧。2005 年落叶松林、针阔混交林、阔叶林和森林草甸的过火面积分别为 72534.71hm^2、47641.76hm^2、42998.54hm^2 和 2011hm^2，落叶松林面积占比重最大(图 2-28)；2006 年落叶松林、针阔混交林、阔叶林和森林草甸的过火面积分别为 25447.5hm^2、85140.36hm^2、1726.6hm^2 和 97324.6hm^2。其中，针阔混交林和森林草甸面积占比重较大，分别为 40.6%和 46.4%，阔叶林仅占 0.8%。2007 年各林分过火面积显著都少。2006 年，森林草甸过火面积最大，主要过火是林间森林草甸、沟塘和沼泽地。

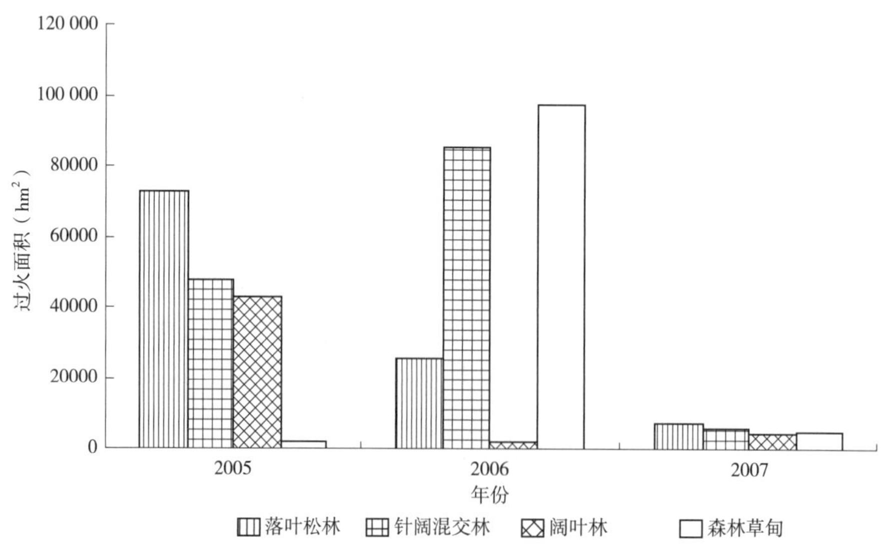

图 2-28 2005—2007 年主要可燃物类型过火面积

2.6.4 大兴安岭森林可燃物消耗量

分别于2007和2008年选择不同火烧等级的主要森林类型进行可燃物载量调查，其中2007年调查样地16块，2008年进行补充调查样地7块。样地调查主要分布在加格达奇林业局、松岭区和呼中自然保护区，可燃物类型包括落叶松纯林、针阔混交林和阔叶林。样地乔木与草本和枯枝层调查情况分别见表2-25和表2-26。落叶松林共调查10块样地，主要为天然次生林，林龄在20~50年；针阔混交林调查样地9块，主要为落叶松和白桦混交林，平均林龄为40年，阔叶林调查样地4块，平均林龄为30年，主要为白桦和黑桦。样地调查发生的火烧类型主要为地表火，少量有冲冠火。火烧程度为轻度和中度的较多，重度火烧相对较少。对照样地编号为3、5、8、9、10和23，包含落叶松林、针阔混交林和阔叶林，平均林龄在20~50年，植被生长良好。根据各样地平均熏黑高度对调查林分进行火烧强度划分，熏黑高度在2m以下为轻度火烧，2~5m为中度火烧，5m以上为重度火烧。

森林草甸过火区调查主要在加格达奇林业局进行，在过火区及其周围分别选择火烧和对照样地，测定火烧深度和地上与地下各层可燃物载量。森林草甸平均高度0.68m，平均盖度85%。

表2-25 大兴安岭调查标准地基本情况

样地号	林型	火烧强度	平均熏黑高（m）	平均胸径（cm）	平均树高（m）	密度（株/hm^2）	郁闭度
1	落叶松	重度	6.73	9.68	9.55	275	0.60
2	落叶松、白桦	重度	8.27	6.91	9.86	1600	0.80
3	落叶松、白桦	对照	无	9.27	10.36	825	0.80
4	落叶松	中度	4.44	13.22	12.7	250	0.50
5	落叶松	对照	无	10.78	9.63	400	0.50
6	落叶松	中度	3	10.5	9.31	350	0.45
7	落叶松	中度	3.5	9.2	8.57	175	0.4
9	落叶松、白桦	对照	无	16.5	10.1	300	0.4~0.5
10	白桦、蒙古栎	对照	无	16.47	11.31	325	0.70
11	白桦、毛赤杨	轻度	1.40	11	9.69	450	0.60
12	落叶松、白桦	轻度	2.69	16.56	11.09	425	0.60
13	落叶松	轻度	1.57	9.81	7.74	1025	0.50
14	落叶松	轻度	1.20	7.98	7.71	975	0.60
15	落叶松	中度	2.16	9.60	6.87	550	0.2-0.3
16	白桦、黑桦	重度	5.69	13.3	10.89	450	0.70
17	落叶松	中度	4.15	9.73	8.76	825	0.40
18	白桦、落叶松	中度	3.27	7.50	6.11	525	0.50
19	白桦、落叶松	重度	6.61	8.30	6.65	675	0.60
20	白桦、落叶松、山杨	中度	2.45	7.55	6.38	500	0.70

（续）

样地号	林型	火烧强度	平均熏黑高（m）	平均胸径（cm）	平均树高（m）	密度（株/hm^2）	郁闭度
21	白桦、落叶松	轻度	1.73	8.58	8.71	775	0.70
22	落叶松、山杨	中度	2.73	13.64	9.72	400	0.50
23	落叶松	对照	无	10.68	8.08	300	0.70

表 2-26　枯枝落叶及草本调查情况

样地号	平均枯枝落叶层厚度(cm)	平均半腐层厚度(cm)	平均草高(cm)	平均草盖度(%)
1	2.1	1.5	30.0	70.0
2	1.0	0.6	45.0	80.0
3	0.8	0.8	25.0	80.0
4	0.5	1.0	45.0	75.0
5	0.3	0.3	40.0	60.0
6	0.3	0.6	50.0	65.0
7	0.2	0.5	45.0	72.0
8	3.7	2.3	40.0	85.0
9	2.3	4.0	90.0	90.0
10	1.5	2.7	20.0	90.0
11	0.7	3.5	60.0	68.3
12	1.7	1.3	28.3	50.0
13	2.4	4.7	50.0	90.0
14	0.5	6.7	30.0	59.3
15	0.5	5.8	39.4	85.0
16	0.0	3.3	47.6	88.3
17	0.0	2.3	33.3	41.7
18	0.1	4.8	42.4	76.7
19	0.0	1.2	61.3	70.0
20	0.0	1.2	55.4	65.0
21	0.5	2.3	37.2	40.0
22	0.0	4.3	50.4	90.0
23	2.3	2.0	67.4	88.3

2.6.5　主要植被类型火后地表可燃物变化

根据大兴安岭野外火烧迹地调查结果，比较过火区与未火烧的相似林分有效可燃物载量与分布的变化，分别计算主要可燃物类型不同强度的火烧消耗的可燃物量，确定有效可燃物参数。

运用可燃物线性相交法进行地表可燃物载量调查，共23块样地，各样地的地表径级可燃物载量见表2-27。主要可燃物类型不同强度火烧后林下草本和地表落叶层与腐殖质的消耗量见表2-28。分类别对草本和落叶层的消耗量进行描述。

表2-27　大兴安岭各样地地表径级可燃物载量

径级大小	0.0~0.49	0.5~0.99	1.0~2.99	3.0~4.99	5.0~6.99	≥7.0	可燃物载量
样线计数长度(cm)	0~5	0~10	0~15	0~20	0~25	30	合计(kg/m^2)
1	0.024	0.016	0.036	0.142	0.100	0.044	0.362
2	0.014	0.017	0.04	0.111	0.067	0.019	0.268
3	0.061	0.04	0.116	0.126	0.266	0.010	0.619
4	0.046	0.035	0.144	0.158	0.466	0.089	0.938
5	0.033	0.031	0.152	0.158	0.233	0.059	0.666
6	0.024	0.022	0.144	0.174	0.133	0.079	0.576
7	0.008	0.023	0.124	0.079	0.067	0.044	0.345
8	0.036	0.054	0.620	0.167	0.067	0.030	0.972
9	0.041	0.090	0.792	0.221	0.033	0.018	1.195
10	0.026	0.047	1.020	0.146	0.101	0.069	1.409
11	0.049	0.048	0.228	0.146	0.000	0.000	0.471
12	0.071	0.045	0.272	0.253	0.467	0.005	1.113
13	0.064	0.056	0.236	0.127	0.200	0.016	0.699
14	0.031	0.050	0.284	0.237	0.200	0.017	0.819
15	0.033	0.024	0.144	0.237	0.433	0.056	0.927
16	0.049	0.056	0.168	0.188	0.067	0.006	0.534
17	0.036	0.032	0.216	0.253	0.300	0.011	0.848
18	0.033	0.021	0.076	0.127	0.100	0.000	0.357
19	0.010	0.007	0.037	0.049	0.034	0.000	0.137
20	0.027	0.009	0.166	0.131	0.119	0.022	0.474
21	0.029	0.031	0.117	0.287	0.435	0.022	0.921
22	0.020	0.029	0.184	0.079	0.233	0.011	0.556
23	0.037	0.050	0.092	0.158	0.133	0.005	0.475

表2-28　林下枯枝落叶和地表草本载量

样地号	枯枝落叶层损失厚度(cm)	凋落物和腐殖质损失载量(kg/m^2)	地表草本载量(kg/m^2)
8	0	0	0.074
9	0	0	0.048
10	0	0	0.066
11	0.8	0.25	0.035

（续）

样地号	枯枝落叶层损失厚度(cm)	凋落物和腐殖质损失载量(kg/m^2)	地表草本载量(kg/m^2)
12	0.6	0.17	0.015
13	1.1	0.33	0.109
14	1.8	0.54	0.033
15	1.8	0.53	0.053
16	0.7	0.40	0.074
17	2.3	0.99	0.029
18	2.2	0.67	0.062
19	2.3	1.54	0.093
20	0	0.45	0.078
21	1.8	0.54	0.085
22	2.3	1.19	0.076
23	0	0	0.055

注：由于样品损失，缺少1~7样地。

由于样地调查中缺少阔叶林中度火烧，在此根据其轻度和重度火烧取中间值进行计算。

各类植被在火烧后地表可燃物变化，主要选取落叶松林、针阔混交林和阔叶林进行分析，见表2-29。针阔混交林在重度和中度火烧后地表径级可燃物载量分别减少0.727kg/m²和0.467kg/m²，而轻度火烧后地表径级可燃物载量增加0.087kg/m²，这主要是因为针阔混交林在轻度火烧后，一些未充分燃烧的细小枝条落到地表造成的。阔叶林重度、中度和轻度火烧后地表径级可燃物分别减少0.874kg/m²、0.906kg/m²和0.938kg/m²。落叶松针叶林在重度火烧后地表径级可燃物载量减少0.208kg/m²，但是在中度和轻度火烧后分别增加0.156kg/m²和0.188kg/m²，这主要是因为落叶松细小枝条较多，部分树冠受火烧的影响，大量未燃透的细小枝条落到地面，导致地面径级可燃物载量增加。

表2-29　不同强度火烧后各可燃物类型的可燃物消耗量

可燃物类型	样地号	火烧强度	地表径级可燃物平均载量(kg/m^2)
落叶松林	13、14	轻度火烧	0.759
	4、6、7、15、17	中度火烧	0.727
	1	重度火烧	0.363
	5、23	对照	0.571
针阔混交林	12、21	轻度火烧	1.017
	18、20、22	中度火烧	0.462
	2、19	重度火烧	0.203
	3、8、9	对照	1.196

(续)

可燃物类型	样地号	火烧强度	地表径级可燃物平均载量(kg/m^2)
阔叶林	11	轻度火烧	0.470
	/	中度火烧	0.503
	20	重度火烧	0.535
	10	对照	1.409

所有林分在火烧后，其地面枯枝落叶层和腐殖质层载量都明显减少。由于大兴安岭林区一般地表火和冲冠火主要消耗枯枝落叶和腐殖质上层可燃物。其中，落叶松林枯枝落叶和腐殖质层重度、中度和轻度载量分别减少 1.56kg/m^2、0.76kg/m^2 和 0.435kg/m^2，针阔混交林腐殖质层重度、中度和轻度载量分别减少 1.54kg/m^2、0.77kg/m^2 和 0.335kg/m^2，阔叶林中草本和腐殖质载量分别减少 0.4kg/m^2、0.325kg/m^2 和 0.25kg/m^2。

2.6.6 森林草甸火消耗可燃物量

通过对大兴安岭森林草甸过火区样地的调查，森林草甸火主要发生在春季和秋季较为干旱季节，其过火一般较快，主要烧毁地表草本，地下火较少。根据调查数据计算，草本消耗的平均可燃物载量为 0.69kg/m^2。大兴安岭南部有些森林草甸腐殖质深厚，半腐层和腐殖质层载量分别高达 29.32kg/m^2 和 50.52kg/m^2。在极干旱年份，局部有地下火发生，火烧消耗掉大部分半腐层和腐殖质，可燃物消耗量大，但这种情况不典型。本研究计算森林草甸火烧消耗的可燃物量采用森林草甸地上可燃物的平均载量。

2.6.7 林冠层消耗可燃物量

大兴安岭的火烧类型主要是地表火，部分地段有冲冠火，没有典型的树冠火。地表火主要消耗林下草本、落叶层和部分腐殖质可燃物，冲冠火和树冠火还会消耗树冠层可燃物，造成林地的重度火烧。

由于研究区域只有落叶松树冠受到火烧，因此，调查中只对落叶松进行了样木调查，分析了一般的冲冠火或树冠火对兴安落叶松树冠层可燃物载量的影响。落叶松乔木重度火烧损失生物量为 4.916t/hm^2，中度火烧损失生物量为 1.14t/hm^2。

2.6.8 不同强度火烧消耗的总可燃物量

单位面积落叶松林重度火烧损失生物量为 22.3t/hm^2，中度损失为 7.37t/hm^2，轻度损失生物量为 2.51t/hm^2；针阔混交林重度、中度和轻度火烧损失生物量分别为 22.35t/hm^2、12.23t/hm^2 和 2.58t/hm^2，阔叶林重度、中度和轻度损失生物量分别为 12.61t/hm^2，12.37t/hm^2 和 12.13t/hm^2。

根据 2005—2007 年大兴安岭过火区火烧分级图计算得到大兴安岭过火区域不同植被类型火烧消耗的可燃物量。2005—2007 年林火消耗的可燃物量为 3.9×10^6t，其中，轻度、中度和重度火烧消耗的可燃物量分别为 1.02×10^6t、1.44×10^6t 和 1.45×10^6t。2005 年消耗可燃物为 1.46×10^6t，2006 年为 2.30×10^6t，2007 年为 0.15×10^6t。

对比分析针阔混交林火烧消耗的可燃物最多为 1.83×10^6t，其次落叶松林为 0.75×10^6t，森林草甸为 0.72×10^6t，最少为阔叶林，消耗 0.6×10^6t。

2.6.9 小结

应用ENVI遥感软件对大兴安岭森林火灾过火区域影像进行处理，根据过火前后NDVI差值变化，估算出大兴安岭过火区森林过火面积，2005—2007 年总过火面积 436512.5hm^2。根据过火区火烧等级分布图和可燃物分类图，得到过火区的火烧等级和可燃物类型信息，重度、中度和轻度火烧面积分别为 79159.38hm^2、150159.15hm^2 和 207178.35hm^2。2005—2007 年，落叶松林和针阔混交林过火面积最大，占总过火面积的 26.3%和 38.1%，其中，主要表现在中度和轻度火烧。

通过标准地调查，对比过火区与对照林分可燃物变化，分析了火烧对地表径级可燃物、落叶层、腐殖质和乔木层的影响，结果表明，针阔混交林和阔叶混交林在火烧后，地表可燃物载量减少；而落叶松针叶纯林在中度和轻度度火烧后地表径级可燃物载量增加，分别增加 0.156kg/m^2 和 0.188kg/m^2，这主要是因为落叶松细小枝条较多，部分树冠受火烧的影响，大量未燃透的细小枝条落到地面，导致地面径级可燃物载量增加。所有林分在火烧后，其落叶层和腐殖质层载量都明显减少。

第3章　南方林区可燃物与分区管理

3.1　浙江森林可燃物概况

3.1.1　森林资源

根据2010年度浙江省森林资源监测：全省林地面积661.85万hm^2，其中，森林面积601.90万hm^2；活立木总蓄积量2.54亿m^3，其中，森林蓄积量2.28亿m^3；毛竹总株数21.12亿株。

全省乔木林(不含乔木经济林)单位面积蓄积量55.09m^3/hm^2，其中，天然乔木林51.74m^3/hm^2，人工乔木林64.05m^3/hm^2。乔木林分平均郁闭度0.57。毛竹林每公顷立竹量2715株。

全省活立木蓄积量总生长量与总消耗量之比为1.92∶1，活立木蓄积量继续呈现生长大于消耗的趋势。

全省森林覆盖率59.12%，其他灌木林覆盖率1.51%；若按浙江省以往同比计算口径，则为60.63%。森林覆盖率继续位居全国前列。

(1)林地面积

全省林地面积661.85万hm^2，其中，森林601.90万hm^2，疏林地2.68万hm^2，灌木林地15.34万hm^2，未成林地8.60万hm^2，苗圃地2.63万hm^2，无立木林地11.78万hm^2，宜林地18.92万hm^2。

全省601.90万hm^2森林面积中，乔木林413.21万hm^2，经济林103.91万hm^2，竹林84.78万hm^2。

(2)活立木蓄积量

全省活立木总蓄积量25404.97万m^3，其中，森林蓄积量22763.96万m^3，疏林蓄积量43.90万m^3，散生木蓄积量1727.50万m^3，四旁树蓄积量869.61万m^3。

活立木总蓄积量按组成树种分：松木类7803.80万m^3，杉木类7446.91万m^3，阔叶树类8782.17万m^3，经济树种类858.68万m^3，灌木树种类513.41万m^3。

(3)森林资源结构

森林林种结构中，防护林面积189.70万hm^2，蓄积量9326.26万m^3；特用林面积14.66万hm^2，蓄积量1307.96万m^3；用材林面积293.63万hm^2，蓄积量12129.74万m^3；经济林面积103.91万hm^2。

乔木林龄组结构中，幼龄林面积178.45万hm^2，蓄积量6018.68万m^3；中龄林面积

135.38 万 hm^2，蓄积量 8198.56 万 m^3；近熟林面积 66.91 万 hm^2，蓄积量 5481.57 万 m^3；成过熟林面积 32.47 万 hm^2，蓄积量 3065.15 万 m^3。乔木林中，幼龄林、中龄林面积比重逐年略降，二者合计的面积、蓄积量分别占总数的 75.95%、62.46%，说明全省乔木林仍然以幼龄林和中龄林为主体。

乔木林树种类型结构中，针叶林面积 202.95 万 hm^2，蓄积量 12315.23 万 m^3；阔叶林面积 148.22 万 hm^2，蓄积量 6876.71 万 m^3；针阔混交林面积 62.04 万 hm^2，蓄积量 3572.02 万 m^3。全省阔叶林、针阔混交林面积呈逐年增长态势，目前仍以针叶林占相对优势。

天然林资源中，全省天然林面积 345.33 万 hm^2，占森林面积的 57.37%；天然林蓄积量 15553.77 万 m^3，占森林蓄积量的 68.33%。

人工林资源中，全省人工林面积 256.57 万 hm^2，占森林面积的 42.63%；人工林蓄积量 7210.19 万 m^3，占森林蓄积量的 31.67%。

3.1.2 主要森林类型

3.1.2.1 针叶林

浙江省针叶林以松、杉、柏为主要组成树种，形成针叶林的乡土树种，除金钱松外，基本为常绿性，且多纯林，层次单一。根据组成结构和生境条件的特点，主要可分为以下几种类型。

(1)马尾松林

马尾松林是我国分布最广、数量最多的松树，具有适应性强、繁殖容易、生长迅速、用途广泛等特点，是组成亚热带地区大面积森林的主要针叶林树种。浙江乔木林地面积中马尾松林约占 50%多，在荒山绿化与林业建设中具有重要的地位。

马尾松是亚热带代表性树种，要求温暖湿润的气候，在年平均气温 14~22℃、年平均降水量 800mm 以上条件下才能生长良好。耐干旱，甚至在石隙缝中种子都能生根发芽。浙江马尾松林分布区的土壤主要有红壤和黄壤两类。马尾松为强喜光性树种，树冠扩展，根系发达，主根明显，垂直生长，侧根平展，根幅广大，在干旱瘠薄地区根系扩展尤甚。天然扩展能力很强。

(2)黄山松

黄山松又名台湾松，俗称短叶松，是浙江省重要的针叶林树种，有天然林，也有人工栽植的。天然林主要分布在浙南的洞宫山、枫岭一带，如龙泉凤阳山、庆元百山祖、遂昌县九龙山、景宁县东坑区；浙东括苍山区的缙云县大洋山；浙西开化县古田山、天子坟；浙北龙塘山、天目山、龙王山等处。

黄山松为温性树种，喜生于凉润的气候和相对湿度较大的山区。在土层深厚、酸性、排水良好的向阳坡上生长良好；在土层瘠薄的孤峰山脊或岩石裸露地上，虽能生长，但往往生长缓慢。喜光性强，在全光照下树干端直，侧枝轮生整齐，形成圆整树冠，针叶刚直，深绿有光泽。在庇荫下干茎弯曲，树冠不整齐，针叶细弱稀疏。对温度变化有较大的适应性，年降水量需 1500mm 以上，在云雾较多的湿润山区生长良好，有一定的抗风性，但在风大瘠薄的山岗上，生长缓慢，且易受雨凇、雾凇危害而出现断梢现象。

(3) 杉木林

杉木在浙江主要分布于南部及西部地区。根据地貌、气候条件，杉木生长的适宜程度及经营的传统历史，浙江省杉木分中心、一般及边缘三大产区。中心产区主要在浙西南中山地区，年平均气温 16~18℃，年降水量 1500~2000mm，土壤成土母岩以中生代火成岩、流纹岩为主。杉木的一般产区主要在浙西北中山丘陵区，年平均气温 16~18℃，年降水量 1400mm 左右，土壤在低山丘陵以红壤、黄红壤为主。杉木边缘产区主要在浙东和浙东南低山丘陵、浙中金衢盆地、浙东滨海岛屿，年平均气温 16~18℃，年降水量 1300~1700mm，土壤以红壤为主。

(4) 柳杉林

柳杉林在浙江广为分布，浙东的宁海、象山、天台、黄岩、鄞州区、临海等地，海拔 300~1000m，浙南的文成、庆元、龙泉、遂昌等县，海拔 700~1700m(龙泉凤阳山自然保护区分布到 1700m)；浙西的开化、江山等县，海拔 300~1000m；浙北的临安、安吉等县，海拔 300~1200m，在这些地方的山地组成天然和人工群落。各地至今还保留着一些树龄已达几百年以至千年以上的古树，论材积以龙泉市新建乡生长的为著，单株材积为 135cm^3，论年龄以景宁县和临安西天目山生长的为著，树龄均达千年以上，但面积不大。

3.1.2.2 针、阔叶混交林

浙江省针、阔叶混交林按建群种的生态特性和分布区的环境特征，可分为低山丘陵针、阔叶混交林和中山山地针、阔叶混交林两大类型。低山丘陵针、阔叶混交林分布在海拔 600~800m，水平分布区与常绿阔叶林一致。主要树种有马尾松、杉木、福建柏、江南油杉等暖性针叶树和壳斗科的栲属、青冈属、石栎属及樟科、山茶科、杜英科的常绿阔叶树种，又称为暖针性、阔叶混交林。中山山地针、阔叶混交林一般分布在海拔 800~1600m 的中山山地，主要建群种针叶树种有黄山松、南方铁杉等，阔叶树种为一些较耐寒的常绿阔叶树如甜槠、木荷、小叶青冈和落叶阔叶树种如栎属、栗属、鹅耳枥属、槭属等。根据组成结构和生境条件的特点，主要可分为以下几种类型。

(1) 马尾松木荷林

本群系建群种马尾松、木荷的分布范围，就水平分布来说，浙江省自南到北的低山地区都能生长，垂直分布则主要决定于马尾松的分布高度。本群系在浙江省低山丘陵区普遍存在，但就其稳定性而言，是处于植被演替的过渡阶段。

现存的马尾松木荷林大多是封山育林自然发展起来的，林相不很整齐，马尾松略高于混交的阔叶树种。阔叶树种中有相当数量是萌芽更新的，干形不好。木荷则多数为种子更新，生长良好，干形也较通直。其他伴生树种如杨梅、石楠树冠较大，分枝低，处于最低层。

(2) 马尾松甜槠林

马尾松甜槠林主要分布在浙江省低山山地。在浙南的凤阳山、九龙山，浙东的天童寺太白山，浙西的古田山经浙西北的天目山、顺溪坞等山地成不连续的块状分布。

马尾松甜槠林垂直分布上限约海拔 800m，主要分布在海拔 500m 左右的低山坡地的中部。本群系分布的土壤属于花岗岩、砂岩、板岩发育的红壤。土层疏松，厚 30~55cm 以上，枯枝落叶层厚 2~4cm，每亩重 1~2t，覆盖度 80%~95%，分解良好，有机质含量丰

富，pH5.0左右。林内光照不足，比较阴湿。林地水肥条件较马尾松木荷林好。

(3)黄山松木荷林

黄山松木荷林是浙江省中山地带的主要覆盖类型，主要分布在海拔800m以上的中山山地。其分布上限浙江西北为1200m，浙南约1500m。分布坡位接近于山脊、山顶部位。土壤比较干燥，土层比较浅薄，一般厚度为30~50cm，为棕黄壤。林地枯落物分解不良，成分以针叶为主，分布均匀，厚度为2.3~5.3cm，覆盖率90%~100%，每亩枯枝落叶量1.8~2.3t。

3.1.2.3 常绿阔叶林

浙江省的常绿阔叶林比较复杂，类型多样，各类型间相互渗透，互为联系。根据组成结构和生境条件的特点，主要可分为以下几种类型。

(1)甜槠林

甜槠林(甜槠木荷林)为浙江省分布最广泛的一种常绿阔叶林。一般说来，海拔600~700m为甜槠林的集中分布地带。甜槠林的适生地域大多数处于半干燥的山地坡面、山脊或山脊谷地。较阴湿的沟谷和山麓，虽有分布，但很少见到有组成以甜槠为优势种的森林。甜槠林喜温暖以至温凉的气候环境，分布地带的山体坡度一般在25°以上。母质基岩大多属于中生代的岩浆岩。土壤以红壤为主，也有部分为黄壤。

(2)苦槠林

苦槠林也是浙江省常见的常绿阔叶林组成类型之一，广泛分布于全省各地的浅山区和丘陵地带。苦槠林大多生长在浅山山麓和丘陵缓坡地，林地空旷，光照充足，也多分布于山下部的开阔地段，且常与青冈栎混交组成苦槠青冈栎林。土壤多系红壤，也有少数冲击土；坡度较平缓，一般在25°以下，多石砾或乱石堆积，母岩有花岗岩、片麻岩、砂岩、凝灰岩等。

(3)青冈栎林

青冈栎林在浙江省广泛分布，适生于林地较湿润阴暗但排水良好的生态环境。在山地中下坡沿溪涧两侧生长良好。土壤要求不严，成土母岩由于分布面广而不同，有花岗岩、片麻岩、流纹岩、凝灰岩、砂岩、石英斑岩等。由于青冈栎林分布广泛，其组成结构有一定程度的差异。

(4)小叶青冈林

小叶青冈、褐叶青冈广泛分布于浙江省中海拔以上的山地，组成以小叶青冈或小叶青冈、褐叶青冈为建群种的森林。小叶青冈、褐叶青冈多分布于中山岩石裸露、土层浅薄的陡坡、岗脊以及山体的中上部，成土母岩有花岗岩、流纹岩、凝灰岩、变质岩、砂岩等，土壤为黄壤或棕黄壤，林地枯枝落叶层厚。

3.1.2.4 落叶阔叶林

(1)短柄枹栎林

短柄枹栎林多为次生林，分布于海拔1000m左右山脊两侧阳光充足的开阔山坡上，单层林冠，乔木层平均高10m，建群种以短柄枹为优势种，其重要值为58.5%。

(2)水青冈林

水青冈属树木在浙江省有5种。常见种水青冈较多，亮叶水青冈、浙江水青冈小片分布，与其他树种混生成林。米心水青冈和巴山水青冈仅小片存在。水青冈喜温暖湿润的山地气候，土层厚薄不一，为耐阴树种，多分布于沟谷两侧较阴湿地带。

3.1.2.5 常绿、落叶阔叶混交林

(1)亮叶水青冈常绿阔叶混交林

群落分布地区属中山地貌，垂直分布在海拔1000~1700m处。土壤为流纹岩、凝灰岩、花岗岩等火成岩发育形成的坡积黄壤。

(2)青冈类落叶阔叶混交林

青冈类落叶阔叶混交林广布于全省中山地区，主要是以多脉青冈、小叶青冈为优势的伴有一些落叶树种所组成的森林，另外还有细叶青冈、云山青冈、褐叶青冈等则属次要地位。垂直分布在海拔1000~1600m处。

(3)木荷落叶阔叶混交林

木荷适应性强，从低山到中山，分布广泛，分别参与组成常绿阔叶林、针阔叶混交林、常绿落叶阔叶混交林。以木荷为优势的常绿、落叶阔叶混交林垂直分布在海拔700~1300m，以处于山坡和山上部分为多。土壤以黄壤为主。

3.1.2.6 山地矮林、灌丛

(1)猴头杜鹃、云锦杜鹃矮林

猴头杜鹃、云锦杜鹃林分布于浙南海拔1200~1600m的中山地带。土壤为红黄壤，土壤发育不完全，枯枝落叶层厚。猴头杜鹃林分布于山脊陡坡上，群落外貌单一整齐，树冠连片，高度一致，树干歪曲，密集，分枝低。

(2)白栎萌生灌丛

白栎萌生灌丛在浙江省境内常分布于海拔200~600m的低山丘陵开朗阳坡，是浙江省各地分布最广、面积最大的一种次生灌丛。土壤多发育于各类酸性母岩风化物上的红壤或黄红壤。白栎萌生灌丛属次生性的落叶阔叶灌丛。白栎萌生灌丛常与马尾松林、油茶林、茶园或农田耕地相邻，有些山坡上部生长着马尾松林，山坡下部分布着白栎灌丛，再下面是农田、耕地、茶园、桑园、果园等。

3.1.2.7 毛竹林

浙江省位于毛竹林自然分布区内，其水平分布几乎遍及全省，集中成片分布于各地山谷、山坡和山区的溪流两岸，平原和低丘则较稀少。毛竹林以生长在厚层乌红壤、黄红壤中的最好。地形条件的差异，常引起土壤、气候等生态因素的变化，从而影响了毛竹林的生长发育。一般说来，海拔800m以下的山峦谷地、山麓和缓坡地带都适宜于毛竹林的生长。浙江省毛竹林广泛分布于山谷和山区溪流两岸。天然的毛竹林常与马尾松、杉木、黄山松及常绿落叶阔叶林组成混交林。由于自然、人为因素的长期作用，浙江毛竹林按种的组成可分为毛竹混交林和毛竹纯林。

(1)竹、木混交林

浙江省绝大部分毛竹混交林是以毛竹为建群种伴生以针、阔叶树的竹类类型，是一个处于演替更新阶段的植物群落。主要伴生树种有杉木、马尾松、花榈木、枫香、黄山松、柳杉，也散生有凹叶厚朴、甜槠、檫木、杨梅等。在天然毛竹林中，毛竹所占的比重大，

一般都在四成以上，有的高达七至八成。而与之混交的针、阔叶树种受毛竹的抑制，组成比例大大小于毛竹，形成了毛竹、阔叶树或针、阔叶混交林。

(2)毛竹纯林

浙江毛竹林在长期人工经营下，多数结构单一，形成了以毛竹林为建群种的栽培群落。由于毛竹纯林结构单一，林冠起伏不大，形成单层水平郁闭。林下植被的发育状况与竹林密度和人为活动有关。

3.1.3 森林燃烧性分析

该区地处我国长江中下游，林区分散，农林交错。森林面积大，大多属于人工杉木林。平均每次过火森林面积小，是全国平均每次火灾面积较小的地区，主要原因是农林交错，森林分割，人口稠密，发现、扑救及时。该区主要森林火灾季节是冬春两季。

该区发生的森林火灾多为地表火。在人工马尾松林和杉木林区，因连续干旱可能发生树冠火。一般不发生地下火，其原因是该区气温高，湿度大，有利于土壤微生物的活动，地面枯枝落叶容易分解，不易形成较厚的腐殖质层。另外，该区森林不集中，多发生小面积地表火。只有远山区和大面积人工针叶林区才有可能发生较高强度的火灾。

由于该区人口稠密，交通比较发达，人为火源多，因此林火发生次数也多。要做好群众性防火工作，并要不断改进农业耕作方式，才能有效地控制林火的发生。根据该地区人口多、交通比较方便的条件，只需进一步组织群众，提高群众扑火技术，就可以使森林火灾的损失进一步下降。

该区属于东亚热带区，地带性植被为亚热带常绿阔叶林。因气温高，水量充沛，植被又为常绿阔叶林，一般情况属于不燃或难燃类型。但是，由于该区森林环境长期遭受人为干扰和破坏，从而大大提高了森林的燃烧性。影响其森林燃烧性的原因有三个方面：一是森林遭到破坏，森林的结构组成发生变化，稳定潮湿的森林环境被破坏，小气候愈来愈不稳定，许多阳性杂草灌木侵入，大大提高了森林的燃烧性。二是针叶树种比例加大，提高了森林燃烧性。如该区的大面积马尾松、杉木、柳杉林都含有大量树脂和挥发性油类，又是结构组成单一的针叶林，提高了森林的燃烧性。三是随立地条件的变化，其森林的燃烧性发生变化。一般分布在湿润地区的森林，燃烧性明显降低。立地条件愈干燥，其森林燃烧性愈高。所以，森林面积大，气温低，潮湿，燃烧性低，反之，气温高，林地湿度小，燃烧性也明显增加。

该区针叶树种较多，分布也很广。它们体内含有松脂和挥发性油类，一般比阔叶树易燃。但是，不同的针叶树的生物学特性和生态学特性不同，其燃烧性也有明显的差异。如马尾松为该区分布最广的针叶树种，生长在比较干旱、土壤瘠薄的山脊阳坡，经常作为先锋树种侵入各类空地，形成非常易燃的林分。此外，该区引进的一些外来松，如加勒比松、湿地松和火炬松，都属于易燃类型。若分布在立地条件较好的地段，同时又混生有大量阔叶树时，其林分燃烧性下降。

在该区的碱性土壤和石灰岩地区，生长大量侧柏。侧柏枝叶含有挥发油类，加之生长缓慢，也属于易燃类型。还有生长在极端干旱阳向山坡的各种桧类(如圆柏)，也属易燃类型。在该区内还有大量杉木林和柳杉林以及分布较少的黄杉、油杉和铁杉，枝叶均含有大量挥发性油，但是，由于林下阴湿、枯枝落叶细小密实，一般天气不易燃；若遇比较干旱的月份或年份亦可能发生火灾。

该地区北部分布有水杉、云冷杉林。水杉、落羽松、云杉和冷杉等针叶树构成的森林一般属于难燃类型，原因是这些树种生长在潮湿和水湿的立地条件上，不易燃烧。云冷杉分布在海拔较高的山地，空气湿度大，林下阴暗，易燃物少，枯枝落叶细小，密实度大。只有遇到特别干旱的年份才可燃，发生火灾，还有可能发生树冠火。

该区的许多荒地荒山、林中空地、疏林地，都生长着茅草、芒箕骨等草类和易燃性灌木，灌草混生，易干枯，也易燃。本区分布的常绿阔叶林属于难燃类型，但因混生有含挥发性油较多的阔叶树，如樟科、安息香科以及引进的桉树等树种，提高了林分的燃烧性。另外，常绿阔叶林遭受破坏后，混生有落叶阔叶树，也相应地提高了森林的燃烧性。

该区的竹林大多数分布在水湿和潮湿的立地条件上，一般属于难燃类型。有些竹子，如淡竹、刚竹分布在微碱性土壤上，而分布在山坡上的竹林燃烧性提高。竹子开花大量枯死，也提高了竹林的燃烧性。毛竹、楠竹等也属可燃类型。

3.1.4 主要树种对火的适应

该区树种极其丰富，种类繁多，绝大多数为常绿阔叶林和大面积人工针叶林，人工针叶林有马尾松林和杉木林，还有部分竹林。现分别叙述该地区主要树种对火的适应能力，以供今后防火时参考。

(1)马尾松。马尾松枝叶、树皮、树干均含有大量树脂和挥发性油类，它的凋落松针属于易燃物。分布在干燥瘠薄和阳坡山上部的马尾松林非常易燃，林下杂草也多，为易燃类型。马尾松幼年不抗火，对火极度敏感。树龄在10年以上的，有一定抗火能力。它结实早，种子有翅。在火烧迹地和空旷地易更新。为荒山荒坡先锋树种。该树种含有大量树脂，该地区常在马尾松林割脂提炼松香和松节油。采脂到一定树龄后，流脂明显减少，可在主伐前几年采用火烧刺激流脂量，这样也有利于马尾松伐前更新，一举两得。

(2)杉木。杉木是该区主要人工林选用树种，目前，在该区有大面积人工杉木林，但抗火性较差。杉木枝叶含有挥发性油类，在连续干旱天气条件下也可以燃烧，还能发生树冠火。营造杉木林时，该地区多采用扦插法。扦插杉木时需炼山。炼山既清理了造林地，减少了杂乱物和病虫害，又提高了土壤肥力，加速了杉木林的生长。由于适宜杉木生长的立地条件潮湿，而且土壤肥沃，加之杉木林冠深厚，林下易燃、可燃物较少，一般情况下不易燃。只有在连续干旱时才发生较高强度火灾，一些喜光树种进而取代杉木林。

杉木火烧后有萌发能力。轻度火烧后杉木又能萌芽—抽条生长。在地下种子库的杉木种子，火灾后还有发芽更新的能力。

(3)木荷。木荷为常绿阔叶林中阻火性能最强的树种，它的枝叶干都有一定的阻火能力，该区的许多地块选它作为防火林带树种。木荷落叶可以燃烧，但燃烧非常缓慢。在不同地区，木荷分布受海拔高度的影响较大。

木荷被火烧伤后，树干有较强萌芽能力。在适应生长的海拔高度范围内，它能够生长在比较干燥的立地条件下。在山脊上种5~6行木荷树就可以阻止树冠火的扩展。

该区水分充沛，森林能保持湿度。林下易燃、可燃物少，一般火灾不容易烧入。除了少数樟科树种含有挥发油之外，大多数常绿阔叶树的枝、叶、干内含有大量水分，不易燃烧，其中许多树又有较强烈的萌发和根蘖能力，能够忍耐火烧。有些树种的种子库有逃避火灾的能力。这些都是常绿阔叶树对火的适应特性。因此，该林区的防火林带树种很多，还需要进一步研究开发。

由于该林区许多常绿阔叶树种对火有多种适应能力，因此在该林区选择防火林带树种就可以做到适地适树。选择阻火林带树种时，除了选择阻火能力外，还要选择防护效益好又有经济效益的树种，这样能更好发挥防火林带的多功能综合效益。

此外，在常绿阔叶林区，还有许多常绿灌木具有较好的阻火性能，又有一定的经济价值，如油茶、茶树和一些藤本植物。把它们组合在防火林中，既能发挥防火林带的阻火效能，又能提高林带的综合效益。所以，在该林区应该详细研究不同树种对火的适应能力以及火生态，以迅速提高该地区的林火管理水平。

3.2 浙江火灾发生概况

3.2.1 时间分布

森林火灾年际变化：浙江省森林火灾年度发生的次数呈阶梯状分布，且隔几年出现一个高峰年。森林火灾的年际波动主要受气候条件和人为因素的影响，森林火灾年度发生的次数总体呈下降趋势。

森林火灾月际变化：浙江省森林火灾主要发生在冬春两季，4 月以后火灾次数就明显降低。森林火灾集中发生在 11 月至翌年 4 月，占森林火灾总次数的 90. 76%。森林火灾发生次数月际分布情况与本省气候特点、植物生物学特性和人们用火活动规律相关，如图 3-1 所示。

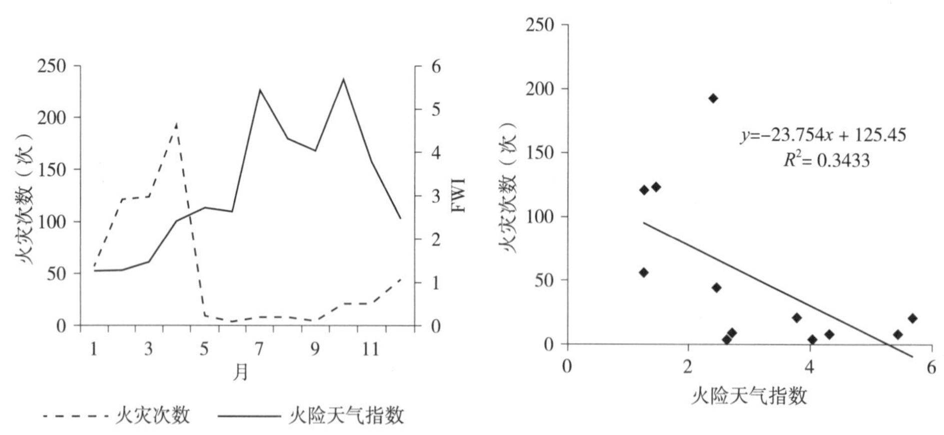

图 3-1　森林火灾季节性变化

森林火灾日际变化：从上午 8 时森林火灾发生次数逐渐增加，13~14 时达到顶峰，之后逐渐减少。森林火灾次数相对集中在 9~17 时，高峰期在 10~16 时，占森林火灾总次数的 88. 5%，16 时后明显下降。浙江省森林火灾日时段发生次数基本呈正态分布。

3.2.2　火因分析

在合适的天气条件和森林可燃物环境下，森林火灾发生取决于火源的存在。浙江省的森林火灾基本上是人为火源。如图 3-2 所示，引起森林火灾的主要原因是烧荒烧草、上坟烧纸、吸烟及炼山造林。据统计，1992—2011 年这 20 年内，全省已查明起火原因的森林火灾有 11232 起，主要由烧荒烧草、上坟烧纸和野外吸烟引起，分别占 40%、22.1%、17.6%(图 3-2)。

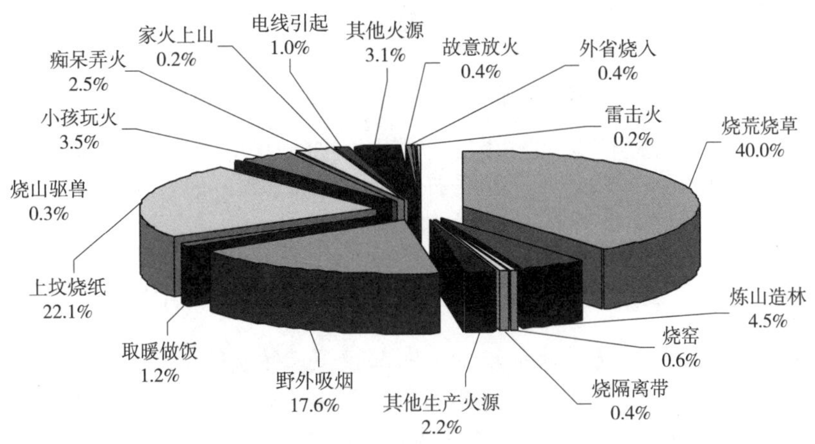

图 3-2　浙江省森林火灾原因

森林火灾与森林植被的关系：浙江省森林火灾受害面积最大的是针叶林，占总受害面积的 87.91%，其中，松林受害面积占 68%，是主要受害树种。

森林火灾的火源因素及变化：浙江省引发森林火灾的主要原因是烧荒烧草、上坟烧纸和野外吸烟，合计占总次数的 79.7%。1992—2001 年和 2002—2011 年这前后 10 年相比，烧荒烧草略有增加，上坟烧纸从 18.5%上升到 27.4%、野外吸烟从 22.2%下降到 10.9%。烧荒烧草引发的森林火灾占各年度森林火灾的比例总体在 30%~50%区间内呈波浪式分布，一般以 2~4 年为一个周期。上坟烧纸引发的森林火灾占各年度森林火灾的比例总体呈波浪式上升趋势，且隔几年出现一个高峰年。野外吸烟引发的森林火灾占各年度森林火灾的比例总体呈下降趋势，并在占年度查明火灾原因总数 10%的比例上下浮动。

3.2.3　空间格局分析方法

人为火发生的空间分布格局和人类活动能力密切相关，人类活动能力可以用研究区域内任意一点与居民点、公路和铁路的最近距离衡量。对每一个火点分别与最临近的居民点、公路和铁路的距离进行计算，将每一个火点与三者距离中的最小值进行记录，同样求得所有火点与三者之间的最小距离。

最邻近距离统计的计算公式如下：

$$d(\mathrm{NN}) = \sum_{1}^{n} \frac{\min(d_{ij})}{N} \tag{3-1}$$

式中　$d(\mathrm{NN})$为最邻近距离；N 为样本点数目；d_{ij}为第 i 点到第 j 点的距离；$\min(d_{ij})$为 i

点到最邻近点的距离。

$$NNI=\frac{d(\mathrm{NN})}{d(\mathrm{ran})} \tag{3-2}$$

式中　NNI 为最邻近距离系数；$d(\mathrm{NN})$ 为最邻近距离；$d(\mathrm{ran})$ 为随机分布条件下的理论平均距离，其取值一般为 $d=(\mathrm{ran})=0.5\sqrt{A/N}$（$A$ 为研究区域总面积，N 为总样本数量）。

空间分布格局与研究尺度密切相关，随着研究尺度的改变，其空间分布格局也会发生改变，Ripley's K-function 用于研究随尺度的变化其空间聚集程度的变化。

$$L(d)=\sqrt{\frac{A\sum_{i=1}^{n}\sum_{j=1,\ j\neq 1}^{n}k(i,\ j)}{\pi n(n-1)}} \tag{3-3}$$

这是由 Ripley 于 1976 年提出的，因此所使用的统计量称为 Ripley's K 统计量。Ripley's K 统计量是多阶邻点统计量的扩展，可以利用它分析某一点分布在不同的空间尺度上所表现出的特定模式。

3.2.4　火灾发生次数空间格局

森林火灾发生区域不均衡，北部较少，南部较多。年均次数达到 10 以上的县依次为永嘉县、泰顺县、文成县、青田县、龙泉市、台州市市辖区、临海市、莲都区、乐清市、仙居县、遂昌县、东阳市、缙云县、三门县、开化县、永康市、武义县、景宁县、庆元县，共 19 个县市。

次数最少的年均 2 次以下的有余杭区、长兴县、绍兴市、绍兴市市辖区、洞头区、萧山区、嵊泗县、杭州市市辖区、海盐县、嘉兴市市辖区、桐乡市、嘉善县、海宁市、平湖市 14 个县市。

浙江省森林火灾发生比较多的地区为丽水、温州及台州市，3 个市森林火灾发生次数合计占全省森林火灾总次数的 57.77%。除嘉兴市外，湖州市森林火灾发生次数最少。这与不同区域的森林植被、森林资源数量、天气气候情况、森林消防意识和防火措施等有关。

3.2.5　火灾过火面积空间格局

受害面积 100hm^2 以上的有永嘉县、泰顺县、莲都区、乐清市、淳安县、开化县、临海市、文成县、三门县、青田县、景宁县。

10hm^2 以下的有德清县、慈溪市、衢州市市辖区、鄞州区、绍兴市、洞头区、宁波市市辖区、湖州市市辖区、岱山县、嵊泗县、余杭区、萧山区、绍兴市市辖区、杭州市市辖区、海盐县、嘉兴市市辖区、桐乡市、嘉善县、海宁市、平湖市。

森林火灾受害面积最大的是针叶林，其次是阔叶林和针阔混交林，竹林最少。针叶林发生森林火灾受害面积占总受害面积的 87.91%。根据 2009 年浙江省森林资源连续清查结果，全省针叶林面积占森林面积的 35.95%，其中，松林、杉木林面积分别占森林面积的 23.23%和 18.44%；阔叶林面积占森林面积的 26.52%。针叶林发生森林火灾受害面积的比例远远大于针叶林占森林面积的比例；针叶林中，松林受害面积比杉木林受害面积大几倍。从森林可燃物的种类与特性分析：阔叶林不易燃，针叶林极易燃；针叶树比阔叶树易燃，含油脂和挥发油较多的树种易燃，如图 3-3 所示。

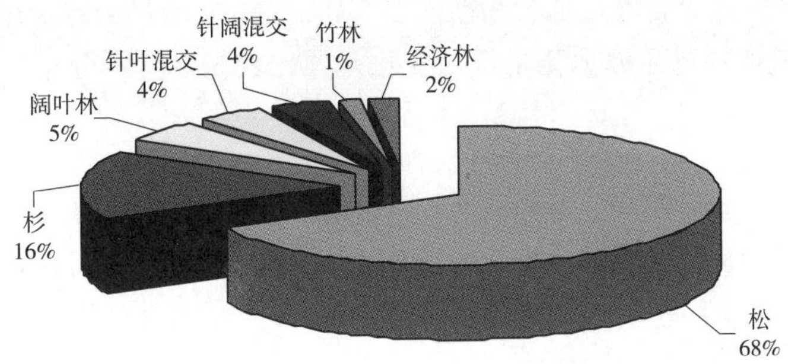

图 3-3　森林火灾受害面积与树种组的关系

3.3　杉木燃烧温度变化特征分析

杉木是常绿乔木，裸子植物，属杉科杉木属。杉木具有生长快、易成活、材性好等特点，是我国分布较广泛的商品材树种。杉木的枝叶中含有较多的挥发性油类，使得其在干旱的条件下易于燃烧，但是杉木的立地条件却又比较苛刻，要求土地肥沃以及水分条件良好，且杉木林下的杂草较少等特殊情况使得杉木林不易燃烧，但在干旱时也会发生较高强度的火灾。南方林区平均每年发生火灾 5000 多起，占全国森林火灾总次数的 50%以上，而杉木是我国南方林区最主要的造林树种之一，主要栽种在中国长江流域、秦岭以南地区。因此，研究杉木林的燃烧温度对于预防火灾、扑救森林火灾具有重要意义。

现阶段国内很多研究的重心都在燃烧火行为上，主要内容都集中在点着时间、熄灭时间，辐射热，火焰高度、长度和火强度等方面。专门研究温度的比较少，专门研究温度的对象也大部分是木材，得出结论：对于温度变化率影响最大的是纵向部位，而且靠近梢部的大于靠近根部的；而对于含水率变化率影响最大的是横向部位而且心材大于边材。但是平时森林火灾发生时第一个燃烧对象却是林下凋落物而不是木材，而林下可燃物中，凋落物占其中很大一部分。因此，研究林下凋落物燃烧状态下的温度变化特征是与森林火灾的“打早，打小，打了”的扑救原则相符合的，且十分有必要的。而在杉木林的林下凋落物中，杉木叶、杉木小枝以及杉木球果占据大部分，本文研究对象的凋落物也是杉木叶、杉木小枝以及杉木球果。

本次实验收集了两个地区的杉木林林下凋落物，通过对采集来的杉木林凋落物进行分组点烧实验，使用 SMART SENSOR AR862A 红外测温仪在距离凋落物 30cm、高度为 1m 处测量凋落物燃烧状态下火焰上部不同时间段的温度，分别从含水率、凋落物载量、风速三个方面分析温度变化的特征，比较不同燃烧状态下温度变化的异同，总结出一般规律，为制定杉木林的防火以及火灾扑救对策提出建议，为森林防火工作作出贡献。

3.3.1 材料与方法

本次3个实验样地设置在江苏省与浙江交界处。实验采取的取样方法为标准地法，根据实际需要因地制宜，在样地地势平缓、变化差异比较小、树木分布均匀的情况下采用20m×20m的样地。

(1)样地设置

调查整个林分的整体概况，对样地进行每木调查，主要测量树高、胸径、郁闭度等数据。其中，胸径使用胸径尺测量，树高采用布鲁莱斯测高器测量，郁闭度根据标准地内对角线上树冠正投影(自上至下)长度与对角线之比推算，其余林分因子可用卷尺和皮尺测量。经纬度和海拔可用手持GPS测量。

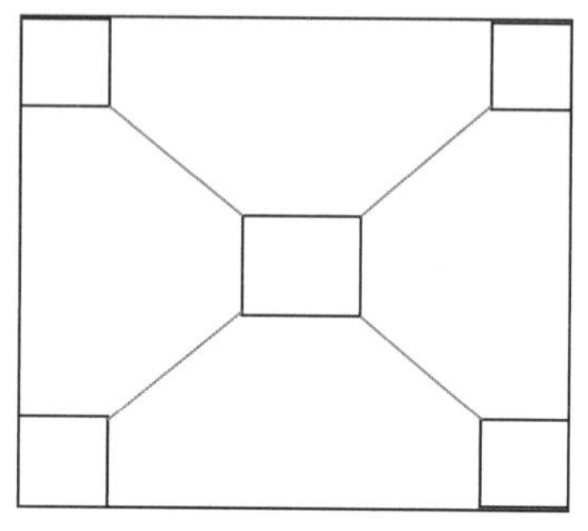

图3-4 五点取样法示意

(2)采样

采用五点取样法，样方设置如图3-4所示，设置5个规格为2m×2m的小样方。取样种类为杉木凋落物，包括杉木叶、小枝、杉木球果。

(3)烘干

将采集到的凋落物带回实验室当场进行称重，随后将样品在电动恒温鼓风干燥箱中以104℃的恒温下烘干24h，直到两次称量时不再有重量变化，随后根据得出的数据求出含水率。

(4)燃烧床的铺设

在室外寻找一个空旷的平地，要求周围没有可燃物。在平地上设置一个规格为30cm×30cm的燃烧床，以一层4cm厚的石膏板作为底座，在上面铺设从样地中采集回来的泥土，泥土厚度为5cm，并将泥土压实、表面压平，在四周用石砖封住，减少外界对实验的影响。将杉木叶、杉木枝、杉木球果(少量)混合均匀，并将其均匀地铺设在燃烧床上，控制其厚度为7cm。

(5)点烧方法

按照不同的标准分组，要求每组点烧时外部条件保持一致。第一组质量分别为30g、50g、100g的绝干状态下的样品，在风速0.7m/s、温度24.5℃、湿度32%、气压1009.1Pa的情况下进行实验。第二组为50g含水率分别为11.65%、6.31%，绝干的样品，在风速0.7m/s、温度24.5℃、湿度32%、气压1009.1Pa的环境下进行实验。第三组为50g绝干样品，在风速分别为0.7m/s、1.5m/s、2.5m/s的条件下，且温度24.5℃、湿度32%、气压1009.1Pa的情况下进行实验。

3.3.2 结果与分析

3.3.2.1 实验结果

根据室内实验所得的数据，经过统计、分类和整理，制作成表格形式。表3-1为第一组实验样品点烧后得到的数据，表3-2为第二组样品进行实验后得到的数据，表3-3为第三组样品进行实验后得到的数据，其中，900℃是由于燃烧时凋落物温度超过900℃，高于测量仪器的上限，无法得出具体数值，此处以900℃代替。

表 3-1 不同载量燃烧时温度的变化

时间(s)	载量 30g 可燃物 温度变化(℃)	载量 50g 可燃物 温度变化(℃)	载量 100g 可燃物 温度变化(℃)
3	157	223	171
6	402	594	671
9	616	720	709
12	656	770	798
15	710	738	802
18	727	812	900
21	718	876	900
24	755	816	900
27	788	788	900
30	728	736	900
33	656	710	849
36	650	656	826
39	526	676	787
42	426	514	770
45	362	469	801

表 3-2 不同含水率燃烧时的温度变化

时间(s)	含水率为 11.65%凋落物 温度变化(℃)	含水率为 6.31%凋落物 温度变化(℃)	绝干凋落物 温度变化(℃)
3	73	131	142
6	193	350	412
9	295	406	623
12	363	533	651
15	296	558	718
18	354	626	719
21	363	616	716
24	332	666	754
27	522	731	781
30	513	798	724
33	541	785	651
36	652	712	648
39	705	656	516
42	773	621	421
45	726	579	351
48	702	619	411
51	696	620	357
54	674	587	417
57	676	562	327

表 3-3　不同风速下燃烧时的温度变化

时间(s)	风速为 0.7m/s 时凋落物温度变化(℃)	风速为 1.5m/s 时凋落物温度变化(℃)	风速为 2.5m/s 时凋落物温度变化(℃)
3	162	352	380
6	415	437	866
9	626	753	900
12	656	851	900
15	721	900	900
18	731	900	900
21	723	900	900
24	755	900	900
27	788	900	880
30	724	725	712
33	653	815	499

3.3.2.2　凋落物燃烧温度的一般性规律

每一次燃烧实验得到的数据都符合先升后降的大趋势，即使有时会有温度的偶尔回升，但也不影响大的趋势，因为一般是仪器的测量失误以及人为失误造成的，而且温度的回升也控制在 50℃左右，没有出现大幅度起落的情况。因此，凋落物燃烧时的温度变化都遵从先升后降的趋势。

所有组的凋落物燃烧时温度上升极快，一般在燃烧时间的四分之一到三分之一处即出现温度的最高值，随后温度缓慢下落。30g 凋落物的曲线中最高温度 788℃左边曲线的斜率为 63.217，而右边曲线的斜率为-30.819；在 50g 凋落物的曲线中最高温度 876℃左边曲线的斜率为 86.179，右边曲线的斜率为-35.505；在 100g 凋落物的曲线中，因为最高温度无法测量，以 900℃代替，因此选择中心的 900℃作为最高温度点，左边曲线斜率为 81.25，右边为-54.05，基本都满足这个规律。

3.3.3　小结

研究不同因素对杉木凋落物燃烧温度的影响，是预防火灾发生的基础性研究。本文通过对采集来的杉木凋落物样品进行分组，分别从载量、风速以及含水率三个方面来分析凋落物在燃烧状态下的温度变化特征从而得出结论。

凋落物在燃烧时相当于一个热源，温度越高，热源的能量越大，会提升周边环境温度，降低空气湿度，逐渐烘干周围凋落物，从而点燃凋落物，逐渐形成森林火灾。所有凋落物燃烧时，燃烧温度都满足单峰性，即只有一个温度高峰。在燃烧过程中，燃烧温度都满足先升后降的大趋势且前期升温快，后期降温慢。

3.4　杉木、马尾松人工林森林可燃物热解特性分析

3.4.1　南方人工林数据采集

按地形与调查林木分布情况选取 20m×20m 或 20m×30m 两种规格的标准地。标准地内

采用五点取样法设置 2m×2m 样方进行灌木调查，设置 1m×1m 样方对草本及林下掉落物进行调查。

采用收割法分别将样方内所有灌木草本收集称取鲜重，并称取样方内林下凋落物，然后按照针叶、阔叶、枝、球果细分，分别进行采集，并运用高枝剪对杉木、马尾松冠层活枝、活叶进行采集。

将所采集的样本称取鲜重后，装入信封，运用 LHG-9245A 电热恒温鼓风干燥箱，设置温度 80℃，烘干至恒重，测定含水率后将所有样品取出一部分运用粉碎机粉碎，并将粉碎样品过六十目筛备用。

3.4.2 无人机搭载多平台传感器进行数据采集

无人机搭载多平台传感器针对人工林点烧后的数据进行采集：包括以广义 3S 技术为手段，结合样地森林火灾试验数据，采用无人机装载高光谱成像系统、手持 GPS+全站仪+PDA(笔记本电脑)、林火智能标绘方法等 3S 高新集成技术，实现对多尺度多分辨率的人工林林火现场数据的精准获取，实现对多尺度多分辨率的人工林森林火灾现场数据的精准量测，在获取火灾现场地形图基础上，提取试验区域的高程信息，并借助于测树枪和全站仪等精准测量工具获取森林资源信息(树种、冠幅、树高等)，设置无人机搭载高光谱成像系统从最低高度到极限高度分别获取高光谱影像，结合旋翼无人机自身的准确方位和姿态信息，结合计算机收集处理高光谱影像的其他波段信息，对人工林森林火灾进行甄别，从而实现对人工林森林火灾信息的获取，得到人工林森林火灾高光谱影像。

模拟研究区域同类型可燃物人工林森林火灾的野外条件，铺设不同含水率和厚度的可燃物床层，对其使用快速水分测定仪和温度计，测量并记录可燃物水分和温度的变化，测量其重量，用于可燃物消耗量计算。在实验室进行人工林火灾蔓延模拟实验，用摄像机和热像仪记录燃烧的分布及引燃状态，测量其蔓延过程中的消耗量和形状变化。

3.4.3 实验测定

3.4.3.1 热值测定

运用 ZDHW-8 全自动量热仪(仪器参数测温分辨率>0.001℃，温度范围 10~38℃，测定误差<0.3%，整机功耗<30W，电源电压 220V+10%)，每份样品 9~11g，充气压力 2.8~3.0Mp，为减小实验误差，提升实验的准确性，每种类型可燃物重复 3 次热值测定。

3.4.3.2 热解特性参数特定

运用 TG209F3 热重分析仪，以 99.9%的氮气为载气，在空气气氛(空气速率 40mL/min)，保护气(氮气)速率 20mL/min，升温速率 40℃/min 情况下，将温度从室温升至 800℃，每份样品重量 9mg~13mg，为减小实验误差，在气氛模式实验前分别在校正(correction)测试模式下同一条件做空白实验进行基线校准。

3.4.3.3 模型建立方法

研究中模型的建立方法主要运用 spss 22.0，运用主成分分析法进行相关矩阵抽取，因子得分回归。

森林可燃物从点燃或自燃烧到熄灭主要经历预热、气体燃烧、木炭燃烧、熄灭四个阶段。预热阶段主要是水分与部分挥发气体的蒸发，是一个积累热量的过程。气体燃烧阶段可燃物的分解比较复杂，但上升到一定温度时，半纤维素先开始分解，纤维素、木质素开始依次分解，此燃烧阶段会产生明火与大量的烟，是森林火灾中最危险的阶段。当森林可燃物的综纤维素（半纤维素、纤维素）、木质素分解殆尽后，可燃气体被消耗，剩下的木炭不能再分解出可燃气体，燃烧过程由气相燃烧转向固相燃烧，随着燃烧的延续与释放能量的减少，燃烧转向熄灭，余下灰分。

根据所调查森林可燃物的热重微分（DTG）曲线结合森可燃物的燃烧原理，随着温度的升高，可燃物的热解速率不断发生变化，每一个峰谷都反映着热解过程的转折。从曲线可以看出可燃物的热解主要出现3个失重峰，其中有2个主要的失重峰，Bilbao认为这两个主要的失重峰对应半纤维素与纤维素的混合物和木质素的分解失重过程，这两种成分在相应的温度区间内进行热解。Orfao认为纤维素、半纤维素、木质素根据物质自身分解温度，在相对的温度区间内热解失重，最终叠加反映在整体的热失重过程中。Roberts认为半纤维素热解温度区间在200~260℃，热解温度区间在240~350℃，木质素热解温度区间在280~500℃。三种组分随温度的上升按顺序分解。

结合学者观点及研究方法，对森林冠层可燃物、灌木、草本、地表凋落物（细分为针叶、阔叶、枝、球果）等森林可燃物的热解特性进行分析（图3-5~图3-9）。

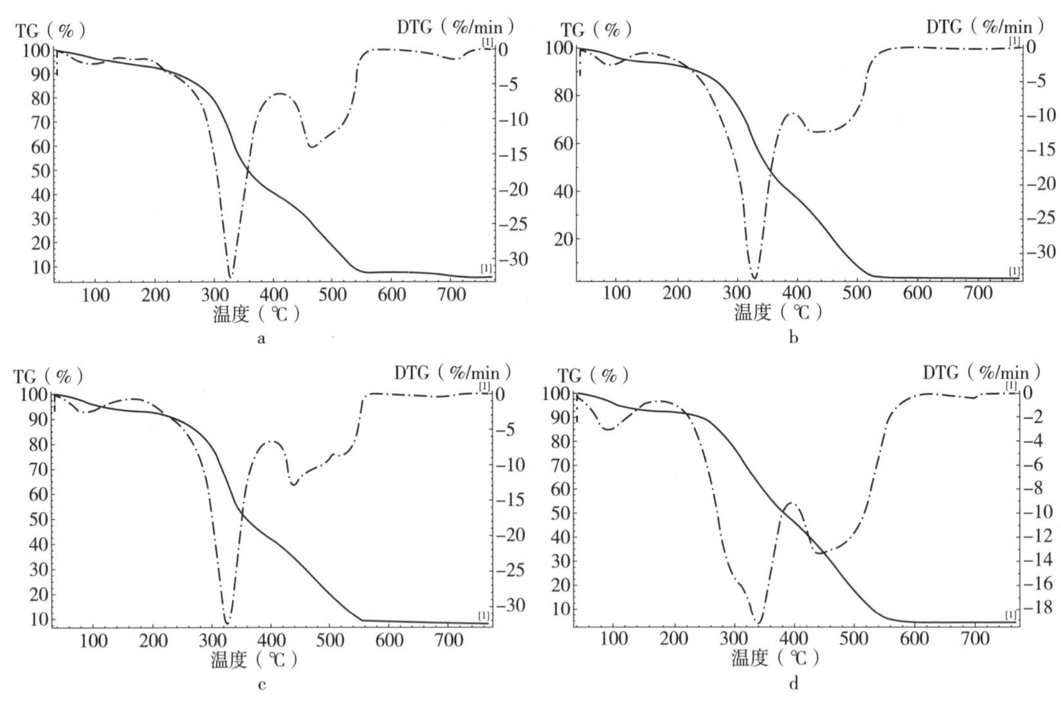

图3-5　杉木、马尾松人工林冠层可燃物在空气气氛下热重/热重微分（TG/DTG）曲线

注：a为杉木活叶，b为马尾松活叶，c为杉木活枝，d为马尾松活枝。

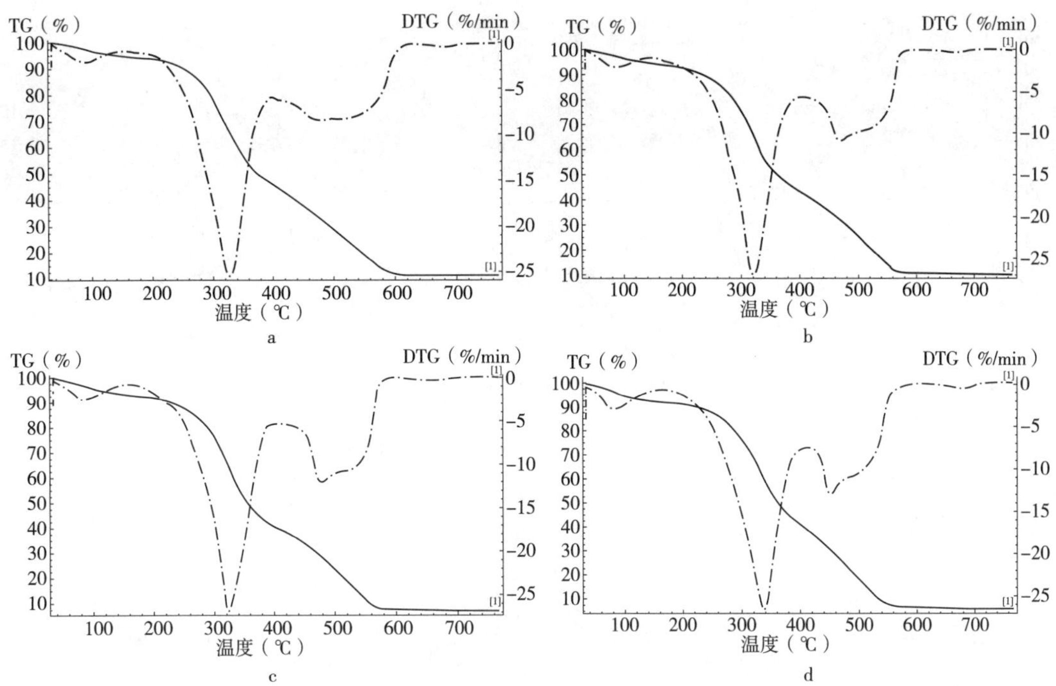

图 3-6 杉木、马尾松人工林灌木 TG/DTG 曲线

注：a 为杉木纯林灌木，b 为马尾松纯林灌木，c 为杉木混交林灌木，d 为马尾松混交林灌木。

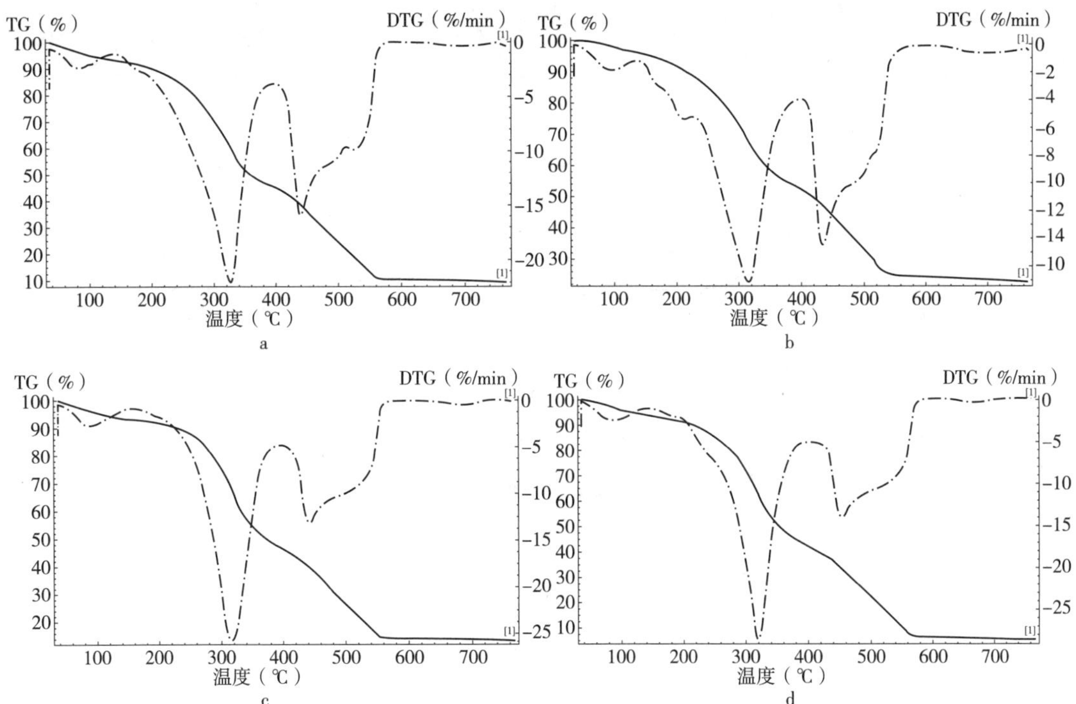

图 3-7 杉木马尾松人工林草本 TG/DTG 曲线

注：a 为杉木纯林草本，b 为杉木混交林草本，c 为马尾松纯林草本，d 为马尾松混交林草本。

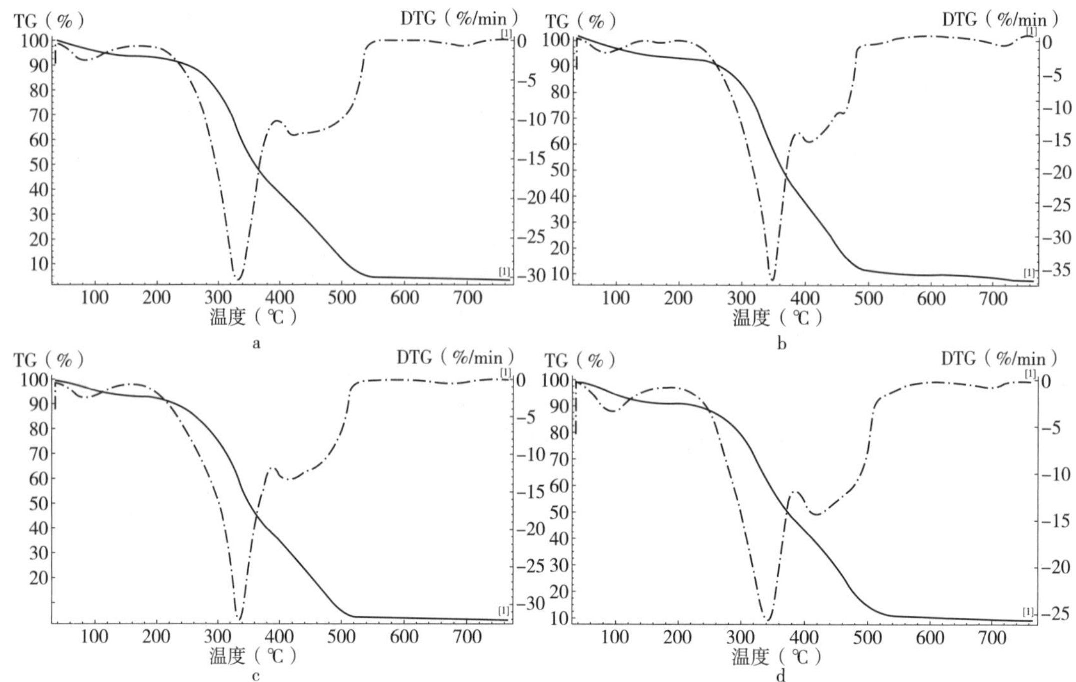

图 3-8　杉木马尾松人工林地表凋落物枝的 TG/DTG 曲线

注：a 为杉木纯林枝，b 为杉木混交林枝，c 为马尾松纯林枝，d 为马尾松混交林枝。

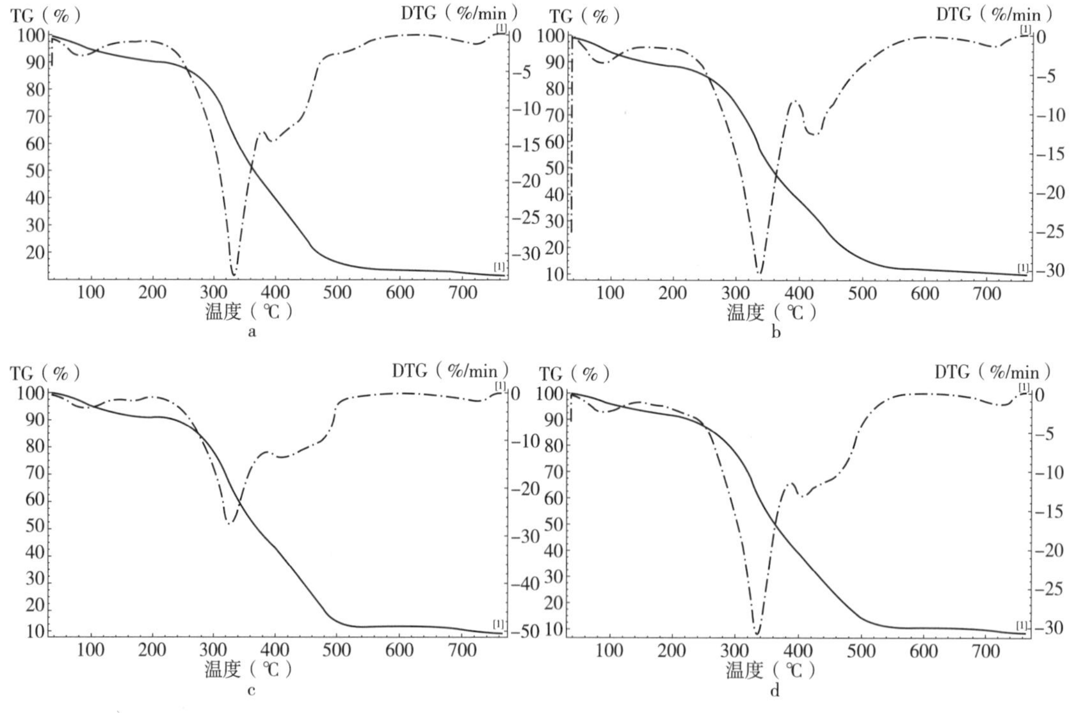

图 3-9　杉木、马尾松人工林地表凋落物阔叶 TG/DTG 曲线

注：a 为杉木纯林阔叶，b 为杉木混交林阔叶，c 为马尾松纯林阔叶，d 为马尾松混交林阔叶。

3.4.4 杉木、马尾松人工林冠层可燃物热解特性分析

表 3-4　杉木、马尾松人工林冠层可燃物热解第一阶段参数

样品	温度区间(℃)	最大失重率(%/min)	峰值温度(℃)	失重率(%)	损失时间(min)
马尾松活叶	室温至 140	2	80	7.38	5.20
杉木活叶	室温至 120	3	80	6.05	5.20
马尾松活枝	室温至 160	4	80	7.12	5.20
杉木活枝	室温至 150	3	90	6.23	5.20

见表 3-4，在第一阶段，活叶的损失温度区间在室温(约 25℃)至 140℃，失重率在 6%~8%，峰值温度约为 80℃，最大失重率在约为 3%/min；活枝的损失温度区间在室温(约 25℃)至 160℃之间，最大失重率约为 4%/min，失重率在 6%~8%，峰值温度约为 90℃，最大失重率约为 4%/min。从损失温度整体宽度来看，叶的损失温度宽度最小，树种间马尾松的损失温度宽度大于杉木损失温度宽度。结合损失温度宽度与损失量来看，温度区间的差异性可能是树种的抽提物(粗脂肪和和挥发油类等易燃可燃物)含量存在差异性造成的，由此可以推断，树种间马尾松的抽提物含量总体高于杉木抽提物含量，叶的抽提物含量最少。从这一阶段峰值温度来看，峰值温度主要集中在 80℃~100℃，基本上与水的蒸发温度保持一致。从这一阶段得出，该阶段虽然从温度区间来看，抽提物存在差异性，但是该阶段损失的只是水分。因此第一阶段水分含量顺序为：马尾松活叶>马尾松活枝>杉木活枝>杉木活叶。

见表 3-5，在第二阶段，活叶的损失温度区间在 120~400℃，失重率在 31%~53%，峰值温度约为 330℃；活枝的损失温度区间在 150~400℃，失重率在 42%~45%，峰值温度约为 340℃。从这一阶段最大损失率来看，存在较大差异性，杉木活枝、杉木活叶、马尾松活叶中，最大失重速率相当，约为 32%/min，马尾松活枝最大失重速率约为 19%/min，从失重率来看，马尾松均高于杉木，叶的差异性较大，杉木活叶的失重率超过 50%，远大于活枝。结合失重率与质量损失来看，该阶段热损失峰值温度均在 330℃左右，这说明该阶段主要为综纤维素(半纤维素、纤维素)损失阶段，由此可以得出纤维素含量比较：杉木活叶>马尾松活枝>杉木活枝>马尾松活叶。

表 3-5　杉木、马尾松人工林冠层可燃物热解第二阶段参数

样品	温度区间(℃)	最大失重速率(%/min)	峰值温度(℃)	失重率(%)	损失时间(min)
马尾松活叶	140~390	33	330	31.59	5.20
杉木活叶	120~400	32	330	53.14	5.70
马尾松活枝	160~400	19	340	44.78	6.20
杉木活枝	150~400	32	320	41.89	5.20

见表 3-6，在第三阶段，枝的热损失温度区间为 400~600℃，峰值温度约为 440℃。从最大失重率来看，树种器官间最大热损失速率集中在 13%/min，差异性不明显，从失重率

来看，叶的差异性与第一阶段相反，马尾松活叶失重率远高于杉木活叶失重率，两者相差约较大，而且马尾松活叶的热失重率超过50%，远高于活枝。从峰值温度来看，树种活叶、活枝的峰值温度几乎一致，但活叶、活枝的峰值温度差异明显，器官间在第三阶段的热稳定性存在差异，树种间马尾松略高于杉木。

表 3-6　杉木、马尾松人工林冠层可燃物热解第三阶段参数

样品	温度区间(℃)	最大失重率(%/min)	峰值温度(℃)	失重率(%)	损失时间(min)
马尾松皮	390~640	15	500	47.87	6.60
杉木皮	380~580	13	495	45.79	6.20
马尾松活叶	390~520	12	480	54.31	6.60
杉木活叶	400~540	15	480	33.83	6.80
马尾松活枝	400~600	12	440	43.39	6.00
杉木活枝	400~540	14	430	42.98	6.10

结合峰值温度与失重率来看，该阶段峰值温度总体在430~500℃，该阶段主要损失成分为木质素，因此木质素含量：马尾松活叶>马尾松活枝>杉木活枝>杉木活叶。

综合可燃物热解的三个主要阶段，根据图从成分含量来看，水分含量差异不明显，差异性主要体现在综纤维素、木质素、灰分这三个影响可燃物燃烧的主要成分上，杉木活叶的综纤维素含最高，木质素含量最低，马尾松活叶的综纤维素含量最低，木质素含量最高。两种树种活叶存在较大差异外，从树种来看，杉木的综纤维素含量总体高于马尾松的综纤维素含量，但是马尾松的木质素含量普遍高于杉木的木质素含量。综纤维素与木质素含量这两个主要成分的差异性将直接显著影响两树种的燃烧性能。结合最大失重速率可以看出，马尾松活叶、杉木活叶、杉木活枝的灰分含量相对较少。马尾松活枝等灰分含量相对较高的可燃物相比，最大失踪速率差异性显著。这说明灰分在可燃物燃烧时起到抑制作用，对森林可燃物的热解剧烈度起到抑制作用。从时间来看，水分热损失时间差异性不大，活枝的综纤维素分解阶段，与木质素热解阶段时间相对较长。结合失重率与质量损失时间，杉木活枝的纤维素平均失重速率明显大于木质素平均损失速率，马尾松活叶木质素平均失重速大于纤维素平均失重速率，主要是由于这两种可燃物综纤维素与木质素的含量差异较大。还能比较出，从失重率来看，木炭含量，除马尾活叶略微稍多外，其他的极少，部分可燃物里的含量甚至可以忽略不计，但其热损失时间却相对较长，热损失速度较慢，这主要是因为木炭主要在最后分解。

3.4.5　杉木、马尾松人工林灌木热解特性分析

见表3-7，在第一阶段四种林分灌木损失温度区间相当，均在室温(约25℃)至190℃，马尾松林温度宽度略大于杉木林温度宽度，失重率在3%~6%，林分间存在少许差异性，峰值均集中在温度90℃，最大失重率基本一致，约为3%/min。结合峰值温度与失重率，此阶段主要为失水阶段，林分见灌木水分差异性不大，四种林分灌木水分含量比较：马尾松纯林灌木>杉木纯林灌木>杉木混交林灌木>马尾松纯林灌木。

表 3-7 杉木、马尾松人工林灌木热解第一阶段参数

样品	温度区间(℃)	最大失重率(%/min)	峰值温度(℃)	失重率(%)	损失时间(min)
杉木纯林灌木	室温至 160	3	80.00	5.28	4.7
杉木混交林灌木	室温至 160	3	90.00	4.48	5.2
马尾松混交林灌木	室温至 180	3	90.00	5.40	5.2
马尾松纯林灌木	室温至 190	3	90.00	3.36	4.9

见表 3-8，在第二阶段四种林分灌木损失温度区间在 160~420℃，峰值温度均集中在 330℃左右，最大失重率均集中在 25℃左右，但马尾松林与杉木林存在微量差异，马尾松林略大于杉木林。四种林分灌木失重率差异较大，马尾松混交林灌木与杉木混交林灌木失重率较高，分别为 58.08%和 55.96%，杉木纯林灌木与马尾松纯林灌木失重率较低，分别为 49.19%和 40.88%。这说明四种林分间灌木的综纤维素含量存在差异，混交林林分灌木综纤维素含量高于纯林林分灌木综纤维素含量。四种林分灌木综纤维素含量比较：马尾松混交林灌木>杉木混交林灌木>杉木混交林灌木>杉木纯林灌木。

表 3-8 杉木、马尾松人工林灌木热解第二阶段参数

样品	温度区间(℃)	最大失重率(%/min)	峰值温度(℃)	失重率(%)	损失时间(min)
杉木纯林灌木	160~420	25	330	49.19	4.7
杉木混交林灌木	160~420	25	330	55.96	5.0
马尾松纯林灌木	190~420	26	320	40.88	4.8
马尾松混交林灌木	180~420	26	330	58.08	5.2

见表 3-9，在第三阶段马尾松混交林与马尾松纯林的损失温度区间一致，在 420~580℃，两种林分最大失重速率相当，最大失重率分别为 14%/min 与 11%/min，两种林分该阶段的值峰值温度相当，在 450℃左右。杉木混交林与杉木纯林的损失温度区间一致，在 420~640℃，两种林分最大失重率一致，为 8%/min，两种林分该阶段峰值温度相当，约在 500℃左右。从树种来看，马尾松林在损失温度宽度、峰值温度、热损失温度等方面均低于杉木林，说明该阶段杉木林的热稳定性高于马尾松林的热稳定性。从失重率来看，马尾松纯林灌木失重率最大，约为 45.23%，马尾松混交林失重率最小，为 30.25%，马尾松混交林与马尾松纯林存在较大差异。杉木混交林与杉木纯林在失重率方面略有差异，分别为 32.03%与 34.09%。结合峰值温度与失重率，该阶段主要为木质素损失阶段，四种林分间灌木木质素含量的比较：马尾松纯林灌木>杉木纯林灌木>杉木混交林灌木>马尾松混交林灌木。

表 3-9 杉木、马尾松人工林灌木热解第三阶段参数

样品	温度区间(℃)	最大失重率(%/min)	峰值温度(℃)	失重率(%)	损失时间(min)
杉木纯林灌木	420~640	8	500	34.09	5.6
杉木混交林灌木	420~640	8	500	32.03	5.5
马尾松纯林灌木	420~580	11	460	45.23	5.4
马尾松混交林灌木	420~580	14	440	30.25	5.3

综合可燃物热解的三个主要阶段，四种林分灌木间的差异较为明显，在组成成分方面，除马尾松纯林灌木纤维素含量高于木质素含量外，马尾松混交林灌木，杉木纯林灌木，杉木混交林灌木木质素含量高于纤维素含量。这种成分差异在可燃物的最大失重速率与平均失重率方面得到充分体现。马尾松纯林灌木灰分含量与杉木纯林灰分含量高于马尾松混交林灰分含量与杉木混交林杉木含量。这可能是因为四种林分的灌木种类不同。但从时间来看，四种森林可燃物各阶段热损失时间保持高度一致性。

3.4.6 杉木、马尾松人工林草本热解特性分析

见表3-10，在第一阶段，四种林分的草本损失温度区间大体一致，室温(约25℃)至160℃，最大失重速率在2%/min左右，峰值温度在90℃左右。在温度区间、最大失重率、峰值温度等方面四种林分差异不大，但在失重率方面，马尾松纯林草本与马尾松混交林草本差异较小，集中在4.2%左右，杉木纯林草本失重率最大，为4.79%，杉木混交林草本失重率最小，约为2%。这一阶段四种林分间草本的水分比较：杉木纯林草本>马尾松纯林草本>马尾松混交林草本>杉木混交林草本。

表3-10　杉木、马尾松人工林草本热解第一阶段参数

样品	温度区间(℃)	最大失重率(%/min)	峰值温度(℃)	失重率(%)	损失时间(min)
杉木纯林草本	室温至160	2	80	4.79	4.6
杉木混交林草本	室温至140	2	100	2.04	4.4
马尾松纯林草本	室温至140	2	80	4.28	4.7
马尾松混交林草本	室温至160	3	100	4.21	4.8

见表3-11，在第二阶段，四种林分间草本热损失温度区间相差较大，在140~400℃，峰值温度基本保持一致在320℃左右。从最大失重率来看，马尾松混交林草本与马尾松纯林草本的最大失重率略有差异，分别为28%/min和25%%/min，杉木混交林草本与杉木纯林草本的最大失重率差异较大，分别为17%/min和22%/min。从失重率来比较，马尾松混交林草本失重率最大，为54.22%，杉木混交林草本失重率最小，为46%，马尾松纯林与杉木纯林的失重率差异较小，分别为51.02%和50.3%。这说明四种林分间草本综纤维素含量存在差异，四种林分间草本综纤维素比较：马尾松混交林草本>马尾马尾松纯林草本>杉木纯林草本>杉木混交林草本。

表3-11　杉木、马尾松人工林草本热解第二阶段参数

样品	温度区间(℃)	最大失重率(%/min)	峰值温度(℃)	失重率(%)	损失时间(min)
杉木纯林草本	160~410	22	330	50.3	5.8
杉木混交林草本	140~400	17	320	46	6.1
马尾松纯林草本	140~380	25	320	51.02	5.5
马尾松混交林草本	160~400	28	320	54.22	5.9

见表3-12，在第三阶段，各林分间林下草本差异性较大，马尾松混交林草本损失温度

区间为400~580℃，最大失重率为14%/min，峰值温度为460℃，失重率为35.54%；马尾松纯林草本损失温区间为380~430℃，最大失重率为13%/min，峰值温度为430℃，失重率为30.41%；杉木混交林损失温度区间为420~520℃，最大失重率为14%/min，峰值温度为420℃，失重率为27.79%，杉木纯林草本损失温度区间为440~580℃，最大失重率为17%/min，峰值温度为500℃，失重率为34.71%。从温度区间来看，各林分间草本的损失温度宽度存在较大差异，马尾松混交林温度宽度最大，杉木纯林草本与马尾松纯林草本温度宽度次之，马尾松纯林草本温度宽度最小。从最大失重率来看，杉木纯林草本最大失重率最大，其余三种林分草本最大失重率相当。从峰值温度来看，杉木纯林草本峰值温度最高，杉木混交林草本峰值温度最小，这两种林分间差异性较大。这说明该阶段各林分间草本的热稳定性具有较大差异。从失重率来看，马尾松混交林草本与杉木纯林草本失重率存在略微差异，杉木混交林草本树种率最小。结合失重率与峰值温度来看，该阶段主要为木质素损失阶段，四种林分木质素比较：马尾松混交林草本>杉木纯林草本>马尾松纯林草本>杉木混交林草本。

表 3-12 杉木、马尾松人工林草本热解第三阶段参数

样品	温度区间(℃)	最大失重率(%/min)	峰值温度(℃)	失重率(%)	损失时间(min)
杉木纯林草本	440~580	17	500	34.71	5.9
杉木混交林草本	400~520	14	420	27.79	5.9
马尾松纯林草本	380~430	13	430	30.41	6.1
马尾松混交林草本	400~580	14	460	35.54	6.1

综合可燃物热解的三个主要阶段，四种林分草本间的即具有明显的差异性，也具有明显的一致性。四种林分下草本的水分含量均不高，杉木混交林下草本水分含量最少，四种林分下草本的综纤维素含量均明显高于木质素含量，在速率方面，四种林分下草本最大失水率基本一致，综纤维素失重率均明显高于木质素失重率。在质量损失时间方面，四中林分下草本在四个热损失阶段时间不具有高度的一致性。这可能是由于草本植物本在纤维素与木质素含量方面具有一定的规律性，但是在灰分含量方面，四种林分下草本植物的灰分含量具有明显的差异性，杉木混交林草本与马尾松纯林草本灰分含量最高，分别为：杉木纯林草本与马尾松混交林草本灰分含量较少，分别为：这主要可能是由于四种林分下草本的种类及特性的不同。

3.4.7 杉木、马尾松人工林地表凋落物热解特性分析

3.4.7.1 杉木、马尾松人工林地表凋落物枝的热解特性分析

见表3-13，在第一阶段，从温度区间来看，枝的损失温度区间在室温(约25℃)至180℃，杉木纯林枝的损失温度宽度最大，马尾松混交林枝与杉木混交林枝的温度宽度一致。从最大失重率来看，四种林分下枝的最大失重率差异性不大，2%/min~3%/min。从峰值温度来看，枝的峰值温度在80~95℃，马尾松纯林混交林枝的峰值温度最高，约为95℃，马尾松纯林与杉木纯林峰值温度基本保持一致，约为80℃。从失重率来看，枝的失

重率集中在7%~9%，马尾松纯林枝失重率与马尾松混交林枝失重率相差不大，分别为8.71%与8.54%，杉木纯林枝失重率与杉木混交林枝失重率差异较小，分别为7.85%与8.04%。这说明林分间枝的水分含量存在略微差异，四种林分间凋落物中枝的水分比较：马尾松混交林枝>马尾松纯林枝>杉木混交林枝>杉木纯林枝。

表3-13　杉木、马尾松人工林地表凋落物枝的热解第一阶段参数

样品	温度区间(℃)	最大失重率(%/min)	峰值温度(℃)	失重率(%)	损失时间(min)
杉木纯林枝	室温至180	2	80	7.85	5.0
杉木混交林枝	室温至140	2	90	8.04	5.2
马尾松纯林枝	室温至160	2	80	8.54	4.9
马尾松混交林枝	室温至140	3	95	8.71	5.4

见表3-14，在第二阶段，从温度区间来看，枝的损失温度区间在140~410℃，马尾松纯林枝与杉木混交林枝的损失温度宽度最大。枝的最大失重率在22%/min~36%/min，枝的最大失重率差异性较大，杉木混交林枝最大失重率最大，约为36%/min，马尾松纯林枝最大失重率最小，为22%/min。从峰值温度来看，枝的峰值温度在300~430℃，温度区间跨度较大。马尾松纯林枝的峰值温度最高，为430℃，杉木纯林枝的峰值温度最低，为300℃，马尾松混交林枝与杉木混交林枝的峰值温相当，分别为340℃和345℃。从失重率来看，枝的失重率在40%~45%，马尾松混交林枝与马尾松纯林枝的失重率存在微量差异，分别为44.24%与44.71%，杉木纯林枝与杉木混交林枝的失重率差异不大，分别为40.57%与41.61%。这说明林分间枝的综纤维素含量存在较小差异，四种林分间凋落物中枝的综纤维素比较：马尾松纯林枝>马尾松混交林枝>杉木混交林枝>杉木纯林枝。

表3-14　杉木、马尾松人工林地表凋落物枝的热解第二阶段参数

样品	温度区间(℃)	最大失重率(%/min)	峰值温度(℃)	失重率(%)	损失时间(min)
杉木纯林枝	180~400	31	300	40.57	5.1
杉木混交林枝	140~390	36	345	41.61	4.9
马尾松纯林枝	160~410	22	430	44.71	5.7
马尾松混交林枝	140~380	25.5	340	44.24	5.7

见表3-15，在第三阶段，从温度区间来看，枝的损失温度区间在380~560℃，温度区间跨度较大，林分间凋落物物枝的温度区间跨度差异性较大，杉木混交林的损失温度区间跨度最大，为390~560℃，马尾松混交林枝的损失温度跨度最小，为380~420℃。从最大失重率来看，枝的最大失重率约在13%/min~17%/min，杉木混交林枝的最大失重率最大，约为17%/min，马尾松纯林与杉木纯林最大失重率一致，略小于马尾松混交林枝的最大失重率，分别为13%与14%。从峰值温度来看，枝的峰值温度在400~430℃，马尾松纯林峰值温度最高，为430℃，马尾松混交林与杉木纯林分枝温度基本保持一致，为420℃，杉木混交林枝峰值温度最低，为400℃。从失重率来看，枝的失重率在36%~43%，马尾松纯林枝、杉木纯林枝、杉木混交林枝失重率存在略微差异，分别为42.23%、42.22%和41.65%，马尾松混交林枝的失重率最小，为36.86%，这说明林分间枝的木质素素含量存

在差异，四种林分间凋落物中枝的木质素比较为：马尾松纯林枝>杉木纯林枝>杉木混交林枝>马尾松混交林枝。

表 3-15　杉木、马尾松人工林地表凋落物枝的热解第三阶段参数

样品	温度区间(℃)	最大失重率(%/min)	峰值温度(℃)	失重率(%)	损失时间(min)
杉木纯林枝	400~520	13	420	42.22	6.1
杉木混交林枝	390~560	17	400	41.65	6.1
马尾松纯林枝	410~540	13	430	42.23	5.9
马尾松混交林枝	380~420	14	420	36.86	5.5

综合可燃物热解的三个主要阶段，四种林分凋落物中枝的差异性主要体现在灰分含量上，马尾松纯林枝的灰分含量最低，马尾松混交林枝的灰分含量次之，杉木混交林枝与马尾松混交林枝的灰分含量相对较低。从组成成分来看，马尾松混交林枝与马尾松纯林枝的综纤维素含量高于杉木纯林枝与杉木混交林枝的综纤维素含量，这是因为马尾松枝的综纤维素含量高于杉木枝的综纤维素含量，而在马尾松纯林与马尾松混交林下马尾松的枯枝所占比例较大，导致了马尾松混交林枝与马尾松纯林枝的综纤维素含量高于杉木纯林枝与杉木混交林枝的综纤维素含量。从热解速率来看，枝的综纤维素热解速率明显高于木质素的热解速率，这是因为枝的综纤维素含量普遍高于木质素的含量。马尾松混交林枝与马尾松纯林枝的最大失重速率明显低于杉木枝纯林枝与杉木混交林枝的最大失重速率，这主要是由于马尾松枝与杉木枝的热解差异性所造成的。灰分对失重率均呈现灰分含量抑制综纤维素与木质素热解的规律。

3.4.7.2　杉木、马尾松人工林地表凋落物阔叶的热解特性分析

见表3-16，在第一阶段，从温度区间来看，阔叶的损失温度区间在室温(约25℃)至200℃，马尾松纯林阔叶损失温度区间跨度最大，约为在室温(约25℃)至200℃。杉木混交林阔叶与杉木纯林阔叶损失温度区间跨度基本一致。从最大失重率来看，四种林分下阔叶的最大失重率差异性不大，在2%/min~3%/min。从峰值温度来看，阔叶的峰值温度在80~90℃，马尾松纯林阔叶的峰值温度最高，约为90℃，其余林分峰值温度基本保持一致，约为80℃。从失重率来看，阔叶的失重率集中在6.91%~7.28%，马尾松纯林阔叶失重率与马尾松混交林阔叶失重率相差不大，分别为7.08%与7.12%，杉木纯林阔叶失重率与杉木混交林阔叶失重差异较小，分别为7.28%与6.91%。这说明林分间阔叶的水分含量存在略微差异，四种林分间凋落物中阔叶的水分比较：杉木纯林阔叶>马尾松纯林阔叶>马尾松混交林阔叶>杉木混交林阔叶。

表 3-16　杉木、马尾松人工林地表凋落物阔叶的热解第一阶段参数

样品	温度区间(℃)	最大失重率(%/min)	峰值温度(℃)	失重率(%)	损失时间(min)
杉木纯林阔叶	室温至140	3	80	7.28	4.5
杉木混交林阔叶	室温至140	3	80	6.91	4.4
马尾松纯林阔叶	室温至200	2.5	90	7.12	4.3
马尾松混交林阔叶	室温至160	2	80	7.08	4.5

见表3-17，在第二阶段，从温度区间来看，阔叶的损失温度区间在140~400℃，杉木混交林阔叶与杉木纯林阔叶的损失温度宽度最大。阔叶的最大失重率在27%/min~33%/min，林分间阔叶的最大失重率差异性较大存在差异性，杉木纯林阔叶最大失重率最大，约为33%/min，马尾松纯林阔叶最大失重率最小，约为27%/min。从峰值温度来看，阔叶的峰值温度在320~340℃，林分间相差不大。杉木纯林阔叶与杉木混交林阔叶峰值温度基本保持一致，约为340℃，马尾松混交林阔叶与马尾松纯林阔叶峰值温度略有差异，分别为330℃与320℃。从失重率来看，阔叶的失重率在48%~53%，马尾松混交林阔叶与杉木混交林阔叶的失重率略有差异，分别为51.18%与52.47，马尾松纯林阔叶与杉木纯林阔叶的失重率存在微量差异，分别为48.6%与48.97%。这说明马尾松混交林阔叶与杉木混交林阔叶、马尾松纯林阔叶与杉木纯林阔叶综纤维素含量存在较小差异，四种林分间凋落物中阔叶的综纤维素比较为：杉木混交林阔叶>马尾马尾松混交林阔叶>杉木纯林阔叶>马尾松纯林阔叶。

表3-17 杉木、马尾松人工林地表凋落物阔叶的热解第二阶段参数

样品	温度区间(℃)	最大失重率(%/min)	峰值温度(℃)	失重率(%)	损失时间(min)
杉木纯林阔叶	140~380	33	340	48.97	5.3
杉木混交林阔叶	140~400	30	340	52.47	5.4
马尾松纯林阔叶	290~380	27	320	48.6	5.6
马尾松混交林阔叶	160~390	31	330	51.18	5.2

见表3-18，在第三阶段，从温度区间来看，阔叶的温度区间在380~600℃，温度区间跨度较大，林分间凋落物物枝的温度区间跨度差异性较大，马尾松混交林阔叶跨度最大，为390~600℃。从最大失重率来看，阔叶的最大失重率在13%/min~14%/min，基本保持一致。从峰值温度来看，阔叶的峰值温度在400~460℃，杉木混交林阔叶峰值温度最高，约为460℃，马尾松混交林阔叶、马尾松纯林阔叶与杉木纯林阔叶峰值温度依次递减，分别为420℃、410℃与400℃。从失重率来看，阔叶的失重率在29%~32%，马尾松混交林阔叶、马尾松纯林阔叶、杉木混交林阔叶、杉木纯林阔叶失重率存在略微差异，分别为31.96%、30.97%、29.36%与31.85%。这说明林分间阔叶的木质素素含量存在差异，四种林分间阔叶的木质素含量差异较小，四种林分间阔叶的木质素比较为：马尾松混交林阔叶>杉木纯林阔叶>马尾松纯林阔叶>杉木混交林阔叶。

表3-18 杉木、马尾松人工林地表凋落物阔叶的热解第三阶段参数

样品	温度区间(℃)	最大失重率(%/min)	峰值温度(℃)	失重率(%)	损失时间(min)
杉木纯林阔叶	380~560	14	400	31.85	6.3
杉木混交林阔叶	400~580	13	460	29.36	6.5
马尾松纯林阔叶	380~580	14	410	30.97	6.3
马尾松混交林阔叶	390~600	14	420	31.96	6.4

综合可燃物热解的三个主要阶段，四种林分凋落物中阔叶的差异性不明显，四种林分

下阔叶热解过程的一致性较强。四种林分下阔叶的组成成分含量差异性较小，综纤维素含量均高于木质素含量，无论是最大失重速率还是平均失重速率，综纤维素失重速率明显高于木质素失重速率。四种林分下马尾松纯林阔叶的灰分含量高于其余三种林分下阔叶的灰分含量，而该林分下阔叶的失重速率明显低于其余林分下阔叶的失重速率，这体现了灰分在阔叶热解过程中对纤维素与木质素热解起抑制作用。四种林分下阔叶的分解时间分布基本保持一致，木质素热解时间大于纤维素热解时间。

3.5 南方人工林地阴燃火温度变化特征研究

3.5.1 材料与方法

3.5.1.1 数据采集

试验所用可燃物采自浙江江苏交界，海拔 20m，亚热带季风带，四季分明，光照充足。年平均气温 15.7℃，年平均降水量 1106.5mm，年平均相对湿度 76%，每年 6 月下旬至 7 月上旬为梅雨季节。本研究所用可燃物以地表可燃物为主，其主要成分为部分树种(黑松 *Pinus thunbergii*，香樟 *Cinnamomum camphora*)的凋落物以及部分地表可燃物。

通过踏查选点，寻找可燃物凋落物较充分的区域。采用标准地法，取样地选择地势相对平整、坡度较小、林分分布比较均匀的地带，减少其余变量的影响。选取 3 个范围为 30m×20m 的样地，在每个样地中，设置 5 个 1m×1m 的样方，采用五点采样法，将采集的地表可燃物分别装袋，并且注明相应采集地点。

3.5.1.2 实验仪器

实验设备包括：手持热红外成像仪，利用红外探测器和光学成像物镜接受被测目标的红外辐射能量分布图形反映到红外探测器的光敏元件上，从而获得红外热像图，这种热像图与物体表面的热分布场相对应，热图像的不同颜色代表被测物体的不同温度，如图 3-10a 所示；热红外测温枪，如图 3-10b 所示；手持火险监测仪，通过对现场环境温湿度、风速风向、气压进行监测，计算现场的火险等级。检测仪内置风速、温湿度、气压、电子罗盘等传感器及 GPS、通用分组无线业务(GPRS)、数据存储等模块，可对以上数据进行实时监测，如图 3-10c所示；TES1310 数显测温仪，可实时测量接触物体的问题，如图 3-10d 所示。

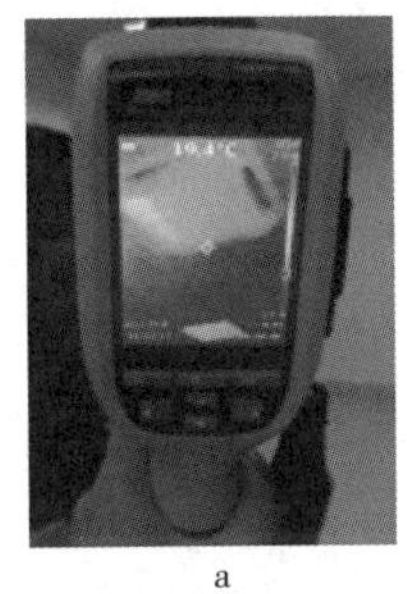

a

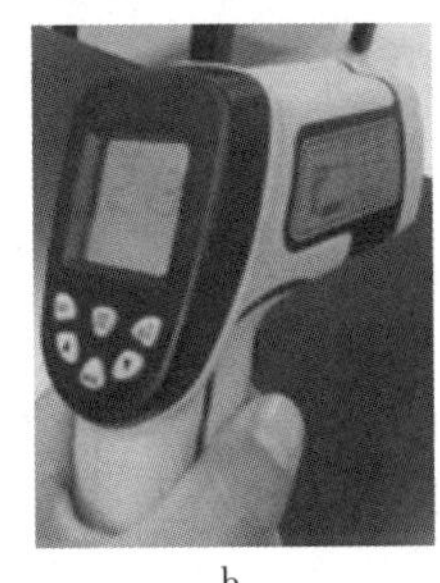
b

c

d

图 3-10 实验主要设备

3.5.2 试验方法

3.5.2.1 燃烧床设置

设置一个燃烧床，模拟真实的室外环境，将变量分别控制为可燃物质量、含水量、风速，在进行实验时要注意控制变量，保证其他条件基本相同，为防止出现跑火的现象，实验在开阔且无其他可燃物的地区进行，无须开设隔离带。在两组实验之间要注意控制间隔时间，要等燃烧床的温度下降到和室温基本相同时，再进行下组实验。点火器点燃后观察可燃物燃烧充分，用测温枪分别测量分组可燃物表面温度，每间隔 1min 测量 1 次，直至连续 3 次测量温度相同，扑灭明火，分别用手持热红外成像仪、测温枪、TES1310 数显测温仪对余火进行温度测量。①手持热红外成像仪测量时，分别取距离余火点 5、10、20m 处测量，每次测量读数 3 次并记录；②测温枪测量余火点表面温度，每次测量选择 3 个点读数 3 次并记录；③TES1310 数显测温仪测量时，将探针插入余火中，待 1min 后，观察并记录温度显示器的数值，每次测量重复 3 次，可固定 3 个探针插入点。用以上 3 种设备进行温度测量时，每次间隔 5min，待余火点温度降低至环境背景温度值时，停止测量。

3.5.2.2 测定方法

样品采集和预处理：在研究区域收集森林可燃物，取回后对其分类保存。在不同区域和地形的林地建立样地，在样地四周设置隔离带，以防止实验期间跑火。在存储期间定时对实验材料进行监测，尽量保证样品原始状态以模拟样地内可燃物的真实湿度，定期利用 AND-ML50 快速水分测定仪测定即时含水量，并对其记录，针对部分样品使用烘箱对其处理。

模拟研究区域同类型可燃物的野外条件，铺设不同含水率和厚度的可燃物床层，测定其质量，模拟森林阴燃状态，并对其使用快速水分测定仪和温度计，测量并记录可燃物水分和温度的变化。可燃物完全熄灭后收集未燃部分和灰烬，测定其质量，用于可燃物消耗量计算。在实验室进行死灰复燃模拟实验，用摄像机和热红外成像仪记录燃烧的分布及引燃状态，抽取一定比例的阴燃过程中的消耗量和形状变化。

第一组：将可燃物类型设为变量进行点烧实验，可燃物类型分为枯立木、鲜活植物、地下腐殖质 4 种类型。将地表可燃物均匀铺展在燃烧床内，控制风速、外界温度等气象条件不变，气象条件的数据由手持气象站提供。点燃燃烧床内的地表可燃物，燃烧 1min 后，将其压灭至阴燃状态，然后使用热红外成像仪进行拍摄，测取地表可燃物阴燃的最高温度，直至发生阴燃转变成明火后停止测取，每 10s 记录温度数值，观察林地阴燃火的温度变化特征。

第二组：将风速控制为变量进行点烧实验，风速分别为 1m/s、2m/s、4m/s。将地表可燃物均匀铺展在燃烧床内，保证风向同阴燃方向保持一致，风由手动小风扇提供。点燃燃烧床内的地表可燃物，燃烧 1min 后，将其压灭至阴燃状态，使用热红外成像仪进行拍摄，测取地表可燃物阴燃的最高温度，每 10s 记录温度数值，直至凋落物从阴燃转变成明火。

第三组：将含水量控制为变量进行点烧实验，含水量分别为 28.5%、38.6%、42.3%。将地表可燃物均匀铺展在燃烧床内，保证可燃物在燃烧床内分布均匀。对可燃物进行点烧，当地表可燃物燃烧 1min 后，将其压灭并使之成为阴燃状态后，使用热红外成像仪进行拍摄，测取地表可燃物阴燃的最高温度，直至发生从阴燃转变成明火时停止测取，每 10s 记录温度数值。

选取风速、含水率、可燃物类型为考察因素，以阴燃转化为明火的临界温度为考察指标，按 L9(34)正交表进行试验，确定可燃物阴燃转化为明火的最佳条件，见表 3-19。

表 3-19 可燃物由阴燃转化为明火的临界温度正交试验因素水平

水平	A 风速(m/s)	B 含水率(%)	C 可燃物类型
1	1	28.5	枯立木
2	2	38.6	鲜活植物
3	4	42.3	地下腐殖质

3.5.3 结果与分析

3.5.3.1 不同类型森林可燃物阴燃温度变化特征

为了获得枯立木、枯枝落叶、鲜活植物、地下腐殖质 4 种类型可燃物阴燃温度变化数据，将 4 种样本的可燃物点燃，熄灭后看其温度变化特征。实验时气象条件如下：温度 8~10℃，风速 0.4m/s，空气湿度为 32%。通过热红外成像仪观测的可燃物温度图，如图 3-11 所示。

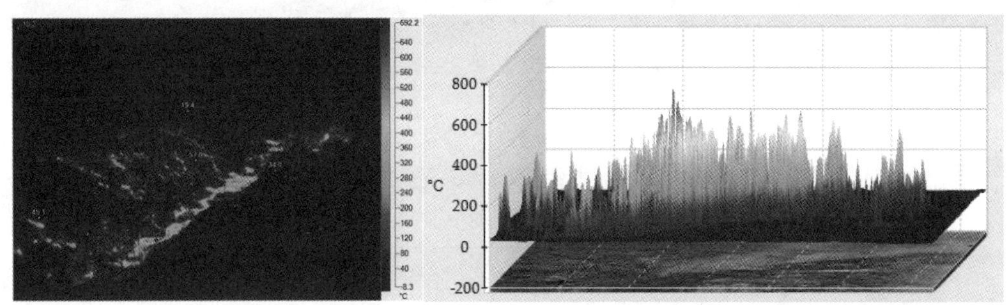

图 3-11 热红外成像仪观测温度

不同类型森林可燃物阴燃温度变化情况，枯立木燃烧的温度最高，阴燃最高值可达 690℃，明火扑灭后，可燃物处于阴燃状态，且在 50min 内，温度下降缓慢，阴燃火温度在可燃物内部持续处于高温状态，在 50min 后，温度可达 300℃左右；枯枝落叶等细小可燃物燃烧的阴燃温度最高值为 590℃，当明火被扑灭后，阴燃状态时的温度衰减迅速，在 50min 后，局部温度可达 200℃左右；鲜活植物可燃物阴燃温度最高值也在 590℃，当明火被扑灭后，阴燃状态时的温度衰减最为明显，在 50min 后，局部温度可至 100℃以下；腐殖质整个阴燃状态持续时间最为显著，阴燃最高温度为 600℃，当明火被扑灭后，其阴燃状态的温度和明火燃烧的温度差距不明显，且持续处于高温状态。由此可知，腐殖质一旦着火后，很难扑灭，即使扑灭明火，其阴燃产生的温度和持续性远高于其他可燃物类型，进而复燃的概率高于枯立木、枯枝落叶、鲜活植物等可燃物阴燃后复燃概率。

3.5.3.2 风速对森林可燃物阴燃温度变化影响特征

将枯立木分为 4 个样本，在外界温度为 10℃的条件下进行实验。实验过程为，首先将样本点燃，在其充分燃烧后，使用二号工具将明火扑灭，让枯立木样本处于阴燃状态，通过电风扇改变外界风速，控制风速分别为 4m/s、2m/s、1m/s、0m/s，每隔 30s 使用热红外成像仪记录其温度 1 次，共记录 35 次，观察其温度变化。如图 3-12、图 3-13 所示，枯立木阴燃状态整体温度处于上升状态，且温度上升速度与风速成正相关，风速越大，枯立木从阴燃状态转为复燃状态的时间越短，当风速 4m/s，实验数据表明 450s 枯立木就会复燃。由此可知，风速是影响森林可燃物从阴燃转变成明火的重要影响因素之一，森林可燃物阴燃温度上升速度随着风速的增大而逐渐变快，从阴燃转变成明火的耗时越短，也越容易发生复燃。因此，在扑救森林火灾时，特别是清理阴燃火时，应注意风速的影响，在风速不大且可以控制的情况下，用水或土来灭火，如发现风有扩大的趋势，需停止灭火，尽量远离火场，防止阴燃转变成明火对自己生命造成伤害，在风速较大时及时在周围开设隔离带，防止出现飞火或者大范围火灾蔓延加大损失。

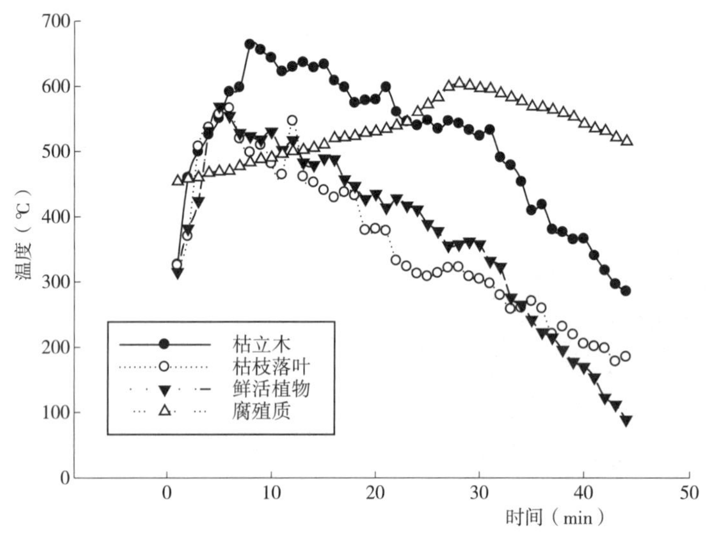

图 3-12 不同类型森林可燃物阴燃温度变化

如图 3-14 所示，a、b、c 分别表示风速为 1m/s、2m/s、4m/s 时，森林可燃物(枯立木)阴燃情况下不同时段的热红外成像图，由图可以得出，枯立木阴燃温度最高在 620℃左右，从阴燃转变为明火的临界温度大概为 620℃，在红外热像图中，橘红色区域代表的是热量，可以看出颜色程度深的区域随着温度的上升和时间的推移逐渐加深，即热量更高，这些区域是阴燃转变成明火概率较大的区域并且耗时短；颜色较浅的区域随着时间的变化会不断加深，但是相比颜色深的区域，复燃的概率较低，且花费时间更长。无论是颜色深还是颜色浅的区域，随着时间的变化，颜色会逐渐加深并且区域会逐渐变大，这种现象可能是因为森林可燃物燃烧时间太短，燃烧不充分，部分可燃物还未烧尽，而阴燃的区域通过热辐射将温度传给还未燃烧的可燃物，未燃的可燃物的温度也逐渐上升，达到起火温度，最终导致明火的出现。

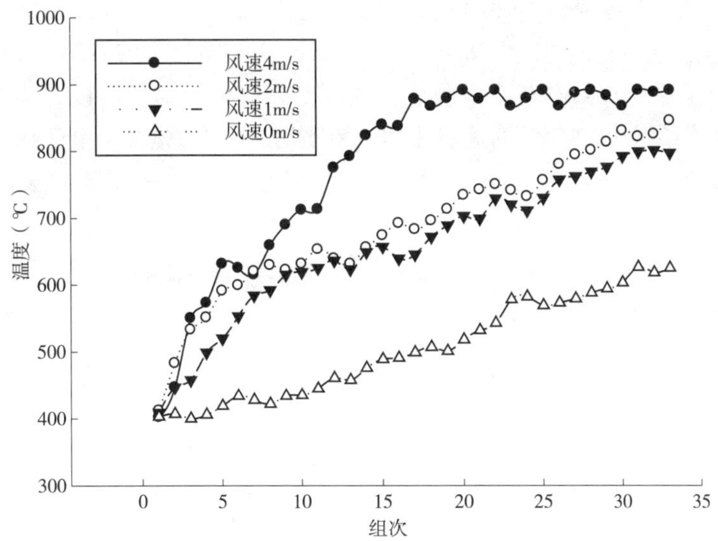

图 3-13　风速对森林可燃物阴燃温度变化

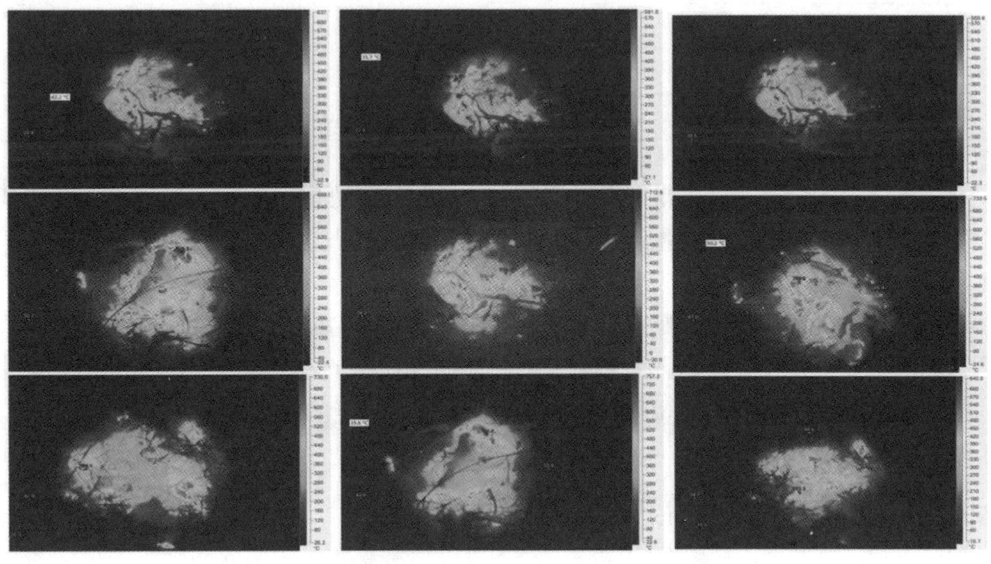

图 3-14　3 组可燃物在不同风速影响下的可燃物阴燃热红外图

注：图 3-23 中 2-a、2-b、2-c，3-a、3-b、3-c，4-a、4-b、4-c，分别为第二组、第三组、第四组森林可燃物(枯立木)在风速为 1m/s、2m/s、4m/s 阴燃情况下的热红外成像图。说明：因第一组森林可燃物(枯立木)样本在“不同类型森林可燃物阴燃温度变化特征”实验中进行，所以小图标号从 2 开始。

3.5.3.3　含水量对森林可燃物阴燃温度变化影响特征

取混合的可燃物(从样地中获取)，分为 3 组，一组不作处理，另外两组分别用烘干箱去除其中部分水分，进而获得含水量分别为 28.5%、38.6%、42.3%的 3 组样本数据。实验方法和前几组相似，先将可燃物点燃，让其充分燃烧，然后将其熄灭，观测其阴燃状态。在含水量 28.5%时，温度上升速度最快，整个过程耗费时间最短，阴燃约 20s 后，从阴燃转变成明火，其转变成明火的临界温度为 761. 1℃，森林可燃物阴燃过程约以 38. 06℃/s 的速度上升；在含水量 38. 6%时，温度上升较含水量 28. 5%时变慢，耗费时间略长，阴燃约 25s 后，从阴燃转变成明火，其转变成明火的临界温度约为 740. 5℃，森林可燃物阴燃过程约以 29. 62℃/s 的速度上升；在含水量 42. 3%时，温度从 647. 2℃开始下降直至熄灭，实验中没有发生从阴燃转变成明火的现象，整个过程耗时很长，森林可燃物阴燃过程中约以 6. 76℃/s 的速度下降，见表 3-20。

表 3-20 不同含水量条件下森林可燃物阴燃温度变化

观测时间(s)	含水量(%)		
	28. 50	38. 60	42. 30
5	612. 8	600. 9	647. 2
10	669. 4	647. 2	615. 6
15	710. 2	682. 8	592. 9
20	761. 1	719. 2	566. 4
25	821. 4	740. 5	535. 7
30	>860	780. 0	499. 4
35	>860	818. 3	462. 7
40	>860	>860	410. 5

通过不同含水量实验可以得知：可燃物含水量同地表可燃物阴燃下温度上升速度成反比，即含水量越大，森林可燃物阴燃温度上升速度越慢，当含水量达到一定程度时，可燃物将不能复燃。多组实验数据表明，当含水量超过 42. 3%，可燃物能够复燃的概率极低；森林可燃物越干燥，从阴燃转变成明火花费的时间越短，对森林可燃物阴燃转变成明火的影响越大。因此，在扑救森林火灾和清理阴燃火的过程中，要注意首先清理沉积的干燥可燃物，或者采取相应的措施提高可燃物含水量(如泼洒一定的水等)防止阴燃转变成明火，减小损失。

3. 5. 3. 4 正交实验选取使可燃物复燃的最优条件

选取风速、含水率、可燃物类型为考察因素，以阴燃转化为明火的临界温度为考察指标，按 L9(34)正交表进行试验，确定可燃物阴燃转化为明火的最佳条件。试验安排及结果见表 3-21。

表 3-21 可燃物由阴燃转化为明火的临界温度正交试验安排

序号	A	B	C	D(空白)	复燃的临界温度(℃)
1	1	1	1	1	683. 7
2	1	2	2	2	643. 5
3	1	3	3	3	615. 7
4	2	1	2	3	657. 0

（续）

序号	A	B	C	D(空白)	复燃的临界温度(℃)
5	2	2	3	1	650. 2
6	2	3	1	2	652. 4
7	3	1	3	2	717. 0
8	3	2	1	3	740. 2
9	3	3	2	1	675. 7
K1	1942. 9	2057. 7	2076. 3	2009. 6	
K2	1959. 6	2033. 9	1976. 2	2012. 9	
K3	2132. 9	1943. 8	1982. 9	2012. 9	
$\bar{K}1$	647. 6	685. 9	692. 1	669. 9	
$\bar{K}2$	653. 2	678. 0	658. 7	671. 0	
$\bar{K}3$	711. 0	647. 9	661. 0	671. 0	
R	63. 4	38. 0	31. 1	1. 1	

由直观分析可知，各因素对复燃温度影响的主次顺序为 A>B>C。方差分析证明，风速、含水率、可燃物类型 3 个因素对可燃物复燃温度均有显著影响。综合分析，枯立木在风速为 4m/s、含水率为 38. 6%的条件下复燃温度最高。风速是影响余火复燃的最主要因素，风速越大，可燃物由阴燃转化为明火的温度越高，时间越短。因此，在清理野外余火时，在无法改变风速风向的条件下，首先应该清理含水率较低的枯立木及枯枝落叶层，然后再增加可燃物含水率。

3. 5. 4　结论

当前研究侧重于通过温度差异来识别林地阴燃火，而忽视了林地阴燃火温度变化过程及其影响因子。数据表明，不同林地条件(如地形、温度、可燃物含水量等)影响燃烧的化学过程，从而影响林地可燃物阴燃规律。从林地实地条件出发研究不同条件下林地可燃物阴燃特性，既是森林防火特殊火行为研究的基础问题，也是森林地下火防治的基础问题。

通过研究不同含水量条件下地表可燃物阴燃状态的温度变化特征，可以得出：含水率越低，可燃物越干燥，从阴燃转变成明火的所耗时间越短，温度上升速度越快，地表可燃物越容易复燃。反之，含水率越大，可燃物越难复燃，当含水量大到一定程度后，除非外界其他条件变化，否则无法复燃。风速是影响森林可燃物从阴燃转变成明火的重要影响因素之一，风速越大，森林可燃物阴燃温度上升速度越快，从阴燃转变成明火的耗时越短，也越容易发生复燃。腐殖质整个阴燃状态持续时间最为显著，阴燃最高温度为 600℃，当明火被扑灭后，其阴燃状态的温度和明火燃烧的温度的差距不明显，且持续处于高温状态，由此可知，腐殖质一旦着火后，很难扑灭，即使扑灭了明火后，其阴燃产生的温度和持续性远高于其他可燃物类型，进而复燃的概率高于枯立木、枯枝落叶、鲜活植物等可燃物阴燃后的复燃概率。

3.6 防火林带技术

防火林带必须保证其防火效能。为了保证其防火效能，防火林带的树种必须具备良好的防火结构，林带必须具有一定的宽度。根据森林火灾的特点，营建防火林带的主要目的是阻隔地表火，并起到运输通道的作用，有利于及时扑救林火。

3.6.1 防火林带网络规划原则

林带网络的规划布局，林带结构宽度，树种组成与配置，网络密度及控制面积大小都要服从整体优化这一基本原则。根据实际需要和可能，规划不同类型的防火林带，形成逐级控制、高效多功能的综合阻火网络。

坚持因地制宜、适地适树原则。根据各地区地形、地势变化和森林植被的火险性、火灾发生与蔓延规律、林火行为特征以及立地条件宜林程度，选择适宜的造林树种，保证造林成活，郁闭成林，尽早发挥防火作用。

坚持生态经济原则。应充分利用天然形成或人工修建的障碍物，如河流、水库、道路以及天然阔叶林作为自然屏障，与林带接连成网，形成防火闭合圈，可降低成本，使网络作用时效长，防火作用好，经济收益高。

3.6.2 防火林带营建原则

(1)防火林带的主带要尽量与防火季节的主风方向垂直。

(2)防火林带要尽量构成封闭系统，或防火林带与其他自然防火障碍系统，如河流、湖泊、陡坎等组成封闭系统。

(3)防火林带的树种，除了考虑其防火性能外，应尽量选择经济价值和利用价值较高的树种。

(4)注意防火林带的整体效应。某些树种的防火性能并不太强，或者幼树阻火性能不好，但形成整体林带后，其阻火性能较好。

(5)防火林带树种的选择，要适地适树。林带要采用紧密型，造林密度要适当加大，以保证中幼林带的紧密结构，以后逐步进行抚育间伐，以保证林带的正常生长。

(6)防火林带应在新造林时营造，或在防火线的基础上营造。

(7)在混交林和杂灌木地段营建防火林带，可以采取逐步改造的方法，伐除易燃树种，促进具有防火性能的树种成长。

(8)防火林带的设置应考虑防火道路的通行。岭界防火林带的道路应设置在防火林带的中间，而不应设置在林带的两侧，因为林带的两侧很快会被灌木杂草遮盖，不能通行。

(9)防火林带要尽量选择乔木树种，不要种植单纯的灌木防火林带。因为灌木的耐火性和阻火性要比乔木差。

(10)要结合防火道路营建防火林带，这样可以防止地表火和树冠火的蔓延，还可以防止机车喷火或烟蒂等火源引起的林火蔓延到林内，在扑救森林火灾时还能保证防火道的安全运输。

3.6.3　防火林带规格

防火林带的宽度主要依据防火林带的类型、所保护的森林类型、防火林带树种的防火特性及防火林带设置地点的立地条件加以确定。从研究区植被情况来看，防火林带所防护的对象主要是马尾松人工林，预防的火灾类型主要是地表火。因此，防火林带应有足够的宽度，才能起到应有的效果。根据野外火烧试验和生产经验来看，防火林带宽度一般为10~15m。

结合防火道的建设建立防火林带，可以在公路两侧设置防火林带，两侧林带的宽度各4~10m，可以根据地形条件适当进行调整。在平缓山地的公路两侧，应保证上坡方向林带的宽度6~10m，可以适当减少下坡林带的宽度。

3.6.4　防火林带的结构与配置

(1)垂直结构

防火林带的结构可以为单层结构或复层结构。林带的垂直结构影响其阻火功能。乔木防火林带可以阻止树冠火，灌木和草本植物防火带仅能阻止地表火的蔓延。清理乔木防火林带下的枯枝落叶，就可阻止树冠火或地表火的蔓延。复层结构的防火林带具有乔木和灌木防火林带的双重特点，可以阻止树冠火和地表火的蔓延。但实际生产中，营造复层防火林带比较困难，多以单层林带为主。

(2)水平结构

林带树种在水平方向的配置要求：分布均匀，充分利用营养空间，生长良好，冠幅浓密，很好地发挥阻火作用。水平配置方式有两种。

①方形配置：株行距成正方形或长方形配置，常用于单层结构林带。

②三角形配置：相邻的种植行，株行距错开，种植点构成三角形(正三角形或等腰三角形)。常用于不同树种混交的防火林带，以形成紧密型树冠结构。

(3)防火林带密度

生物防火林带一般要求迅速覆盖林地，发挥生态效益，造林密度宜大些，但应根据各树种的喜光性、速生性、树冠特征、根系特征、干形和分枝特点等生物学特性、土壤条件和经营方式加以确定。密度太大影响林木生长，太稀则郁闭度小，林地易滋生易燃阳性杂草，阻火效果差。一般土壤条件较好的，选用的树种生长快、冠幅大的或不准备间伐的，密度可小些，而土壤条件差的，或林木生长慢、冠幅小的或准备间伐的，密度可大些。

(4)防火林带宽度

防火林带的宽度主要依据防火林带的类型、所保护的森林类型、防火林带树种的防火特性及防火林带设置地点的立地条件加以确定。根据野外火烧试验和生产经验来看，山脊防火林带宽度12~15m即可，如图3-15所示。

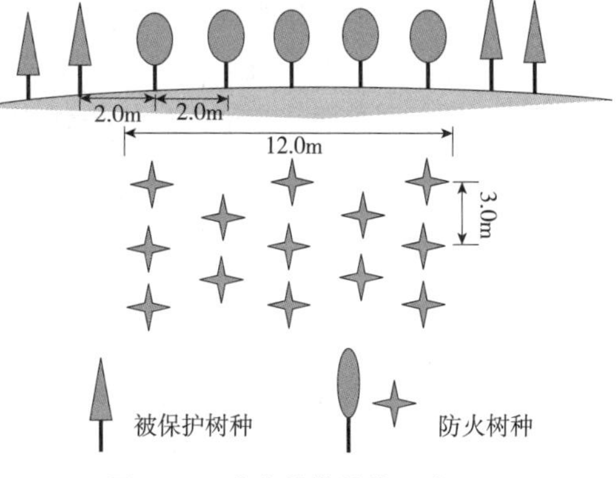

图3-15　防火林带结构示意

3.6.5 造林技术

(1)造林地清理

全面清除地面的杂草、灌木及枯枝落叶，在未成林之前仍要起到防火线的作用。

(2)整地方式

采用带状或穴状整地，尽量采用大穴造林。

(3)造林方法

根蘖繁殖、直播造林或植苗造林。根蘖繁殖：对于萌芽能力强的树种，可用萌芽更新造林。直播造林：天然下种能力强或大粒种子可采用直播造林。植苗造林：栽植时要选择1年生的一、二级苗。

(4)防火林带抚育

造林需要连续抚育3~5年，定期进行松土除草。头三年每年抚育2次，第二次结合清理一切杂草和枯枝落叶，使之形成防火隔离带。后两年，每年抚育一次，在下半年结合清理林带内杂草及枯枝落叶进行。郁闭后的防火林带仍要坚持每年在进入重点防火期之前，将带内枯枝落叶清理掉(清扫或计划火烧)，防止地表火。

3.6.6 防火林带更新

当防火林带树种进入衰老期，防火功能显著下降时，以及林木达到成材标准，需要采伐时，应因地制宜，适时更新。

(1)更新时间

林带更新时间应根据具体保护对象而加以确定，尽量使防火林带防火作用与保护对象要求的防火能力同步。同步更新指防火林带与保护对象同步。这类林带所保护对象简单，好规划，易于管理，林带与保护对象一同进行皆伐。皆伐后采用萌芽更新或植苗更新。异步更新包括先造防火林带和后造防火林带。

(2)更新方式

包括全面更新、半带更新和隔行更新。全面更新，指防火林带成熟后和被保护林分一同皆伐更新。半带更新指在同一林带，先伐去背风向阳的一半，并在迹地上重新造林，待幼林基本成林后，再采伐更新另一半。隔行更新指每隔一行伐去2行，并在原行的交错位置营建新带，待新带基本郁闭后，再伐去保留的老带。由于防火林带一般位于山脊，单独对其采伐更新比较困难，也没有太多的经济效益。速生树种防火林带应和保护林分一同更新，这样更有利于发挥防护效益。

3.6.7 防火林带造林树种

由于防火林带大多营造于山脊部位，土壤条件比较差，所以应根据立地条件与气候条件选择适宜的造林树种。用于防火林带的树种有木荷(*Schima superba*)等，其中，木荷适应200~1000m海拔的林地，可在任何地段生长。

3.6.8　造林密度及配置方式

3.6.8.1　造林密度

防火林带一般要求迅速覆盖林地，发挥生态效益，造林密度宜大些，但应根据各树种喜光性、速生性、树冠特征、根系特征、干形和分枝特点等生物学特性、土壤条件和经营方式加以确定。密度太大影响林木生长，太稀则郁闭度小，林地易滋生易燃喜光杂草，阻火效果差。一般土壤条件较好的，选用的树种生长快、冠幅大的或不准备间伐的，密度可小些，而土壤条件差的，或林木生长慢、冠幅小的或准备间伐的，密度可大些。

3.6.8.2　栽植点的配置方式

种植点的配置是播种点或栽植点在造林地上的间距及其排列方式。防火林带一般采用行状配置，即方形、“品”字形和正三角形配置。方形配置：株行距呈正方形或长方形配置，常用于山脊防火林带(图 3-16)。“品”字形配置：强调相邻行的各株相对位置错开呈“品”字形，行距、株距可以相等，也可以不等，这样的配置有利于防风固沙及保持水土，有利于树冠发育更均匀(图 3-16)。正三角形配置：这是一种最均匀的配置，这种配置方式在不减少单株营养面积的情况下，增加单位面积上的株数。

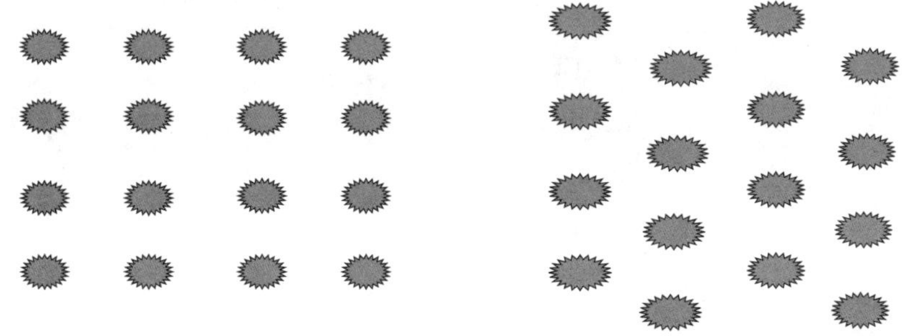

图 3-16　配置方式

3.6.9　防火林带设计原则

(1)防火林带必须保证其防火效能。为了保证其防火效能，防火林带的树种必须具备良好的防火结构，林带必须具有一定的宽度。根据森林火灾的特点，营建防火林带主要目的是阻隔地表火，并起到运输通道的作用，有利于及时扑救林火。

(2)营造防火林带应有足够的宽度，才能起到应有的效果。根据野外火烧试验和生产经验来看，防火林带宽度一般为 10~15m(图 3-17~图 3-20)。

(3)防火林带一般要求迅速覆盖林地，发挥生态效益，造林密度宜大些，如木荷防火林带的株行距为 1.7m×1.7m 或 1.7m×2.0m，造林密度为 3330~3600 株/hm^2(图 3-17~图 3-20)。

(4)造林需连续抚育 3~5 年，每年进入重点防火期之前，将带内易燃可燃物进行清理，防止过地表火。

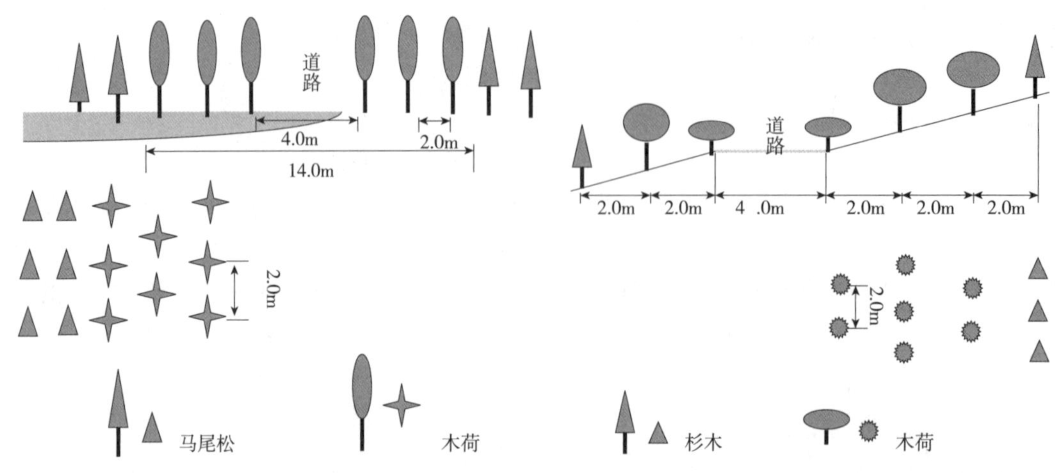

图 3-17　以乔木(木荷)为主的林内防火林带

图 3-18　以乔灌木为主的防火道防火林带

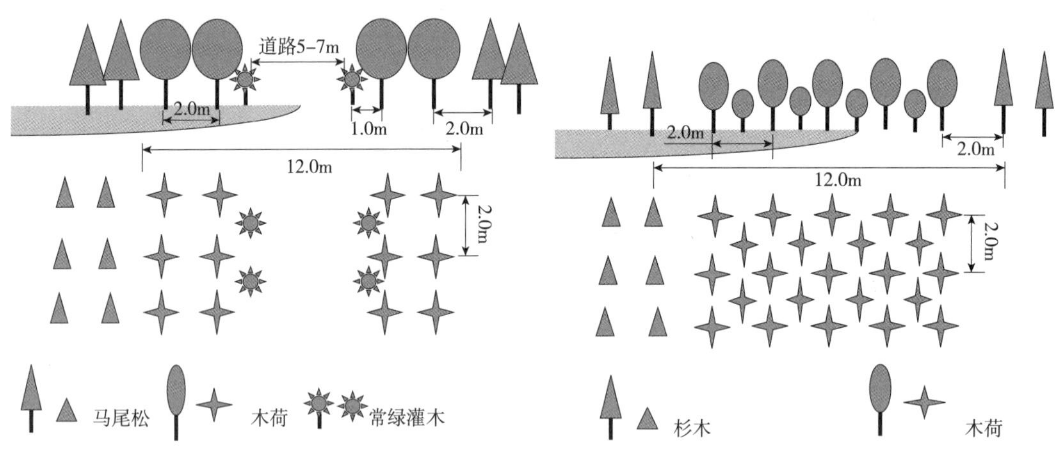

图 3-19　乔木和灌木混交的道路防火林带

图 3-20　复层防火林带

3.6.10　计划火烧的技术方法

3.6.10.1　用火标准

复层林：15~20 年。

人工针叶林：7~10 年。

天然次生林：5~7 年。

幼林林缘：隔年点烧，直至林木达到可以进行林内点烧的径级。

道路、村屯等各类防火线：可每年或隔年点烧。

3.6.10.2　可燃物烧除标准

人工针叶林：烧除可燃物 60%~70%。

天然复层林和过伐林：烧除可燃物 50%~60%。

道路、村屯防火线、林缘：应烧除 90%以上可燃物。

3.6.10.3 点烧技术

(1)带状点烧

平坦林地，在下风头找到合适的依托后，往上风头方向，每间隔 25~30m 逐次点烧；坡度 5°~30°坡地，从山脊往山脚方向顺次点烧，火线间距 20~25m；坡度 30°~45°的坡地，从山脊往山脚方向顺次点烧，火线间距不得超过 15m；坡度 45°以上险坡不宜用火。

在没有间断的沟塘采用带状点烧法时，间距可延长至 5~10km，但需对点烧结果进行复查，直至重新补烧达到目的。

(2)斑点式点烧法

在“点烧窗口”内，从一侧往另一侧点斑点火，火点的点行距为 40~60m，在有条件的地方，这种方法多为飞机点烧采用。

(3)“V”字形点烧法

在有坡度的林地内，从山脊向山脚缓慢拉出一条或几条火线，使拉出的火线与林缘边垂直，燃烧的火线都是“V”字形。

(4)顺风点烧法

顺风方向点火使其自然蔓延，适应于点烧长的沟塘。需要注意的是，在沿沟塘有 30°以上的陡坡，要在点烧前作出控制线。

(5)逆风点烧法

逆着风向点火，使火沿着风向相反方向蔓延。这种方法通常用来加宽进行较大面积火烧的控制线。

(6)林内枝丫堆的点烧

林内枝丫堆必须按规范化要求堆放。第一次要间隔点烧，第二次全部烧完。

3.6.11 示范林建设

利用防火树种营造防火林带；通过改造、抚育等技术对现有林进行改造；进行火烧试验，研究其防火性能。在初步筛选出防火树种的基础上，对优良防火树种进行区域造林试验，筛选出优良的防火树种，并确定木荷防火树种的造林推广范围。通过区域试验，完善防火林带营造技术，建立防火林带示范区。

木荷为常绿阔叶林中阻火性最强的树种，它的枝、叶、干都有一定的阻火能力，木荷落叶可以燃烧，但燃烧非常缓慢。在不同地区，木荷分布受海拔高度的影响较大。木荷被火烧伤后，树干有较强萌芽能力。在适应生长的海拔高度范围内，它能够生长在比较干燥的立地条件下。山脊上种 5~6 行木荷树就可以阻止树冠火的扩展。

3.6.11.1 防火林带改造方案

如图 3-21 所示，选择木荷作为防火树种营造防火林带，保护树种马尾松。

木荷

别名：荷树、荷木(浙江、江西、福建、广东)

学名：*Schima superba* Gardn. et Champ.

科名：茶科(Theaceae)

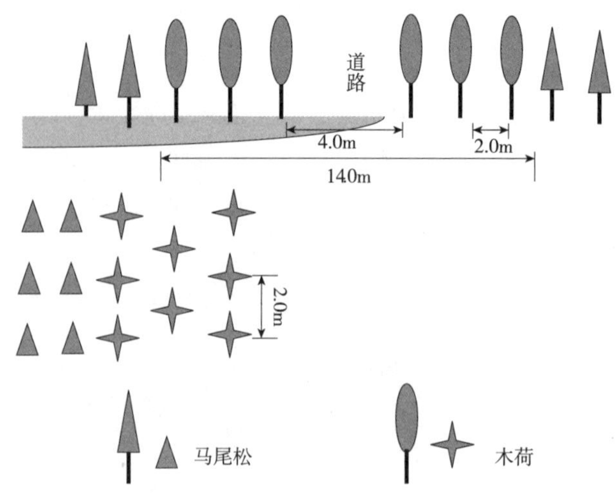

图 3-21　防火林带营造示意

木荷为我国珍贵的用材树种。树干通直，材质坚硬，为纺织工业中的特种用材。树冠浓密，叶片厚革质，能耐火，萌芽力强，与马尾松混交造林，能起防火、防松毛虫的作用。木荷多呈天然散生状态，现在南方各省都有较大面积的人工林，已成为南方的造林树种之一。

(1)形态特征

常绿乔木，高达 30m，胸径 1m。树皮深褐色，纵裂。小枝暗灰色，皮孔明显。叶互生，椭圆形或卵状椭圆形，叶无毛，边缘有钝锯齿，叶柄长 0.6~2cm。花期 5~7 月，花白色。蒴果近球形，径约 1.5cm，5 裂，果柄长 3.5~6cm，花萼宿存。种子扁平，肾形，边缘有翅。

(2)分布

木荷在我国南方分布很广，包括江苏苏州地区、安徽南部(海拔 400m 以下)、台湾(海拔 500~1500m)、福建、江西、浙江、湖北、湖南、四川、云南、贵州、广东、广西(海拔 200~1200m)等省(自治区)。

(3)生物学特性

适应春夏间多梅雨、夏季炎热多雨、冬季温暖的气候，年降水量 1200~2000mm 以上，全年降水量分配较均匀。年平均气温在 16~22℃，大部分在 18℃以上，1 月平均气温一般在 4℃以上。

对土壤的适应性强，凡酸性土壤，如红壤、红黄壤、黄壤、黄棕壤均可生长。在土层较疏松、呈酸性反应的沙壤土生长良好，在肥厚土地上生长较快。天然生的林木 30~40 年生树高 15~20m，胸径 18~24cm。

幼龄树能耐阴，大树喜光，在天然林中多与马尾松或樟科、壳斗科等常绿树种混生。与马尾松混生时，森林群落的演替趋势是马尾松的优势将被木荷所取代，与常绿耐阴性树种混生时，则木荷组成上层林冠。

木荷结实量较大，种粒轻，具翅；迹地、荒山均能天然下种或萌芽更新。木荷人工林 5 年生树高 2m 左右；30 年生树高可达 15m，胸径 20cm。天然林生长较慢。

(4)造林技术

①采种

应选择生长迅速、干形通直、无病虫害、25~40年生的健康树木；在林分中，应选择向阳、健康的优势木，作为采种母树。种子成熟期各地不同，当蒴果呈黄褐色、果壳将要开裂时即为适宜的采种期。采集过早，种子尚未成熟，发芽率低；采集过晚，果壳开裂，种子飞散。采回的蒴果先堆放5~7d，然后摊晒取种，风选筛选后，干藏。每百千克蒴果可得净种子4~6kg。种子发芽率40%左右。千粒重4~6g。

②育苗

应选择地势平缓、排水良好、土层深厚疏松的沙质壤土作圃地。圃地要深耕翻土，使土壤充分风化。播种前施足基肥，用混合肥料和有机肥料，每亩约施2500kg，均匀撒在圃地上，然后翻入土中，细耙二、三次，使土壤细碎即可做床，床宽1m，高20cm，2月上旬即可播种，最迟不超过3月。多采用条播，播种沟宽10~15cm，沟深15~30mm，条距25cm。每亩播种量9kg。播种后覆土盖草是木荷育苗的技术关键，因为木荷种子扁小，覆土宜浅，盖草宜薄。播后15~20d即可发芽，大批幼芽出土时可以揭去盖草。幼苗出土后，要及时除草，在雨后土壤稍干时也要松土。6~7月施追肥，硫酸铵的施用量，每亩6kg，分2次施用，在苗行间开沟，将硫酸铵拌50~60倍的细土，施入沟中，然后覆土。

应在早晨或傍晚施肥，最后一次追肥不要过晚，以免延长苗木的生长期。在高温干旱季节，灌溉条件差的圃地，应及时做好遮阴工作。苗期管理得好，1年生苗高30cm，可出圃造林。

③造林

造林地应选择土壤比较深厚的山坡中部以下的地方，山顶、山坡上部土壤比较瘠薄干燥，不宜选为造林地。可用带状或块状整地法，在杂草、灌木丛生之地则事先劈草炼山。带状整地的带宽0.5~1m，块状整地0.5m×0.5m或0.5m×1m。幼年生长较慢，初植密度宜稍大，一般株行距为1.7m×2m或1.7m×1.7m，每亩栽植200~240株。在春季或秋末冬初栽植。春季造林尽可能提早，在幼苗尚未萌动前起苗定植，做到随起随栽。未栽完的苗，可进行假植。最好选择微雨或阴天造林，如在晴天栽植，苗木在搬运中，不能风吹日晒，将苗木叶子剪掉二分之一或三分之一，根部要打泥浆，以保持一定湿度。干燥刮风的天气不宜定植。

天然下种能力强，可进行人工促进更新。木荷种子更新有效距离为60m，最大距离可逾100m，在有效距离内平均每亩有幼树500余株。在种子成熟前1~2个月，将母树周围的林地整好，促进飞籽成林。出苗后要加强抚育管理。

木荷有萌芽能力，可以作为次生林改造的目的树种。

④幼林抚育

造林后每年抚育1~2次，分别在初夏和秋冬进行，连续抚育4~5年。除松土除草外，应结合清除根际萌蘖和茎干下部徒长枝，作好培兜扶正和修枝等工作。

3.6.11.2 对现有林抚育改为防火林带技术

针对防火林带的培育要求，进行不同的抚育管理，对林带地表凋落物的管理方式进行研究。改现有林为防火林带，试验点选择在梅园[图3-22(彩图3-22)和图3-23(彩图3-23)]。

这里农林交错，草地多，主要火源为游人用火不甚跑火。抚育改造防火林带长度500m，宽度10m。

(1)选择具有较好规模、人工改造适宜的林带。

(2)进行松土除草，清理一切杂草和枯枝落叶，使之形成防火隔离带。

(3)对林带内的灌木、其他树种进行清理，保留密度适宜的防火树种结构，0.5m×0.5m或1m×1m。

(4)对保留树种树干1.5m以下小树枝清除掉，保留10cm以上直径树枝。

(5)除草松土抚育，在原穴的周围加宽松土25~30cm，如混种农作物可结合抚育农作物进行，但要注意勿伤幼树。

(6)对萌芽力强的木荷，除去过多的萌条，只留下靠近地面的1~2株健壮的萌条，并加培土，让其发育成林。

(7)改造后的林带宽度10m，长度500m以上。

(8)结合清理林带内杂草及枯枝落叶，郁闭后的林带仍要坚持每年在进入重点防火期之前，将带内易燃可燃物进行清理，防止过地表火。

(9)清理一切杂草和枯枝落叶，使之形成防火隔离带。以后每年抚育一次，在下半年结合清理林带内杂草及枯枝落叶进行。

图3-22　易燃可燃物丰富，发生火灾后极易燃烧蔓延

图3-23　林下灌木、杂草、枯落物大量堆积，一旦遇有火源，难以扑救

3.7　消防队员和扑火物资空间分布概况

3.7.1　消防队空间分布

扑火人员总人数800人以上的有淳安县、乐清市、台州市市辖区、青田县、舟山市市辖区、富阳区、遂昌县、龙泉市、江山市、建德市、莲都区、仙居县、诸暨市、松阳县、宁波市市辖区、永康市。

扑火人员总人数150人以下的有慈溪市、东阳市、嘉兴市市辖区、桐乡市、嘉善县、海盐县、平湖市、海宁市。

专业扑火人数80人以上的有绍兴市、新昌县、文成县、奉化区、瑞安市、余杭区、安吉县、仙居县、台州市市辖区、上虞区、乐清市。

没有专业扑火人员的有淳安县、富阳区、遂昌县、龙泉市、江山市、建德市、莲都区、诸暨市、松阳县、永康市、开化县、庆元县、临安区、缙云县、嵊州市、常山县、临海市、云和县、永嘉县、桐庐县、长兴县、武义县、衢州市市辖区、鄞州区、浦江县、宁海县、象山县、金华市市辖区、三门县、湖州市市辖区、洞头区、萧山区、岱山县、泰顺县、绍兴市市辖区、龙游县、金东区、嵊泗县、天台县、兰溪市、温岭市、磐安县、义乌市、玉环市、慈溪市、东阳市、嘉兴市市辖区、桐乡市、嘉善县、海盐县、平湖市、海宁市。

半专业扑火人数800人以上的有淳安县、乐清市、青田县、台州市市辖区、富阳区、舟山市市辖区、遂昌县、龙泉市、江山市、建德市、莲都区、诸暨市、松阳县、宁波市市辖区、仙居县、永康市。

半专业扑火人数100人以下的有嘉兴市市辖区、桐乡市、嘉善县、海盐县、新昌县、奉化区、文成县、平湖市、余杭区、海宁市、绍兴市。

3.7.2 扑火机具空间分布

灭火水枪150支以上的有舟山市市辖区、建德市、淳安县、台州市市辖区、富阳区、杭州市市辖区、临安区、温州市市辖区、衢江区、乐清市、桐庐县、开化县、庆元县、缙云县。

灭火水枪20支以下的有武义县、嘉兴市市辖区、嵊州市、金东区、海宁市、鄞州区、云和县、临海市、天台县、青田县、金华市市辖区、萧山区、平阳县、海盐县、奉化区、永嘉县、瑞安市、平湖市。

运兵车35辆以上的有诸暨市、江山市、乐清市、嵊州市、开化县、永嘉县、宁波市市辖区、舟山市市辖区、淳安县。

运兵车1辆以下的有缙云县、遂昌县、松阳县、安吉县、象山县、苍南县、金东区、萧山区、海盐县、平湖市、衢江区、衢州市市辖区、景宁县、三门县、洞头区、温岭市、磐安县、云和县、天台县、青田县、瑞安市。

风力灭火机200台以上的有余姚市、宁波市市辖区、台州市市辖区、乐清市、淳安县、永康市、富阳区、建德市、仙居县、临安区、长兴县、缙云县、松阳县。

风力灭火机50台以下的有绍兴市市辖区、绍兴市、永嘉县、衢州市市辖区、金东区、东阳市、嘉兴市市辖区、桐乡市、嘉善县、岱山县、洞头区、海盐县、苍南县、瑞安市、萧山区、平湖市、海宁市。

高压水泵15台以上的有桐庐县、诸暨市、淳安县、建德市、富阳区、庆元县、舟山市市辖区、临安区、杭州市市辖区、象山县。

高压水泵为0的有嵊州市、永嘉县、宁海县、绍兴市、余杭区、武义县、临海市、湖州市市辖区、东阳市、玉环市、德清县、新昌县、龙游县、上虞区、嵊泗县、永康市、常山县、浦江县、平阳县、金华市市辖区、缙云县、金东区、萧山区、海盐县、平湖市、衢州市市辖区、三门县、温岭市、磐安县、青田县、瑞安市。

3.7.3 火灾发生空间格局与扑火人员、机具空间配置

3.7.3.1 聚类方法

采用聚类和异常值分析 Cluster and Outlier Analysis(Anselin Local Morans I)空间聚类方法。

3.7.3.2 火灾次数聚类

森林火灾发生次数在空间上分布不均衡，呈南多北少的格局，形成两个中心——北部火灾次数低水平中心和南部高发生水平中心。

3.7.3.3 面积聚类

与火灾发生次数聚类格局类似，也形成南北两个中心，分别为北部过火面积低水平中心和南部过火面积高水平中心。

3.7.3.4 面积次数综合指标聚类

形成南部区域高水平中心。

3.8 火灾发生次数严重程度以及过火面积严重程度与扑火人员、机具配备空间的差异化分析

经济发展程度、政策执行等方面的差异，导致不同区域火灾发生程度与扑火人员配置之间不能很好地协调，火灾发生最严重的区域不一定是扑火人员和机具配置最好的区域。了解这种差异对于根据火灾发生程度对合理配置扑火资源非常重要。

3.8.1 扑火人员空间配置

专业扑火人员数量不足的有：舟山市市辖区、开化县、东阳市、宁海县、三门县、永康市、武义县、缙云县、遂昌县、台州市市辖区、莲都区、临海市、永嘉县、乐清市、青田县、龙泉市、景宁县、庆元县、泰顺县。

扑火人员空间分布与大部分火灾发生严重程度区域并不一致，尤其是专业扑火人员大部分分布在火灾发生并不严重的区域，火灾发生严重的区域大部分还以半专业扑火人员为主，一方面造成很大的资源浪费，另一方面造成部分区域扑火能力不足。

3.8.2 扑火机具空间配置

风力灭火机不足的有：舟山市市辖区、东阳市、三门县、武义县、遂昌县、莲都区、临海市、永嘉县、青田县、龙泉市、景宁县、文成县、庆元县、泰顺县。

灭火水枪不足的有：东阳市、三门县、永康市、武义县、仙居县、缙云县、遂昌县、莲都区、临海市、永嘉县、龙泉市、景宁县、文成县、庆元县、泰顺县。

高压水泵不足的有：开化县、东阳市、三门县、永康市、武义县、仙居县、缙云县、遂昌县、台州市市辖区、莲都区、临海市、永嘉县、乐清市、青田县、龙泉市、景宁县、文成县、泰顺县。

运兵车不足的有：东阳市、三门县、永康市、武义县、仙居县、缙云县、遂昌县、台州市市辖区、莲都区、临海市、青田县、龙泉市、景宁县、文成县、庆元县、泰顺县。

扑火机具的配置在空间上极不平衡，尤其是火灾发生较严重的区域大型扑火装备较少，极大地影响了火灾扑救能力。以水灭火普及程度很低，运兵车严重不足。

3.9 需求分区及扑火人员、扑火机具配备

3.9.1 扑火人员、扑火机具需求指数

由于扑火人员、机具等在空间配置上并不总是与火灾发生的严重程度一致，为了解决不同地区对扑火人数和机具的需求，根据火灾发生的严重程度，对扑火人员数量，以及重要扑火机具的数量构建需求指数，用来评价不同县对人员和机具的需求程度。

$$DI=\frac{A\times N}{(PF+SF/2+1)(WFE+15HWP+3WG+10FPC+1)} \tag{3-4}$$

式中　DI——需求指数；

A——平均过火面积，ha；

N——平均火灾次数；

PF——专业扑火人数；

SF——半专业扑火人数；

WFE——风力灭火机数量；

HWP——高压水泵数量；

WG——水枪数量；

FPC——运兵车数量。

3.9.2 需求分区及分区特点

根据需求指数，构建扑火人员、机具需求分区，共分三个级别，分别为：

(1)一级，火灾发生次数较少，扑火压力不大的区域，包括：长兴县、嘉兴市市辖区、嘉兴市市辖区、桐乡市、嘉善县、湖州市市辖区、海盐县、嵊泗县、海宁市、余杭区、平湖市、杭州市市辖区、萧山区、富阳区、舟山市市辖区、绍兴市、宁波市市辖区、绍兴市市辖区、诸暨市、鄞州区、衢州市市辖区、洞头区。

(2)二级，火灾次数和面积较大，但扑火人员较多或装备装好的区域，包括：安吉县、德清县、临安区、岱山县、慈溪市、余姚市、上虞区、桐庐县、淳安县、嵊州市、奉化区、建德市、新昌县、义乌市、开化县、衢江区、象山县、龙游县、宁海县、常山县、永康市、仙居县、缙云县、江山市、台州市市辖区、松阳县、乐清市、温州市市辖区、玉环市、庆元县。

(3)三级，火灾发生严重，或较为严重，但人员和机具配备滞后的区域，包括：浦江县、东阳市、兰溪市、天台县、磐安县、金东区、金华市市辖区、三门县、武义县、遂昌县、莲都区、临海市、永嘉县、青田县、龙泉市、云和县、温岭市、景宁县、瑞安市、文成县、泰顺县、平阳县、苍南县。

根据不同的区域等级，采取不同的人员和机具配备方案。

3.9.3 扑火人员配备

扑火人员总数需要增加的有：浦江县、东阳市、兰溪市、天台县、磐安县、金东区、金华市市辖区、三门县、武义县、临海市、永嘉县、云和县、温岭市、景宁县、瑞安市、文成县、泰顺县、平阳县、苍南县。

半专业扑火人员总数需要增加的有：浦江县、东阳市、兰溪市、天台县、磐安县、金东区、金华市市辖区、三门县、武义县、临海市、永嘉县、云和县、温岭市、景宁县、瑞安市、文成县、泰顺县、平阳县、苍南县。

专业扑火人员总数需要增加的有：浦江县、东阳市、兰溪市、天台县、磐安县、金东区、金华市市辖区、三门县、武义县、遂昌县、莲都区、临海市、永嘉县、青田县、龙泉市、云和县、温岭市、景宁县、泰顺县、平阳县、苍南县。

3.9.4 扑火机具配备

需要增加运兵车的有：浦江县、东阳市、兰溪市、天台县、磐安县、金东区、金华市市辖区、三门县、武义县、遂昌县、莲都区、临海市、青田县、龙泉市、云和县、温岭市、景宁县、瑞安市、文成县、泰顺县、平阳县、苍南县。

需要增加高压水泵的有：浦江县、东阳市、兰溪市、天台县、磐安县、金东区、金华市市辖区、三门县、武义县、遂昌县、莲都区、临海市、永嘉县、青田县、龙泉市、云和县、温岭市、景宁县、瑞安市、文成县、泰顺县、平阳县、苍南县。

需要增加灭火水枪的有：浦江县、东阳市、兰溪市、天台县、磐安县、金东区、金华市市辖区、三门县、武义县、遂昌县、莲都区、临海市、永嘉县、青田县、龙泉市、云和县、温岭市、景宁县、瑞安市、文成县、泰顺县、平阳县、苍南县。

需要增加风力灭火机的有：浦江县、东阳市、兰溪市、天台县、磐安县、金东区、金华市市辖区、三门县、武义县、遂昌县、莲都区、临海市、永嘉县、青田县、龙泉市、云和县、温岭市、景宁县、瑞安市、文成县、泰顺县、平阳县、苍南县。

3.9.5 三级需求区扑火人员及机具配备总体评价

三级需求区是需要增加人员和机具配备的重点区域，对三级需求区总体统计见表 3-22。

表 3-22 三级需求区扑火人数和机具需求增加的县(市、区)

名称	队伍总人数	队伍人数_专业	队伍人数_半专业	风力灭火机	灭火水枪	高压水泵	运兵车
浦江县	+	+	+	+	+	+	+
东阳市	+	+	+	+	+	+	+

（续）

名称	队伍总人数	队伍人数_专业	队伍人数_半专业	风力灭火机	灭火水枪	高压水泵	运兵车
兰溪市	+	+	+	+	+	+	+
天台县	+	+	+	+	+	+	+
磐安县	+	+	+	+	+	+	+
金东区	+	+	+	+	+	+	+
金华市市辖区	+	+	+	+	+	+	+
三门县	+	+	+	+	+	+	+
武义县	+	+	+	+	+	+	+
遂昌县		+		+	+	+	+
莲都区		+		+	+	+	+
临海市	+	+	+	+	+	+	+
永嘉县	+	+	+	+	+	+	
青田县		+		+	+	+	+
龙泉市		+		+	+	+	+
云和县	+	+	+	+	+	+	+
温岭市	+	+	+	+	+	+	+
景宁县	+	+	+	+	+	+	+
瑞安市	+		+	+	+	+	+
文成县	+		+	+	+	+	+
泰顺县	+	+	+	+	+	+	+
平阳县	+	+	+	+	+	+	+
苍南县	+	+	+	+	+	+	+

3.10　不同需求区林火管理策略

浙江省自然环境优越，火灾次数、火灾面积偏低。经济较为发达，人为活动频繁，森林火灾均为人为火。

3.10.1　一级需求区

火灾发生次数和过火面积较少，扑火压力不大，是扑火力量和扑火机具配备一般的区域，但基本能满足防火的需求。

(1)发灾发生水平较低，水系发达，海拔较低，地势平坦，森林面积不大，扑火人数和机具相应数量较少。

(2)加强火源管理，严格控制火源。严格控制上坟烧纸、燃蜡和放鞭炮。此外，对农业用火应加强管理。

(3)建立各种责任制，严格控制火源，做好宣传教育，贯彻执行法制，提高人们的护林防火责任感。

3.10.2 二级需求区

火灾次数和面积比较严重，但扑火人员较多或装备较好，是对火灾能进行有效控制的区域，但在极端条件下，也有较大压力。

(1)森林火险区划。具体根据该地区森林火灾面积、气象因子、地形、可燃物类型、森林面积和蓄积量、林区人口密度、交通密度和林火控制能力大小等因素来划分不同的火险区。在不同的火险等级区采取不同的森林防火措施，力争在短期内迅速提高林火控制能力。

(2)加强森林防火工程，实行森林防火工程的标准化、规范化和系列化，制订不同林种森林防火工程的标准。

(3)开展生物防火。在森林防火方面应充分利用自然力，做到事半功倍，提高林火控制能力。因此，大力开展生物防火是提高林火控制能力的重要措施。该林区虽然树木种类少，但这些树种长期生活在有自然火作用与影响的条件下，或多或少地产生了对火的适应能力。也有些树种适宜作阻火林带树种，既能阻滞火灾蔓延，又能保持水土、涵养水源。

(4)开展营林防火。该区在经营森林时可以广泛地管理用火，使火真正成为营林的工具和手段。在森林生长发育过程中，可以在各种营林措施中贯彻营林防火，这既有利于顺利开展营林工作，又有利于顺利进行防火工作。

(5)在扑火方面，该林区的许多林业局已有专业队伍和一定数量的扑火工具和车辆，应加强专业扑火队伍培训，提高扑火指挥员、战斗员的素质和灭火能力，进一步加强以水灭火的能力。

(6)加强林火预报。开展林火预测预报工作，使森林防火工作人员对其做到心中有数。在森林防火季期，森林防火工作人员可以依照林火预报结果及时采取针对性的防火措施，有效地预防森林火灾。

3.10.3 三级需求区

火灾发生严重，或较为严重，但扑火人员和机具配备比较滞后，是对火灾控制能力较弱区域。

(1)加强森林火险的预测预报。该区多台风，多暴雨，森林火灾的发生与降水有密切关系，该区域南北差别大，防火期每年一般从南向北推移，逐步过渡。因此，了解该区域内天气和物候变化对森林火灾发生的影响至关重要。

(2)开展生物防火与营林防火，有效控制火灾发生。利用森林植物抗火性的差异，构建由难燃的树种组成的林带来阻隔林火的蔓延，防止易燃植物的燃烧，减少火灾的损失，保护森林资源，营造生物防火林带是一种一举多得的森林防火办法。该区应尽快发展林业，恢复森林，改善环境，促进生态良性循环，同时大力开展生物防火和营林防火。

(3)有条件的区域，开展航空护林。交通不方便的区域，适宜开展航空护林，以便及时发现火情，及时报告，力争打早、打小、打了。

(4)增加道路网，提高森林的综合经营水平。增加交通网密度，配合森林防火提高地面阻火和扑火能力，开展多种经营、立体经营和建立生态林业，既可以维护现有林，又可以充分发挥森林资源的潜力，达到永续利用的目的，促进生态环境的良性循环。同时，也可以有效地控制森林火灾的发生。

(5)加强地面扑火力量，力争不发生大的森林火灾。该林区扑火队伍由专业队伍和半专业队相结合，配有风力灭火机、水枪水泵和二号工具。有条件的地区应增加以水灭火工具、灭火车辆和化学灭火设施，提高专业灭火队扑灭大火灾的水平和速度。

(6)在人烟稀少的地区，应加强空中灭火力量。因为空中灭火不受地形、交通不便的影响，可以快速到达火场，打早、打小、打了。空降灭火成本低、灭火速度快，要增加空中灭火方式。要加强该林区空中和地面扑火力量，使火灾的经济损失降到最低水平。

(7)进行综合森林防火规划，要从森林生态角度出发，既要考虑到不同森林生态系统中火的作用和影响，又要考虑火在生态系统中的地位；既要考虑设计的科学性、先进性，又要考虑其适用性、可行性，力争在短期内迅速提高林火控制能力，使森林火灾受害面积迅速下降，提高该林区林火管理的总体水平。

(8)加强可燃物管理。定期清除易燃林分内的下木、灌木和杂草，对存在树冠火隐患的林分进行修枝，进行抚育采伐和卫生采伐，降低林分的燃烧性。

3.11　森林消防专业队伍的规模和机具配备模式

各需求区总体统计见表3-23。

表3-23　各需求区总体统计

类别	一级(22)	二级(30)	三级(23)
包含的县(市、区)	长兴县、嘉兴市市辖区、嘉兴市市辖区、桐乡市、嘉善县、湖州市市辖区、海盐县、嵊泗县、海宁市、余杭区、平湖市、杭州市市辖区、萧山区、富阳区、舟山市市辖区、绍兴市、宁波市市辖区、绍兴市市辖区、诸暨市、鄞州区、衢州市市辖区、洞头区	安吉县、德清县、临安区、岱山县、慈溪市、余姚市、上虞区、桐庐县、淳安县、嵊州市、奉化区、建德市、新昌县、义乌市、开化县、衢江区、象山县、龙游县、宁海县、常山县、永康市、仙居县、缙云县、江山市、台州市市辖区、松阳县、乐清市、温州市市辖区、玉环市、庆元县	浦江县、东阳市、兰溪市、天台县、磐安县、金东区、金华市市辖区、三门县、武义县、遂昌县、莲都区、临海市、永嘉县、青田县、龙泉市、云和县、温岭市、景宁县、瑞安市、文成县、泰顺县、平阳县、苍南县
区域特点	火灾发生次数和过火面积较少，扑火压力不大，扑火力量和扑火机具配备一般的区域，但基本能满足防火的需求	火灾次数和面积比较严重，但扑火人员较多或装备装好，对火灾能进行有效控制的区域，但在极端条件下，也有较大压力	火灾发生严重，或较为严重，但扑火人员和机具配备比较滞后，对火灾控制能力较弱区域

（续）

类别	一级(22)	二级(30)	三级(23)
年均火灾发生次数	2.4	6.9	10.6
年均过火面积	9.2	48.4	89.5
平均队伍数量	14.2	19.9	17.4
平均扑火人员总数	462.9	653.4	523.9
平均专业队伍人数	34.7	39.0	30.7
平均半专业队伍人数	428.2	614.3	493.2
平均风力灭火机数量	109.9	181.2	79.7
平均油锯数量	19.4	36.8	15.5
平均割灌机数量	10.7	12.1	2.0
平均灭火水枪数量	125.2	148.7	37.0
平均2、3号工具数量	986.3	1071.9	521.4
平均高压水泵数量	7.3	7.4	1.0
平均柴刀数量	535.4	808.9	374.8
平均灭火弹数量	115.3	50.6	6.6
平均运兵车数量	19.3	16.0	5.5
平均对讲机数量	46.2	50.0	21.2
平均便携喊话器数量	52.6	64.4	30.0
平均望远镜数量	7.2	8.9	1.9
平均GPS数量	4.9	7.0	3.5
平均头盔数量	471.7	707.0	271.7
平均阻燃服数量	565.6	928.2	509.0
平均手电筒数量	362.5	715.7	400.4
平均腰带包数量	314.7	475.4	285.0
平均林地面积(hm^2)	306953.9	979679.5	1231078.7
平均针叶林面积(hm^2)	192351.3	679037.0	821358.5
林火管理	加强火源管理、宣传教育	林火区划，林火预报，生物防火，加强培训，林分改造以提高针叶林比例，进一步加强以水灭火的能力，有条件的地方可以开展航空灭火	林火区划，生物防火，林火预报，加强可燃物管理，增加专业扑火队数量，增加运兵车、高压水泵、风力灭火机、水枪数量以及小型扑火工具数量，加强以水灭火，林分改造以提高针叶林比例，有条件的地方可以开展航空灭火

注：由于统计数据与行政区划年代不同，部分县(市、区)区划以统计数据为标准进行规划。

第4章　西藏可燃物特点和森林火灾

林火是显著影响森林生态系统的干扰因子(Agee，1991；Specht，1991)。在3.5亿-4亿年前，地球上就具备了发生森林火灾的条件，森林火灾的发生直接导致大气中氧气和二氧化碳的比例改变、二氧化碳气体相对增多和温室效应增强(吕静等，2002)。森林火灾对气候变化具有敏感性。近年来，世界气候异常，气温升高，飓风频繁，暴雨成灾，干旱严重，为历史上所罕见，包括中国在内，全球正在经历一次大的以气候变暖为特征的气候变化过程。天气异常与森林结构变化相结合，发生林火的危险性不可能避免，防火期发生明显变化，林火的发生有增加的趋势。

全球气候变化影响了不同地区的降水分配和气温升降，进而对植被的分布产生重要的影响。全球变暖可能引起凋落物量和凋落物分解的变化。气温上升可能引发植被分布、物候特征和制约凋落物分解因素的改变，影响森林凋落物动态，最终影响森林生态系统物质循环的功能。全球气候变化在一定程度上影响了自然火源与人为火源的分布，影响了可燃物的空间分布及燃烧特性，由于可燃物的连续积累和能量的快速释放(Drossel et al.，1992；宋卫国等，2001)，及其他相关因素的影响，森林火灾在某一特定的区域内表现出一定的火周期，在空间上和时间上森林火灾的发生表现出一定的波动性。赵茂盛等(2002)的研究表明，未来气候变化可能导致我国东部森林植被带的北移，尤其是北方的落叶林的面积会减少很大。

全球尺度上林火是重要的干扰因子，它影响着地球生物化学循环，在大气的化学循环和碳循环中起着重要作用(Kirsten et al.，2001)。在许多情况下，林火已经成为生态系统中的一部分，优势树种已经适应火烧的循环周期。过去的100年中，许多人为引起的林火的频率和强度显著增加(Specht，1991)。

西藏东南林区是我要重要的原始林区，也是森林火灾多发区，在高海拔地区，气温和降水的变化对森林火灾具有什么样的影响，目前尚无这方面的研究。本文从火历史、气温及降水方面对西藏东南林区的火灾变化作初步研究。

4.1　西藏东南林区可燃物

4.1.1　研究区域概况

西藏东南部(林芝市)位于东经92°9′~98°18′，北纬27°33′~30°40′，是西藏原始森林的主要分布区，是我国西南国有林区的主体，由于其特殊的地形、地貌、气候等因素，西藏森林植被具有独特的树种组成和完整的垂直分布带，主要森林植被类型有亚高山暗针叶林、山地温带松林、温性硬叶常绿栎林、山地落叶阔叶林、山地柏林等。林芝市平均海拔

3100m，所有山脉都呈东西走向，北高南低，海拔高低悬殊。林芝年降雨量650mm左右，年平均气温8.7℃，年平均日照2022.2h，无霜期180d。林芝冬季平均温度在0℃以上，夏季平均气温为20℃，四季分布较为明显。

本区域自然环境独特，受西南季风的影响。成过熟林占较大的比重，林木病腐枯损量高，森林生态系统脆弱，一旦被破坏，极难恢复。林区火源复杂，气候独特，森林可燃物积累丰富，加之高海拔地形，形成了该林区不同于其他地区的火环境，给预防和扑救森林火灾带来了极大的难度。

4.1.2 研究材料与研究方法

4.1.2.1 可燃类型划分

本文分别利用林芝市1：1000000植被分布图，在ArcGIS 9.1对其进行数字化，并与1：250000 DEM数据进行叠加，根据可燃物的燃烧特性将不同的植被类型进行归类，并分别计算其水平分布与垂直分布。根据不同植被的燃烧性特点及历史上火发生情况，将不同的植被类型进行归类，一共分出7类可燃物：草甸、草原，草甸、灌丛，灌丛，阔叶林，云冷杉林，云南铁杉林，高山松、云南松林(表4-1)。

表4-1 各可燃物类型分类统计

可燃物类型	包含的植被类型	面积(hm^2)	所占百分比(%)
草甸、草原	长芒草，藏籽蒿，针茅草，藏南蒿，芒草，野古草，金茅草丛，小嵩草，圆穗蓼等	674636827	0.59
草甸、灌丛	香柏，高山柏，滇藏方枝柏灌丛，髯花杜鹃灌丛，圆穗蓼草甸，雪层杜鹃，云南嵩草，小嵩草，圆穗蓼，珠芽蓼草甸，圆穗蓼草甸等杂生	29594687031	26.01
灌丛	白刺花，小马鞍叶灌丛，绢毛蔷薇，西藏狼牙刺灌丛，香柏，高山柏，滇藏方枝柏灌丛，雪层杜鹃，髯花杜鹃灌丛等	934501310	0.82
阔叶林	野树菠萝，红果葱臭木林，川滇高山栎林，葱臭木，千果榄仁，细青皮林，山杨林，红木荷林等	20812735095	18.29
云冷杉林	苍山冷杉林，川西云杉林，长苞冷杉林，急尖长苞冷杉林，冷杉林，林芝云杉林，鳞皮冷杉林，墨脱冷杉林等	20100648350	17.67
云南铁杉林	云南铁杉	8720800461	7.66
高山松、云南松林	高山松，云南松	1531326680	1.35
可燃物总计		82369335753	72.39
其他	雪，水，农田，经济作物等	31409121942	27.61

4.1.2.2 火灾轮回期

火灾轮回期是燃烧完整个研究区域内植被所需要的时间。它是用来表征林火出现时间长短的一个量，可以用下式表达：

$$FC=\frac{S}{S_a} \tag{4-1}$$

式中　FC——火灾轮回期，a；

S——研究区域面积，hm^2；

S_a——平均每年火烧面积，hm^2。

4.1.2.3　火灾发生概率

火灾发生概率是表示森林火灾发生可能性的一个量，它与火灾轮回期有关。

$$P(t)=1-e^{\frac{-1}{FC}} \tag{4-2}$$

式中　FC——火灾轮回期，a；

P——火发生初始概率。

4.1.2.4　气候变化对火发生影响分析

计算火灾高发期的温度和降水变化，并与火发生进行比较，对未来的火发生情形进行预测。

4.1.3　可燃物分布

4.1.3.1　可燃物的水平分布

如图4-1所示，林火的发生与植被的关系很大，常见易燃林型有：草本蕨类高山松林、草本蕨类云南松林、草本蕨类高山松云南松混交林、草本高山松云杉混交林、箭竹灌丛高山松林、箭竹灌丛云南松林。常见可燃物有：枯枝落叶、干落树皮、球果；季节性干枯植物、如草本、蕨类、灌丛、苔藓、地衣；枯倒木、伐根、枯立木、采伐剩余物。

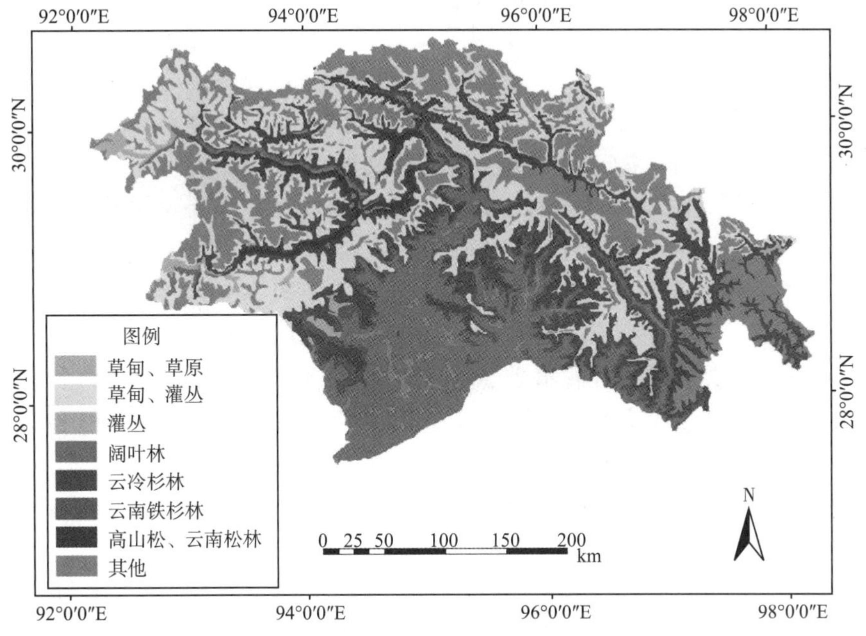

图4-1　不同类型可燃物分布

高山松林面积 148053hm^2，云南松林面积 5079.23hm^2，占该地区可燃物面积的 1.35%，主要分布在林芝、米林，波密县也有少量分布，主要沿雅鲁藏布江两岸分布，是森林火灾发生的主要区域。同时，该区域居民点密集，道路沿江而建，穿过高山松分布区，使人为火隐患增加。

高山松林区海拔高、冬春干旱，是我国森林火灾的高发地段。高山松林可划分为 3 个林型：灌木高山松林(主要林型)、高山栎高山松林和草类高山松林。高山松林外貌整齐，组成简单，偶尔混生杨、白桦或川滇高山栎，混交树种通常不及两成，常由高山松单一优势种组成异龄林。群落物种丰富，但层次简单分明。云杉、冷杉林的采伐迹地上，也有天然更新的高山松幼林，特别是火烧迹地上天然更新的高山松长势良好。在整个流域内，按森林演替趋势，在一定的时期内高山松将更占优势。

高山松为阴性树种，本身富含有树脂、油脂等易燃物质，一般形成单层同龄纯林，林分郁闭度小，林内温度高，湿度小。特别是在西藏漫长的冬季，山干、降水少，日照强，蒸发量大，林地干燥，危险可燃物着火温度低，是森林中的引火物，火险等级高，在气温高、相对湿度小、风大等情况下，一旦有火源则会迅速燃烧，难以扑救。总体来说，高山松林下立地条件干燥，树种自身易燃，易燃危险可燃物又多，因此，林芝市高山松林分布区域内，火险等级高，火灾隐患大，需采取积极有效的措施，预防森林火灾的发生。

该区域的草甸、灌丛也是火灾多发区，草甸、灌丛类型占总面积的 26.01%，阔叶林 18.29%，云冷杉林 17.67%，在干旱季节也可发生严重的火灾。

4.1.3.2 可燃物的垂直分布

自上而下依次为：草甸草原、草甸灌丛、灌丛、阔叶林、云南铁杉林、云冷杉林、高山松、云南松及其他，分别用不同的植被类型与 DEM 数据进行运算，计算出不同海拔高度不同可燃物类型的面积，并计算出不同海拔高度的可燃物占这种可燃物类型的百分比(图 4-2)。

林线的变化对可燃物的分布也产生影响，进而对森林火灾的发生产生影响。

资料表明，大多数林火属于地表火，当受到其他因子如气象、地形、植被等影响时，低海拔(3300m 以下)地区的主要树种云南松、高山松，往往演变为树冠火；而在高海拔(3300m 以上)地区的主要树种云杉、冷杉，极个别会演变为地下火。例如，1988 年 4 月 5 日在米林县甲格发生的森林火灾，起初为地表火，第二天在 7～8 级大风的强烈作用下，高山松中幼林内由地表火演变形成树冠火，火借风威向山上蔓延到云、冷杉林内。由于林下枯落物多，腐殖质层厚，火在腐殖质层内燃烧，形成地下火。

林芝云杉林一年中 2 个凋落高峰期，分别出现在雨季之初(4 月、5 月)和雨季之末(9 月、10 月)。旱季(11 月、12 月、1 月和 2 月)的凋落物量最低。与其他森林类型比较，林芝云杉林凋落物量具有长白山温带山地森林的特征，但凋落节律具有较多浙江和广东亚热带常绿阔叶林的性质。

分布在海拔 2800m～3600m 的高山松林火烧迹地自然恢复良好，但海拔 4000m 以上的火烧迹地基本无高山松幼苗幼树更新，灌草种类少、盖度低，生境恶劣。在湿度大、半阴坡的迹地高山松更新及灌木、草本恢复明显好于干燥、阳坡的迹地。

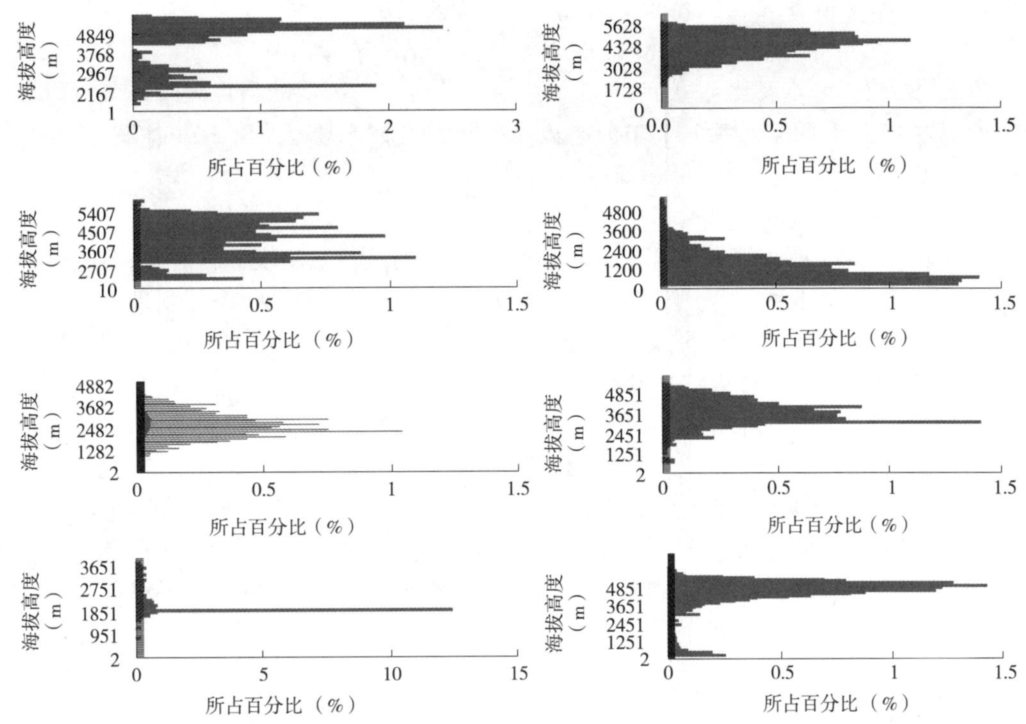

图 4-2　不同可燃物类型所在不同海拔高度的分布及所占的百分比

4.1.4　火发生与火历史

在本文中，火灾轮回期的计算只考虑文中所认定的可燃物区域，即火灾燃烧完整个可燃物覆盖区域所需要的时间。根据林芝地区火灾发生次数和火场面积(图 4-3)，计算所得火灾轮回期为 17177.81 年，对于正常状况下的火发生轮回期为多少，尚无法判断。

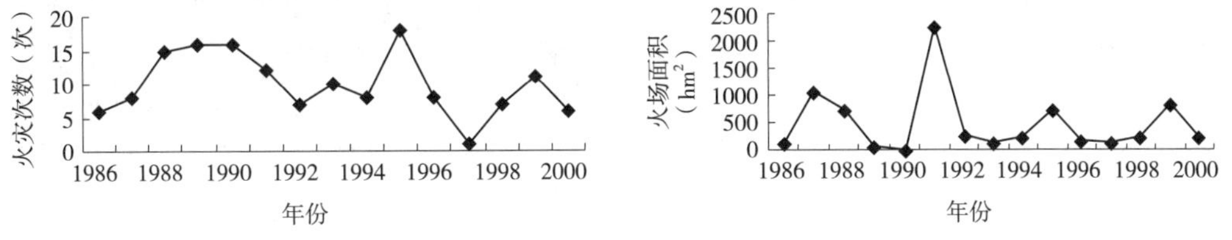

图 4-3　林芝市 7 个县火灾损失情况

火发生概率很低，为 0.00005821，但由于该区域的特殊性，大的火灾轮回期相应的火发生概率也较小，然而这种较小的概率是对应了区域的固有性质，还是由于外来因素或人为因素干扰所导致的，需要分析。针对呼中区而言，就是评价当前的火发生概率是否是正常水平，也就是说，火发生是否符合正常状态下的水平。

4.1.5　气候变化对未来火发生的影响

火灾多发月依次有 1 月、3 月、5 月、2 月、4 月、12 月等。每年 1 月、3 月期间是火灾突发高峰期，也正是元旦、春节、藏历新年等传统节假日期间。5月再次出现高峰。这与大风、久旱无雨等气象条件和林内人的活动进一步活跃密切相关。

防火期温度、降水变化，每年11月至次年5月是这一区域的重点火险季节，西藏森林防火期为11月1日至次年5月30日。火灾高发期为2~5月，尤以3~4月最为严重(阚振国等，2004)。

月平均NDVI与月降水总量变化趋势非常相似，两者都具有夏季值高和冬春季值低的特点，月平均NDVI最低值一般出现在2月和3月，7月或8月出现最高值。2月处于植被休眠期，NDVI值在几个有代表性的月份中最低。到了6月，由于雨季的到来，地表植被开始返青，NDVI值迅速增加(除多，2003)。火灾高发期与NDVI值的变化均表明每年2~5月是植被的休眠期、森林火灾高发期。

基于以上因素，利用林芝(1962年1月至2001年12月)、察隅(1966年2月至2001年12月)、波密(1962年1月至2001年12月)及米林(1998年1月至2001年12月)的月气象数据分别计算火灾高发期(2~5月)的平均气温和降水，比较其年际变化(图4-4)。

沿江夏季降水由多变少，呈现下降趋势，60年代中后期至80年代末降水相对偏少，90年代以来降水出现回升势头。其中，拉萨站夏季降水1966年以前由一个相对多雨时段跃变为一个相对少雨时段(周顺武等，2001)。

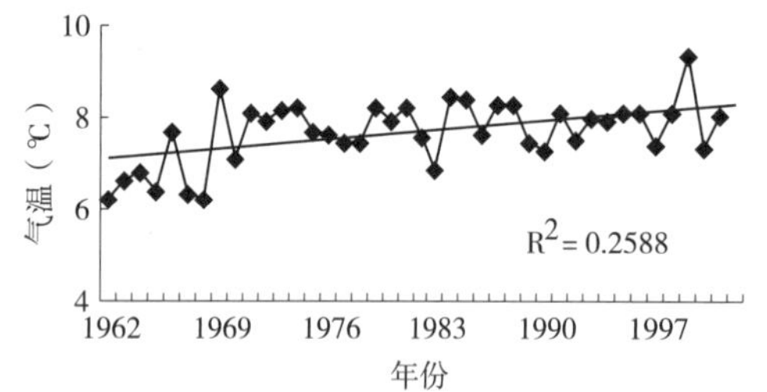

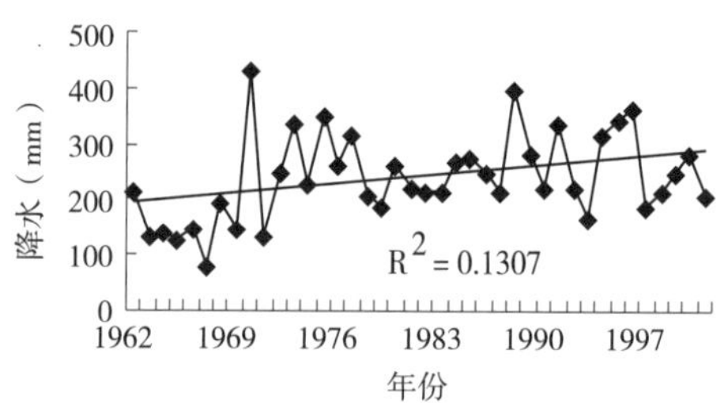

图4-4 林芝市4个气象站1962—2001年2~5月平均气温及降水

气温升高对高海拔地区的影响比对低海拔地区的大，对于森林可燃物而言，气温增高对高海拔地区的森林火险影响更大，森林防火面临的形势更加严峻。

季、年平均气温的变化趋势是高海拔地区比低海拔地区升温强，尤其是4000m以上的地区升温最强，夏季升温趋势比其他弱，秋季升温最快。在过去40年中，西藏高原年平均气温以0.26℃/10年的增长率上升，明显高于全国和全球气温的增长率(杜军，2001)。

1970年2月11日，林芝森林大火烧死5人、烧伤108人；1981年6月17日，米林森林大火烧死解放军官兵12人；2002年，日喀则吉隆森林大火烧死4人。

从火灾发生地域看，多发生在海拔2800~3600m的阳坡针叶林和阔叶林中。主要原因一是山高谷深，风向不定，造成火势突变；二是山高坡陡，易发生滚石伤人和坠崖伤亡；三是山高林密，易发生迷山。

4.1.6 结论与讨论

50多年来，因为人为扑救的影响，森林火灾发生的频率日渐减少，然而由于可燃物积累的影响，发生大的森林火灾的概率却有所增加。

可燃物含水率估测是评估森林火险等级的重要方法，因为可燃物的含水率对可燃物的点燃概率和蔓延情况有决定性的影响，但仅仅从可燃物本身并不能提供全面的火险等级评估，因为一些其他的因素也影响了可燃物的点燃和蔓延，如雷电、人类活动、风、地形等。

4.2 西藏森林火灾时空分布规律研究

西藏天然林区是我国重点林区之一，也是我国现存最好的原始林区。由于森林生境异常脆弱，除雅鲁藏布江大峡谷以南及其中下游外，西藏大部分地区生态链简单，生态系统极不稳定，一旦遭到破坏，就很难甚至无法恢复。近年来，受气候变暖和旅游开发的影响，平均森林火险升高、人为火源增加，促进森林火灾的发生。目前，对这一特殊地区的林火发生规律及其对森林生态系统的影响还没有深入研究，而西藏森林在水源涵养、水土保持、维护生态平衡、生物多样性保护等方面有着不可替代的地位和作用，特别是金沙江对长江生态环境的建设有重要意义。因此，有必要对这一区域开展森林火灾的研究，促进现有森林资源及森林生态环境的保护。

4.2.1 研究区气候及森林火灾基本情况

由于西藏高原奇特的地形地貌和高空空气环流以及天气系统的影响，西藏林区形成了复杂多样的气候，具有西北严寒干燥、东南温暖湿润的特点，并呈现出由东南向西北的带状更替，即亚热带—暖温带—亚寒带—寒带，反映在植被上依次为森林—灌丛草甸—草原—荒漠。主要特征是日照多，辐射强烈；气温低，温差较大；夜雨多，干湿分明；大风多，冬春干旱；气压低，氧含量少。全区年平均气温东南地区 9℃，西起日喀则、东至林芝 6~9℃，藏北高原 0℃以下。东南部年降水量 5000mm 以上，西北部 50mm 以下，相差很大。大风天多集中在 1~5 月，尤以 2~4 月最多。无霜期随海拔高度的升高而明显减少，羌塘高原 60~80d，喜玛拉雅山区 80~120d，雅鲁藏布江中游及三江流域 120~180d，雅鲁藏布江下游 200d 以上。冬春季有利于森林火灾的发生，西藏森林防火期为 11 月 1 日至翌年 5 月 30 日（昌都市为 11 月 1 日至翌年 6 月 30 日）。火灾高发期为 2~5 月，尤以 2~4 月最为严重。

1992—2005 年西藏共发生森林火灾 223 起，其中，一般森林火灾 82 起，重大森林火灾 2 起，火警 139 起。这些森林火灾造成过火总面积 8041.46hm^2，主要是草地火。其中，受害森林面积 1752.46hm^2，97%的受害森林是原始林。1992—2005 年间平均每年发生森林火灾 10 起，其中一般森林火灾 4 起，受害森林面积 76.19hm^2。本文采用的森林火灾分类是根据受害森林面积划分的，森林火警、一般火灾和重大火灾分别指受害森林面积小于 1hm^2、1~100hm^2 和 100~1000hm^2 的火灾。

4.2.2 研究方法

收集西藏 1992—2005 年林火统计数据，包括火灾发生时间、地点、过火面积、受害森林面积、火因等因子，统计分析研究区域内森林火灾发生的时间分布规律。对各县森林火灾发生次数与过火面积进行分级，分析研究区域森林火灾的空间分布特征。利用 ArcGIS Desktop 分析研究区域内不同森林类型对森林火灾的影响。

4.2.3 西藏森林火灾发生时空分布

4.2.3.1 时间分布特征

从 1992—2005 年每年发生的森林火灾次数来看，年际间波动较大，1993 年发生森林火灾最多，共发生 17 次火警和 20 次一般森林火灾，受害森林面积 289hm^2；其次是 1995 年发生 18 次火警和 15 起一般森林火灾和 1 起重大森林火灾，造成 342hm^2 森林受害。2001 年森林火灾最轻，只发生 3 起森林火警，造成 0.75hm^2 森林受害。1992—2000 年，森林火灾发生次数年际间波动很大，但 2001—2005 年，森林火灾次数有明显线性上升趋势(图 4-5)，增加部分主要是火警，一般森林火灾数量没有明显增加，这与研究区的森林防火能力不断提高有关，反映出对一般森林火灾能够做到及时发现和扑救。

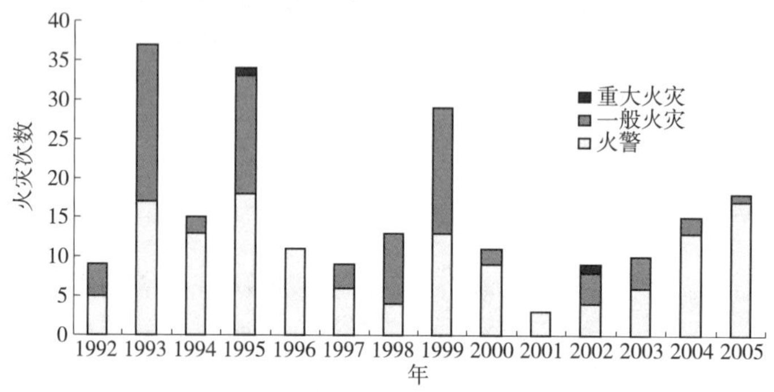

图 4-5 1992—2005 年西藏森林火灾的年际变化

西藏的森林火灾主要发生在春季和冬季，特别是 12 月至次年 5 月。1992—2005 年，3 月发生森林火灾次数最多，占所有森林火灾次数的 23%，其次是 2 月和 5 月，发生的火灾次数分别占 16%和 13%。但 2 月发生的森林火灾造成的过火面积和受害森林面积最为严重，分别占总量的 38%和 25%，其次是 3 月、4 月和 1 月(图 4-6)。森林火灾的时间分布

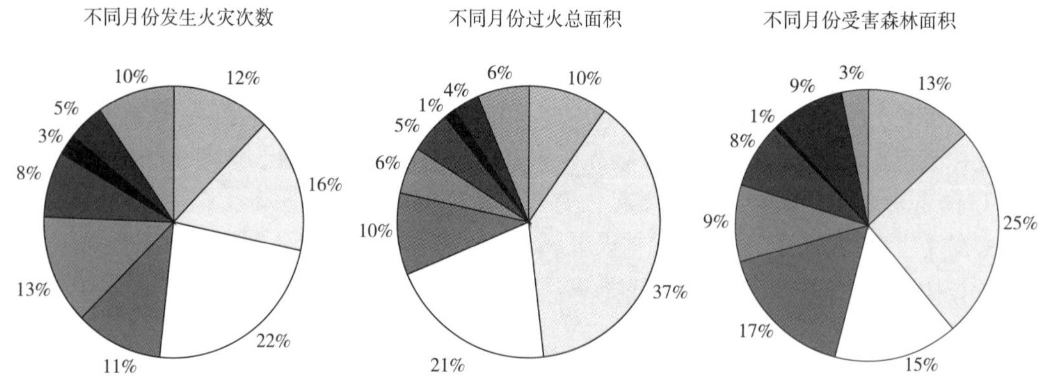

图 4-6 1992—2005 年西藏不同月份发生的森林火灾

特征主要受当地气候影响，特别是春季的干旱和大风天气决定了火灾的高发时段。

4.2.3.2 空间分布特征

由于当前的森林火灾损失是按行政区县统计的，缺乏具体的火场地理位置，本文采用对各县森林火灾发生次数与过火面积分级表示西藏森林火灾的空间分布特征。1992—2005年芒康县发生森林火灾次数最多，共发生32起森林火灾，其中包括9起一般森林火灾和23起火警，但造成的过火面积和受害森林面积分别只有162hm^{2}和49hm^2，这与当地的人口分布特点、森林防火基础设施状况和林火扑救能力相关。其次是察隅县，共发生森林火灾31起，然后是林芝市，有24起森林火灾，其中有16起为一般森林火灾，造成过火面积548hm^{2}和受害森林面积72hm^2。米林县、波密县和昌都市发生的森林火灾都在12起以上，只有米林县和吉隆县各发生1起重大森林火灾。

西藏的森林火灾主要发生在藏东南地区，这是由西藏森林的分布特点决定的。按1991—2005年受害森林面积统计，森林火灾最严重的是察隅县，过火面积4064hm^2，受害森林面积501hm^2；其次是米林县，过火面积和受害森林面积分别为728hm^{2}和248hm^2；贡觉县、隆子县和定日县受害森林面积也都在100hm^{2}以上。

4.2.4 火环境分析

4.2.4.1 火源分析

根据2005年1月至2006年1月森林火灾火因统计，这段时间共发生26起森林火灾，其中，查明火因的有20起。从引起森林火灾的火源来看，西藏森林火灾主要是由生产用火(26%)、生活用火(37%，包括烧香、烧茶、上坟烧纸、吸烟等)、电线打火(11%)、军事演习(1%)、作业起火(5%)、雷击火(5%)等引起的(图4-7)。与我国其他省(自治区)的森林火因相比，西藏森林火灾火源有明显的地域特征。受当地民族文化和生活习性影响，生活性用火引起的森林火灾较多，特别是烧香、烧茶等火因是该地区特有的。上坟烧纸引起的森林火灾占全国森林火灾火源的10%，而这一火源在西藏并不明显。受高海拔和复杂地形的影响，雷击火发生比例明显高于全国森林火灾中的比例(<1%)。

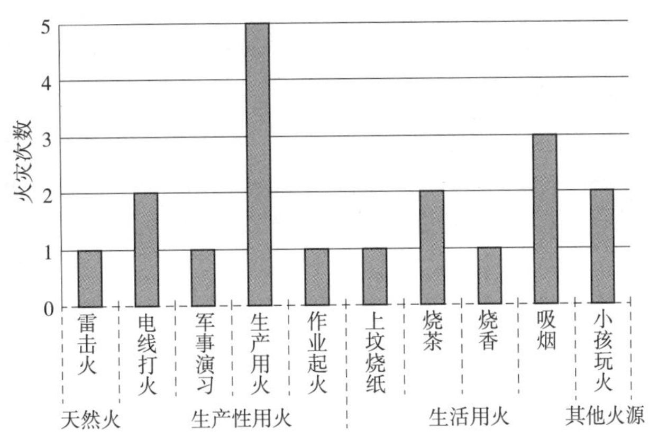

图4-7 2005年1月至2006年1月火因统计

4.2.4.2 可燃物分布

林火的发生与植被的关系很大，火灾主要发生在藏东南森林集中分布区。西藏森林以天然林为主，针叶林面积占75%，751万hm^2的天然林约占全国天然林面积的27.8%，但西藏森林覆被率只有9.8%。天然林以云冷杉为主的暗针叶林占林分组成的80%、松林占16%；绝大部分为成过熟林，中幼林占林分总蓄积量的3.44%；近熟林占1.7%；而成过熟林蓄积比重高达94.83%。这些森林集中分布在东南部和南部，北部和藏北高原几乎没有森林。天然林分布大致可以分为四个区域：一是东北部森林区，包括澜沧江、怒江、金沙江流域上游地区的昌都、那曲市东北部，主要建群种以针叶种的川西云杉、鳞皮冷杉和黄果云杉为主，阔叶树主要是白桦和山杨。二是雅鲁藏布下游森林区，行政区划属林芝市，该地区气候温和湿润，是西藏原始森林植被集中分布区，也是我国乃至世界生物多样性最丰富的地区之一，森林茂密，树种组成多样；现有热带、亚热带阔叶林，也有温带、暖温带的针叶林；原始森林以云冷杉为主。三是雅鲁藏布江中部及拉萨河、年楚河宜林区。四是喜马拉雅山脉南麓外流水系森林区，该区森林分布在地域上互不连接，以沟系镶嵌于边境线上，以针叶林为主，有部分亚热带阔叶林分布；树种除云、冷杉之外，还有乔松、长叶松、长叶云杉、西藏白皮松等西藏特有树种分布。这些天然林树种组成丰富，根据水分及热量差异和地形垂直高度的变化，植被垂直带谱明显。

森林火灾多发生在海拔2800~3600m的阳坡森林中，火灾以地表火最多，树冠火次之，地下火极少。火行为特点是初发火蔓延速度快，由于坡陡、树高，一般上山火火线强度高，容易发生树冠火和飞火。统计表明，29%的火场面积小于1hm^2，75%的火场面积少于10hm^2。

4.2.5 结论与讨论

对1992—2005年西藏森林火灾的统计分析表明，过火区主要是草地，97%的受害森林是原始林。森林火灾的年际间波动较大，2001以来火灾次数呈明显线性上升趋势，但主要是火警次数增多。西藏的森林火灾主要发生在春季和冬季，特别是12月至翌年5月，2月和3月的森林火灾最为严重。

从森林火灾的空间分布来看，森林火灾主要发生在藏东南地区，特别是芒康、察隅、林芝和米林等县的森林火灾较多。森林火灾主要是由生产用火和生活用火引起的。西藏的气候特点和可燃物分布特征决定了西藏的森林防火期为冬季和春季。森林火灾多发生在海拔2800~3600m的阳坡森林中，以地表火为主，大多火场面积少于10hm^2。

由于西藏人口主要由少数民族组成，农业生产方式比较落后，生产和生活用火习惯不利于火源的管理，因此，根据森林火灾的发生规律与特点，对当地居民开展森林防火教育，提高其森林防火意识，对于减人为森林火灾非常重要。目前，西藏的森林防火基础设施还比较落后，林区大部分乡村不通公路，乡以下均没有森林防火机构，火情监测瞭望也没有开展，这些因素制约了对森林火灾的探测与扑救。加强可燃物管理，特别是居民区周围的可燃物管理，可以有效预防森林火灾的发生与蔓延。建议在防火基础建设、火源管理、可燃物管理和林火扑救等方面进行改进，提高森林防火的整体能力。

第 5 章　中越边境防火隔离带研究

5.1　中越边境森林火灾发生规律研究

5.1.1　广西林火概况

广西是我国重要的林区之一，气候类型复杂，森林类型多样，山高路险，林区交通不便，通信和瞭望覆盖率低，森林火灾频发，又有境外火威胁，火灾扑救困难。

广西年平均火灾次数占全国的 7.1%，过火面积占全国的 3.5%。广西火灾发生次数全年以 4 月最多，占全年总次数的 18.5%，其次是 2 月(图 5-1)。广西火灾面积全年以 12 月最大，占全年总面积的 19.12%。

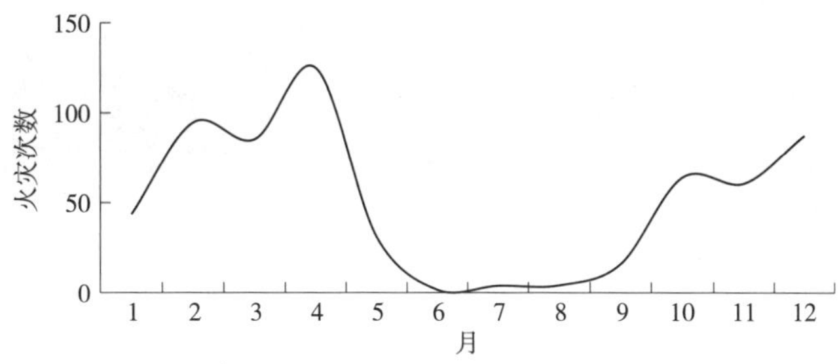

图 5-1　广西森林火灾次数月际分布

森林火灾发生季节为干季。火灾比较严重季节主要在 2~3 月(图 5-1)。刚从雨季转为干季时，草本植物枯黄，易燃，但灌木体内含水分较多，难燃。此时开展计划火烧，火强度较小，对林木生长发育影响较小。而 2~3 月连续干旱时间长，林下灌木体内含水分小，一旦发生火灾，火强度大，危险性高，火对林木生长发育影响也大，损失也严重。海拔高度也影响火灾季节。一般低海拔地区火灾季节较长，而高海拔地区的火灾季节相对短些。因此，海拔高处，气温低，相对湿度大，转暖时间晚，森林火灾季节向后推延。

在该区发生的火灾种类多为地表火，而在一些针叶林内有时也发生树冠火或冲冠火，尤其是云南松和思茅松林，人工针叶林有时也可能发生比较强烈的树冠火。因为气温较高，微生物活动强烈，地下枯枝落叶极容易分解，所以一般不发生地下火，少数高山有云冷杉林分布，林下有大量腐殖质积累，也有可能发生腐殖质火，对森林危害严重。但这种火只发生在极其干旱的年份。一般来说，高山火比较容易扑灭，但因山高，交通不便，扑火人员不能及时赶到火场，而造成巨大损失。在高山峡谷发生的林火更难扑救，易造成大量人员伤亡。

5.1.2 林火发生的火环境

广西气候属亚热带湿润季风气候，干湿季节明显。夏半年主要受热带太平洋气团和赤道海洋气团影响，温度高，湿度大，多雨，一般不会发生森林火灾；冬半年主要受变性极地大陆气团影响。极地大陆气团起源于严寒的西伯利亚一带。在低温干燥稳定的极地大陆气团南下时，随着地面性质的改变，气团属性相应地发生变化，形成变性极地大陆气团。在它的控制下，天气特征为寒冷、湿度低、温度变化大，因此容易发生森林火灾。影响广西森林火灾的大气环流模式主要有冷高压控制型、副热带高压控制型、西南热低压影响型。

广西的地形大致是西北高，东南低。广西山脉的分布有两大特点：一是边缘分布，二是弧形结构。由于桂西北的云贵高原与东南丘陵过渡地带山高谷深，主要受西南热低压型大气环流的影响，因此形成了右江河谷和红水河谷森林火灾高发带。通过对气候和地形与森林火灾时空分布的研究发现，地形差异可导致局部的小气候，而局部小气候影响了森林火灾的发生和发展。

该林区地形复杂。地带性植被为常绿阔叶林，其植被带谱分明。由于山高谷深，森林和土壤垂直带谱明显。特别在谷地气候干热，有热带干旱植被，狭窄的谷地则湿度较大。在深谷中常保存有近湿润型的常绿阔叶林。本地区降水的季节分配很不均匀，有明显的湿季和干季。

该区虽然为亚热带常绿阔叶林区，但是气候比东部干旱，为半湿润区。气候干燥，尤其是干季，火源数量多，所以森林火灾多且严重(图 5-2)。该区山高，交通不便，人口分散，火源多，林火发生次数多。

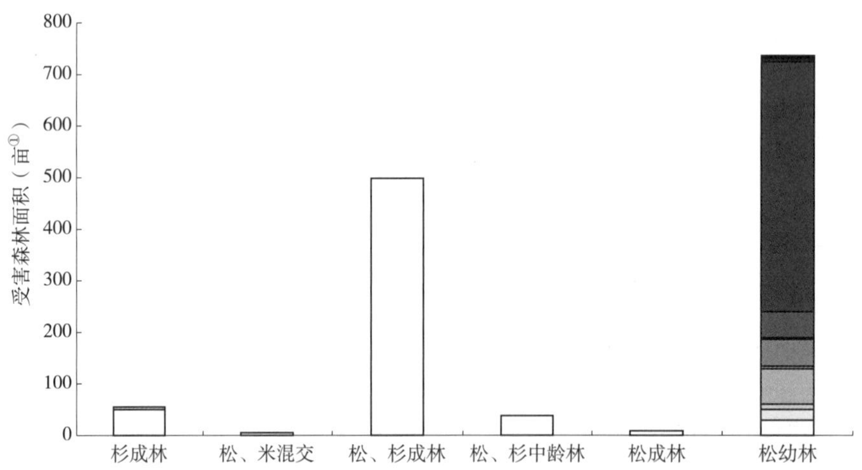

图 5-2 1990—1995 年中国林业科学研究院热带林业实验中心火灾概况

5.1.3 林火管理策略

该林区是我国重点火险区。森林火灾次数多，面积也大，损失也较严重。要提高林火

---

[1] 1 亩 = 1/15 hm^2，以下同。

管理水平，降低森林火灾的影响，必须加强该林区的林火管理。该区主要有以下几个特点和应对措施。

(1)该区海拔高、地形复杂，扑火人员伤亡严重。扑火伤亡人数与该区域特殊地形、易燃植被和天气等三要素密切相关。该区域森林大都分布在坡度比较大的山区，地形复杂，有不少陡坡、窄谷、单口山谷(葫芦峪)、突起的山岩等，可燃物载量较大，天气变化快，导致火行为变化复杂，扑救难度大，易造成人员伤亡。因此针对人员伤亡，除了客观因素外，也要加强专业、半专业扑火队员的培训和演练，提高扑火队员和指挥员的素质，减少没有经过训练的人员参与的扑火数量。

(2)加强航空扑火能力。该区地形复杂，交通不便，一旦发生火灾，往往酿成大灾。为此，在该区最适宜采用航空灭火。飞机因不受交通条件和地形的限制，能快速将人员和灭火物资运到火场。该区山高林密，有些地方坡度大，应选择直升机，短距爬高性能要好，采用索降开辟机降点或在林区事先开辟出临时机降点。还可以采用飞机喷洒液态化学灭火剂、水灭火和进行人工降雨灭火以提高飞机灭火功效。

(3)对扑救难度极大、扑火人员和飞机均无法到达的区域以监测控制为主，可以有效地减少伤亡，降低损失。对于海拔高、扑火队员徒步和航空无法达到的区域以监测控制为主。但对于这些区域限定需要进一步根据客观条件和经验进行划定。

(4)境外火发生严重。该区域是我国境外火发生最严重的区域，由于邻国经济比较困难，林火管理都采取不控制的措施，对广西的防火产生很大的压力。采用开展国际合作，开设边境防火隔离带等措施防范边境火入侵。预防措施主要有：①建设边境防火阻隔带，有计划地在阻隔带内建设防火林带，更新有较强阻火性能的树种，有计划地对边境区域林地可燃物实施清除；②加强“网化”建设，边境地区对航空飞行巡护、机降灭火有一定的限制，所以必须加强地面防火设施的建设，有计划地改善边境区域的瞭望、通信、交通条件，做到信息反馈准确、可靠，部署行动迅速、及时，从而更有效地应付突发火灾；③加强入境林火的控制，边境线沿线的防火指挥部需要依据各自管辖地域的地理、社会、资源、经济状况，专门制定边境地区防火方案及扑救入出境林火的预案，准确掌握当地的气象规律以及边境线两侧的地理环境、资源分布、可燃物种类及载量等情况。

(5)海拔高、地形复杂，监测、通信难度大。高海拔地区林火的发展与特殊地形、气象和可燃物的分布状况有着直接的关系，其突出的特点可概况为复杂、多变、反复和危险。由于山体混乱拥挤、走势复杂，一定水平距离内垂直落差较大，林内可燃物分布广、密度大、种类繁杂，其抗燃性不同，火势发展变化也不尽相同，致使火场火线时断时续，形成多条互不相连的火线或若干个小的火场，加之山顶冷空气与山谷热空气相互作用，乱流现象十分普遍，经常出现一个火场同时有几个火头甚至十多个火头的情况；二次燃烧(甚至三次、四次燃烧)发生的概率很大，主要是由于受坡度大的影响，林火在风的作用下形成急进地表火和间歇性树冠火，快速向山上蔓延，产生较大区域的不完全燃烧甚至未燃烧现象，一些细小可燃物达到燃点后缓慢燃烧，并在风的作用下迅速扩展，形成第二次燃烧；二次燃烧的发生，会使整个火场推进速度成几何级数增长，燃烧形式呈现出跳跃式发展的态势；由于山高谷深，燃烧的火线极易出现断带，使同一火场形成不同层次发展的火线；上山火燃烧至山顶后一般会变成发展速度相对较慢的下山火，但由于燃烧的松果、树皮等可能会滚落山腰或谷底，形成新的火点，往回形成二次燃烧，向前迅速发展成燃烧猛烈的高强度上山火，并产生火爆和飞火，林火跳跃向前发展，使灭火作战的险情增多，危险性也最大。

因此，应加强建设林火预测预报网、通信网和监测网络。增加瞭望塔的密度，增加地面巡逻的范围，在较短的时间内，尽快提高林火的控制能力，使森林火灾明显下降，林火管理水平迅速提高。

(6)该区域民族成分复杂，不同民族生活、生产用火习惯有很大的不同，因此开展广泛的社会教育和宣传对控制火源、减少人为火的发生至关重要。该林区火灾次数多，火源复杂。但其中绝大多数火灾是人为用火不慎引起的。加强群众防火工作，健全各级护林防火组织机构，使防火的法令法规家喻户晓，使广大的林区群众都重视森林防火，人人成为森林卫士。

(7)计划烧除与生物防火林带建设相结合。通过大力造林，绿化荒山荒地，提高森林的覆被率。在营造森林时，要选择好树种，针阔叶搭配，做到在提高森林生产率的同时也提高森林的抗性。在针叶林周围应有常绿阔叶林带，保护针叶林免遭火灾危害。在针叶林下，选择耐火灌木和草本植物降低森林的燃烧性。此外，在近山区栽种果树和其他经济树种，在提高经济收入的同时改善生态环境，既活跃山区经济，又有防火作用，一举多得。火也是一种可以利用的工具和手段，火可以促进生态系统中物质养分的循环，一定强度和频度的火烧有利于生态系统的稳定。开展计划火烧，一方面可将地表枯枝落叶、森林杂乱物或采伐剩余物烧掉，减少引起火灾的隐患，另一方面，可使未腐化的引火物变为林木生长发育所需的养分，因此火是最廉价的森林经营工具。使营林用火有章可循；严格控制未受过培训的人员用火和一切未经批准的野外用火。

5.2 主要树种燃烧性比较研究

利用防火林带可以有效地防止森林火灾的发生，树种的防火性能是防火林带发挥防火效益的基础，也是混交林中降低林分可燃性的基础。笔者根据森林火灾的特点和实际研究状况，选取当地成片林的常绿树种的叶、小枝和皮作材料，测定各器官的含水率、着火温度、燃烧热、苯—乙醇抽取物含量、木质素含量和灰分含量等指标，分析它们的着火特性的差别，并根据这些定量指标和各树种的生物生态学特性及其林分的地被物的分解情况等定性指标，采用数量化分析的方法，筛选出优良的防火树种。

5.2.1 试验材料

在纯林和混交林内选择杉木、马尾松、观光木、火力楠、杨梅、润楠、米老排、稠木、大桂山荷、木荷、木莲、红椎等12个树种，每个树种选定2~3株生长良好的树木作为样株，在阳面的中部采集小枝(0.5cm以下)和叶子，树皮则采自胸高处。小枝、叶和皮均用塑料袋密封带回室内，部分鲜样用于含水率的测定，部分样品在80℃条件下烘16h至恒重，用粉碎机粉碎后，装入塑料袋，密封备用。

5.2.2 研究方法

燃点的测定是利用 DW-2 型着火温度测定仪测定；热值是利用 YDQ-3 型微电脑热量计测定，测定条件按仪器要求进行，同时进行干物质含量测定，换算出单位干物质的发热量；各树种鲜叶的引燃时间测定方法是在树冠上、中、下三个部位取样叶，每样品 54g，分别置于 2000W 的电炉上助燃，重复 3 次。

苯—乙醇抽取物和粗脂肪含量均采用残余法测定；测定粗灰分含量用干灰化法；木质素含量用水解法测定。

5.2.3 各树种叶、小枝和皮的燃烧性及其各成分含量的比较

对各树种的燃烧性及组成成分的测定发现，叶、小枝和皮的含水率、灰分含量和燃点的差异并不显著(表 5-1~表 5-3)。

表 5-1 12 种树叶的测定结果

树种编号	树种	热值(kJ/kg)	含水率(%)	燃点(℃)	灰分含量(%)	粗脂肪含量(%)	苯乙醇抽取物(%)	木质素含量(%)	引燃所需时间(s)
1	火力楠	21700	56.16	248	4.78	2.91	12.06	32.26	37.00
2	杨梅	20720	55.37	254	3.75	3.45	12.57	28.18	76.00
3	润楠	20691	54.69	250	4.01	4.61	15.64	28.02	59.00
4	观光木	21001	57.84	210	7.55	4.17	15.05	29.44	82.00
5	米老排	21479	66.43	246	4.03	4.56	16.31	31.59	105.00
6	椆木	21131	44.01	242	2.70	4.26	14.49	30.56	51.00
7	大桂山荷	21520	46.82	253	5.42	3.70	13.75	32.67	96.00
8	木荷	19728	56.65	253	3.99	2.55	13.11	25.38	69.00
9	木莲	20762	59.76	226	6.27	3.81	14.21	28.03	45.00
10	红椎	20419	66.11	243	4.30	2.52	13.86	27.88	86.00
11	马尾松	22889	47.35	238	2.93	8.89	21.11	33.73	2.85
12	杉木	21712	59.35	228	3.88	5.16	18.53	25.24	2.28

表 5-2 12 种树小枝的测定结果

树种编号	树种	热值(kJ/kg)	含水率(%)	燃点(℃)	灰分含量(%)	粗脂肪含量(%)	苯乙醇抽取物(%)	木质素含量(%)
1	火力楠	20532	56.14	236	3.62	0.78	4.18	30.27
2	杨梅	19816	55.38	240	3.82	1.63	3.73	29.35
3	润楠	20331	48.06	232	2.05	1.80	2.87	30.47
4	观光木	20134	56.94	228	3.03	2.05	8.40	29.02
5	米老排	21217	60.55	236	2.23	3.73	7.59	31.73
6	椆木	20067	44.50	236	5.12	1.67	2.26	29.42

（续）

树种编号	树种	热值（kJ/kg）	含水率（%）	燃点（℃）	灰分含量（%）	粗脂肪含量（%）	苯乙醇抽取物（%）	木质素含量（%）
7	大桂山荷	20485	48. 85	240	3. 76	2. 10	3. 75	30. 74
8	木荷	20494	55. 85	241	3. 46	1. 07	3. 73	30. 42
9	木莲	20180	54. 68	237	6. 31	1. 84	4. 31	29. 85
10	红椎	20227	51. 77	229	2. 59	1. 04	4. 93	30. 50
11	马尾松	20808	42. 15	244	1. 61	6. 13	11. 17	32. 94
12	杉木	20988	49. 62	238	2. 16	4. 73	7. 26	33. 14

表 5-3　12 种树皮的测定结果

树种编号	树种	热值（kJ/kg）	含水率（%）	燃点（℃）	灰分含量（%）	粗脂肪含量（%）	苯乙醇抽取物（%）	木质素含量（%）
1	火力楠	19866	55. 58	226	4. 32	1. 12	4. 98	33. 36
2	杨梅	18493	46. 78	242	2. 02	1. 25	9. 47	32. 78
3	润楠	19611	50. 48	235	3. 48	1. 66	4. 87	34. 36
4	观光木	19485	51. 66	232	5. 31	1. 86	6. 01	33. 93
5	米老排	21480	63. 43	249	2. 51	2. 67	12. 80	35. 84
6	椆木	20926	49. 25	252	5. 11	1. 50	1. 38	37. 25
7	大桂山荷	20888	57. 64	248	2. 69	5. 17	9. 08	35. 81
8	木荷	20277	54. 87	222	3. 07	1. 16	5. 22	35. 01
9	木莲	19699	61. 26	226	4. 11	1. 98	9. 89	33. 96
10	红椎	20005	43. 20	249	3. 84	0. 90	2. 41	34. 19
11	马尾松	21039	34. 87	258	1. 61	2. 91	4. 12	38. 57
12	杉木	21235	37. 58	214	1. 41	1. 15	11. 69	36. 12

叶的燃烧热最高，其次是小枝，通过多重比较发现，叶与皮的差异显著，说明叶燃烧可以放出更多的热量。

叶、小枝和皮的粗脂肪含量差异显著，经多重比较，得到结果是叶与小枝、皮的差异达到显著水平。叶的粗脂肪含量最大，也就是说油脂含量高，易于燃烧。

叶的含量最低。木质素是难于分解与燃烧的物质，皮的木质素含量高，说明皮比小枝和叶更难燃烧。

叶与小枝和皮的苯—乙醇抽取物差异达到极显著的水平，叶的苯—乙醇抽取物最高，其次是小枝。

苯—乙醇抽取物可在较低温度下分解，是引发火灾和火势蔓延的主要物质。同时，这些挥发物的燃烧也放出大量的能量，促进其他成分的燃烧；叶的粗脂肪含量比小枝和皮高，木质素低于枝和皮，并且差异显著，而各器官的含水量和灰分含量没有明显的差别，说明叶的分解过程所需温度较低，叶、小枝和皮的热值有差异，而且受热分解过程也不同，叶是最易燃烧的器官。叶是更易于燃烧的器官，所以笔者的研究对象也以叶为主，确定各树种的抗火特性。

5.2.4 针阔叶树种的树叶燃烧性比较

对针阔树种叶子的热值和着火感应时间进行 t-检验，t-值分别为 2.90 和 4.13（t 的临界值为 2.23），表明针阔叶树种的差异显著。针叶树种叶的发热量大，着火感应时间短，比阔叶树种的容易燃烧。

针叶树种叶的苯—乙醇抽取物为 19.82%，比阔叶树种叶的平均含量（14.11%）高 5.71%，差异达到显著水平，t-值=5.31（t 临界值为 2.23），说明针叶树种叶在温度较低的条件下产生的挥发性气体多，更易于燃烧。针阔叶树种叶的粗脂肪含量平均值相差 3.37%，针叶树含量高（t-值=3.90），差异显著。树叶组成成分的差异，也说明阔叶树比针叶树有更强的抗火烧能力。

5.2.5 影响着火感应时间的因素分析

叶的各种组成分影响着火的过程，着火感应时间直接影响火灾的发生与发展。分析影响着火感应时间的因素，有利于更清楚地了解它的防火性能。在试验中，利用电炉助燃测定各树种鲜叶的着火感应时间，直接地反映出树叶在自然状态下的抗火性能。选用叶的自然含水率（x_1）、粗脂肪含量（x_2）、木质素含量（x_3）等 3 个变量对着火感应时间进行回归分析，得出如下回归方程：

$$y=-107.4092+1.1389x_1-13.5680x_2+5.4465x_3 \quad R=0.7076 \tag{5-1}$$

经复相关系数检验，相关显著。树叶的着火感应时间与粗脂肪含量成负相关，与含水率和木质素含量成正相关。叶的含水量越高，水分挥发需要的热量越多，着火感应时间越长；木质素含量越高，越不易燃烧；粗脂肪易于分解和燃烧，所以它的含量与着火感应时间成负相关。

5.2.6 影响总发热量的因素分析

可燃物的发热量影响着火温度和火的蔓延过程。分析影响总发热量的相关因素，可以更好地揭示可燃物的燃烧特性。叶的总发热量（Y）苯-乙醇抽取物含量（x_1）和木质素含量（x_2）的多元回归方程为：

$$y=13373.7500+177.8047x_1+173.2031x_2 \quad r=0.9047 \tag{5-2}$$

x_1、x_2 对 y 的偏相关系数分别为 0.7998 和 0.8121，相关显著。木质素含量与燃烧热密切相关，木质素含量越高，燃烧热越大；苯-乙醇抽取物极易燃烧，也可放出大量的热量，它的含量与树叶的发热量成正相关，它的含量越高，热值越高。

5.2.7 叶各指标的主成分分析

根据对各树种叶的测定指标进行主成分分析，得到各因子的贡献率。分析结果为：热值、含水量、燃点、灰分含量、粗脂肪含量、苯-乙醇抽取物、木质素和着火感应时间对分析数据的贡献率分别为 41.35%、23.73%、19.39%、9.33%、4.12%、1.61%、0.43%

和0.04%，前四个因子的累计贡献率达到93.80%，苯-乙醇抽取物、木质素含量和着火感应时间的贡献率很小。所以，在选择防火树种时，把热值、含水量、燃点和灰分含量等4个指标作为主要指标，把粗脂肪含量、苯-乙醇抽取物和木质素含量作为辅助指标来判断树种的抗火性能。

5.2.8 防火树种的多目标决策

原理 采用帕累托(Pareto)优化集合的一维比较方法进行多目标决策。首先，应当把不用量纲的目标项目换算成同一的效用单位，根据各指标对防火性能的作用，选择下列公式(5-3)或(5-4)对原始数据进行归一化处理。

$$U=1-0.9(V_{max}-V)/(V_{max}-V_{min}) \tag{5-3}$$

$$U=1-0.9(V-V_{min})/(V_{max}-V_{min}) \tag{5-4}$$

再根据各指标对抗火性能的贡献率，确定各指标的权重λ_j，$\sum_{j=1}^{n}\lambda_j=1$，$(j=1,\ 2\cdots n)$。各目标的权重是根据专业知识，用相对比较方法来确定的。根据公式$\varpi=\sum_{i}^{n}\lambda_j u_{ij}$计算各树种的综合评价值，依$\varpi$值的大小确定各树种的抗火次序。

分析过程 对于一个树种的抗火性能的影响因素除本身的枝、叶和皮的燃烧性外，还有它的一些生物、生态学特征，它们也对树种的抗火性能有很大的影响。综合考虑这些因素，才能确定某一树种在生态群落层次上的抗火性能。如果作为防火林带树种，树冠的冠型与整枝性、地被物易燃性与落叶的分解速度、对立地条件的适应性、萌芽能力和幼年生长速度等因子，都影响到防火林带效益的发挥，防火林带的树种不但要抗火性强，还要耐火性强，遭受火灾后易于恢复。因此，将树种的一些生物和生态学特性划分为3级，Ⅰ级为易燃级，Ⅱ级为比较易燃级，Ⅲ级为难燃级(表5-4、表5-5)。树种生物学、生态学特性中影响防火林带抗火性的指标主要有：①冠形与整枝性(X_1)，树冠稀疏，整枝不良为Ⅰ级，树冠浓密，整枝良好为Ⅲ级，两者之间为Ⅱ级；②地被物易燃性与凋落物的分解速度(X_2)，地被物含有挥发性油酯，凋落物不易分解为Ⅰ级，地被物含大量水分，凋落物分解速度快为Ⅲ级，两者之间为Ⅱ级。影响防火林带火后恢复的主要指标有：①对立地条件的适应性(X_3)，不耐干旱、瘠薄为Ⅰ级，耐干旱、瘠薄，有一定的耐庇荫能力为Ⅲ级，两者之间为Ⅱ级；②萌芽能力和幼年生长速度(X_4)，没有萌芽能力，幼年生长速度慢为Ⅰ级，萌芽能力强，幼年生长速度快为Ⅲ级，两者之间为Ⅱ级。

表5-4 各树种生物学和生态学特征分级

树种编号	树种	X_1	X_2	X_3	X_4
1	火力楠(*Michelia macclurei*)	3	2	2	3
2	杨梅(*Myrica rubru*)	3	3	3	1
3	润楠(*Machilus pauhoi*)	3	2	2	2
4	观光木(*Tsoogiodendron odorum*)	2	3	1	2
5	米老排(*Mytilaria laosensis*)	2	3	1	3

（续）

树种编号	树种	X_1	X_2	X_3	X_4
6	椆木(*Lithocapus thalassica*)	3	2	3	3
7	大桂山荷(*Schima* sp.)	3	2	3	3
8	木荷(*Schima superba*)	3	2	3	3
9	木莲(*Manglietia tenuipes*)	2	3	1	2
10	红椎(*Castanopsis hystrix*)	3	2	2	3
11	马尾松(*Pinus massoniana*)	3	1	3	1
12	杉木(Cunninghamia lanceolata)	1	1	1	3

表 5-5 各树种生物学和生态学特征分级各指标的权重

	主目标权重	各目标权重比	各指标权重
定量指标	0.7	0.4223	0.2956
		0.2423	0.1696
		0.1980	0.1386
		0.0953	0.0667
		0.0421	0.0295
定性指标	0.3	0.5534	0.1660
		0.1148	0.0345
		0.1118	0.0335
		0.2200	0.0660

综合排序的结果见表5-6，可以得出结论：木荷、红椎和杨梅的抗火性最强，综合得分值在0.70以上，润楠、火力楠、米老排、大桂山荷、木莲为中等抗火树种，它们的综合评判值在0.6~0.72；椆木、观光木、杉木和马尾松的综合得分在0.62以下，是抗火性最低的树种。

表 5-6 各树种的综合评判结果

树种	热值	含水率	燃点	灰分含量	粗脂肪含量	X_1	X_2	X_3	X_4	评判值	排序
火力楠	0.130	0.100	0.122	0.032	0.028	0.166	0.019	0.018	0.066	0.681	5
杨梅	0.212	0.094	0.139	0.020	0.026	0.166	0.035	0.034	0.007	0.731	3
润楠	0.215	0.090	0.127	0.023	0.021	0.166	0.019	0.018	0.036	0.715	4
观光木	0.189	0.111	0.014	0.067	0.023	0.091	0.035	0.003	0.036	0.568	10
米老排	0.148	0.170	0.116	0.023	0.021	0.091	0.035	0.003	0.066	0.673	6
椆木	0.178	0.017	0.105	0.007	0.022	0.166	0.019	0.034	0.066	0.613	9

（续）

树种	热值	含水率	燃点	灰分含量	粗脂肪含量	X_1	X_2	X_3	X_4	评判值	排序
大桂山荷	0.145	0.036	0.136	0.040	0.025	0.166	0.019	0.034	0.066	0.666	7
木荷	0.296	0.103	0.136	0.023	0.029	0.166	0.019	0.034	0.066	0.871	1
木莲	0.209	0.124	0.059	0.051	0.024	0.091	0.019	0.003	0.036	0.617	8
红椎	0.237	0.167	0.107	0.027	0.030	0.166	0.019	0.018	0.066	0.838	2
马尾松	0.030	0.040	0.093	0.010	0.003	0.166	0.004	0.034	0.007	0.385	12
杉木	0.129	0.121	0.065	0.021	0.019	0.017	0.004	0.003	0.066	0.444	11

5.3 防火林带阻火性研究

采用锥形量热计和野外火烧试验方法研究木荷林带的阻火能力。锥形量热计采用75kW/m^2辐射强度、外部点燃条件下，测试木荷(*Schima superba*)与马尾松(*Pinus massoniana*)落叶的燃烧过程。实验结果表明，马尾松落叶的热释放速率峰值高(146kW/m^2)，能量释放快。木荷落叶燃烧缓慢且释放热量少。野外火烧试验对室内实验结果进行了验证。火烧前后分别测定木荷林带和马尾松林的可燃物分布，实验火以地表火为主，蔓延速度为2.2m/min，火线强度168~2961kW/m。有些地段由于可燃物较多，发生了树冠火，火焰高度达到8~8.5m，火线强度达24881~28379kW/m。火烧后林带受害不严重，无树木死亡。试验证明，木荷林带可以有效阻隔地表火和树冠火的蔓延，浓厚树冠层也可以阻挡短距离的飞火。

木荷是我国热带和亚热带荒山造林的先锋树种，能耐干旱瘠薄，萌芽力强，在中国南方被广泛用于防火林带。由于这种林带是由阔叶树种组成，地表可燃物采取人工或机械清理，易燃可燃物呈不连续分布，在一定程度上可以起到阻隔火蔓延的作用。与我国防火林带建设不同，国外主要采用人工或机械方法清理地表可燃物和稀疏树冠，建立可燃物隔离带。大量的研究表明，可燃物隔离带可以改变火行为，减小森林火灾面积及其危害程度，在景观火管理系统中起到重要作用。我国大部分防火林带沿山脊分布，在实践中有一些成功阻火蔓延的实例，但对防火林带阻火性的定量研究还很少。为此，笔者采用室内试验和野外火烧试验方法，研究木荷和马尾松落叶燃烧的火行为差异，分析木荷林带的阻火性能。

5.3.1 实验材料与方法

在木荷和马尾松林内采集地表上层落叶，带回实验室，自然阴干，并分别测定试验材料的含水率。

锥形量热计是一个有用的小尺度实验仪器，它可以测定树木材料在同样外部热源条件下表现出的着火特性差异。与传统的燃烧测试方法相比，这种测试方法可以提供较多的测试参数，如热释放速率、着火感应时间和烟产生速率，实验结果与材料在实际火灾中的表现更加相近。

锥形量热计由重力系统、加热锥和燃烧产物收集系统组成，热辐射量可以在 0~100kW/m^2 调节，根据 ISO 5660 的操作规定，本研究中采用水平方向热辐射量 75kW/m^2，空气流量 24l/s。试验样品放入边长为 100mm 的正方形试验托盘中，样品厚度不超过 50mm。所有样品测定采用铝箔包住样品的侧面和底面，上面加盖铁丝网格，减少树叶在燃烧过程中的飞落或蹦爆。每种样品测定进行 3 次重复。

木荷林带和马尾松林的标准地大小为 12m×20m 和 10m×10m，在标准地内进行每木检尺，分别测定胸径、树高、活枝下高、枯枝下高等指标。根据平均胸径确定标准木，伐倒后测定树干、树叶和树枝重量，并取样测定含水率。灌木采用 2m×2m 的样地调查，草本、地表可燃物和半腐殖质层采用 1m×1m 样地调查，分别测定灌木和草本高度、盖度，并测定灌木、草本和地表可燃物载量及其含水率。

采用便携式气象测定仪器测定温度、大气湿度和 2. 0m 高处的风速。

试验前在试验火场周围开设 15m 的隔离带。由于试验场地较小，为了得到树冠火的试验效果，笔者把开设隔离带时伐下的松枝全部堆放到试验地隔离带旁的马尾松林下。选择风力较小的天气条件进行火烧试验。由于可燃物不太干燥，沿点火线上洒一些柴油。在火场两边分别隔 5m 作一标记，以便于记录人员在火烧过程中观察记录火行为，同时在火场外和林带内分别固定一架摄像机，分别从火场两侧和林带内外记录火蔓延过程，根据录像资料可以准确计算出火蔓延速度和估计火焰高度。

5. 3. 2　木荷与马尾松燃烧性的比较

细小可燃物是影响火灾发生的主要条件，特别是地表落叶的燃烧性。采用锥形量热计测定木荷和马尾松落叶的热释放速度、有效燃烧热和总热释放量，研究马尾松和木荷的落叶受热分解与燃烧过程。试验样品（木荷和马尾松落叶）的含水率分别为 35. 26% 和 34. 87%。

热释放速度是单位面积可燃物样品释放出来热量的速度。它是描述火行为最重要的参数，是基于氧消耗原理测定的，因为大多数有机材料消耗单位质量的氧释放的燃烧热大约是 13. 1mJ/kg。可燃物在受热条件下的燃烧过程包括 3 个阶段，即水分蒸发或干燥阶段，预炭化阶段和炭化阶段。木荷和马尾松落叶燃烧的热释放速率对试验时间的变化，如图 5-3所示。曲线最前一段是树叶受热阶段水分蒸发、表物质挥发、可燃气体如甲烷、乙烯和可燃性液体如丙酮、甲醇和醋酸的释放，这一阶段是点燃和火在样品表面蔓延阶段（木荷落叶 0~50s；马尾松叶 0~8s），然后是全面燃烧阶段，热释放速率迅速增加，陡峰是高温分解物燃烧的结果。木荷落叶燃烧的热释放速率峰值（94kW/m^2）出现晚（75s），并大大低于马尾松落叶的热释放速率峰值（146kW/m^2）。木荷落叶燃烧慢，燃烧强度低。

有效燃烧热是某一瞬间所测得热释放速度与其质量损失速度之比值。它反映可燃性挥发物气体在气相火焰中燃烧程度。图 5-4 所示是两种样品的有效热释放速率曲线。可以看出，马尾松落叶有效燃烧热曲线在 8s 时迅速上升，50s 达到最高值 49mJ/kg。而木荷落叶的有效燃烧热曲线在 52s 才开始迅速上升，直到 106s 才达到最高值 32mJ/kg。这说明马尾

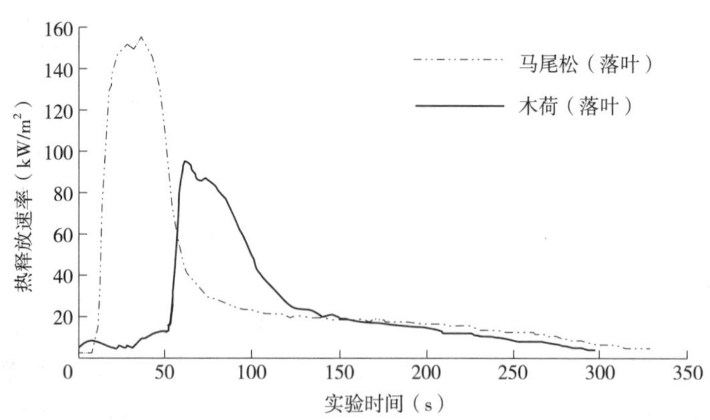

图 5-3　木荷与马尾松落叶热释放速率

松叶有焰燃烧强度高，它的有效燃烧热最高值比木荷高 53%。单位面积可燃物样品从开始燃烧到燃烧结束所释放出来的热量用总热释放量表示。总热释放量是在流动系统测得的值，而且是净热(不包括燃烧产物中水蒸气凝结为液体的凝结热)。值越大，表明实际火灾中向外界环境放出热量越多。马尾松和木荷落叶的总释放热量曲线表明，试验过程中马尾松叶燃烧释放的总热释放始终高于木荷叶燃烧释放的热量，在 8~55s 增加最快。而木荷叶燃烧释放总热量曲线在 58s 才开始迅速增加，燃烧释放能量增加缓慢，如图 5-5 所示。

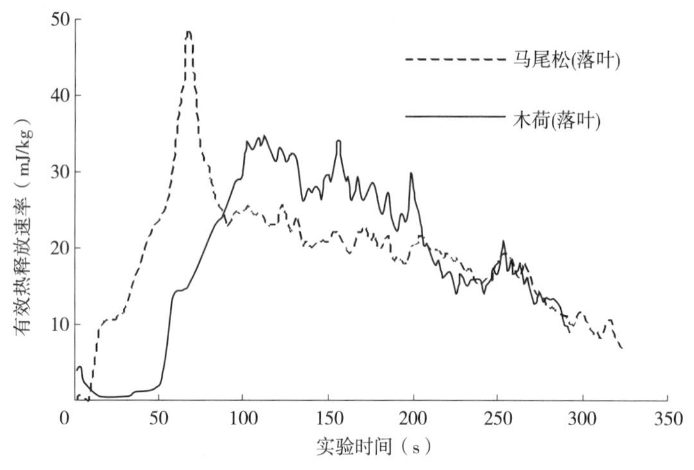

图 5-4　木荷与马尾松落叶有效燃烧热

如图 5-6 所示，失重速率变化趋势基本与热释放速率变化相同。马尾松叶燃烧快，失重速率高峰出现早，峰值高(0.14g/s)。木荷叶燃烧失重速率高峰只有 0.08g/s。可燃物在受热条件下，最先失去的是水分和少量挥发物，而后才是大量挥发物和碳的燃烧。CO_2 释放速率变化曲线表明，马尾松针叶燃烧释放的 CO_2 峰值(2.9kg/kg)明显高于木荷叶燃烧释放速率峰值(1.7kg/kg)。CO_2 的释放量曲线峰值滞后于失重曲线峰值。与马尾松叶燃烧释放 CO_2 曲线相比，木荷叶燃烧过程中的失重速率变化缓慢，表明木荷落叶的燃烧比马尾松燃烧缓慢。

火险指数(*FPI*)常被用来表示试验材料的火险程度，它是点燃时间与热释放速率峰值的比值：

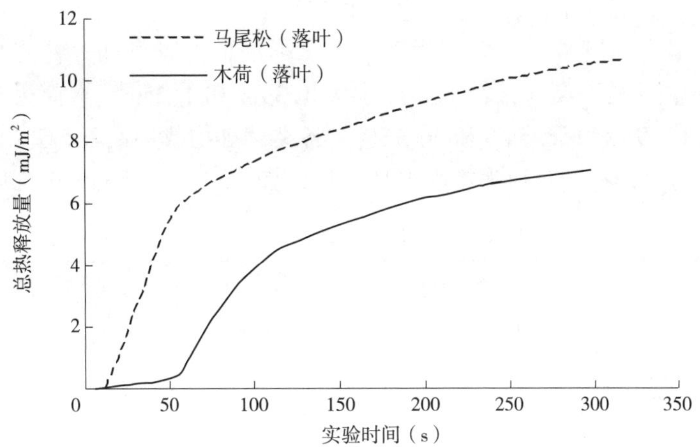

图 5-5 木荷与马尾松落叶总热释放速率

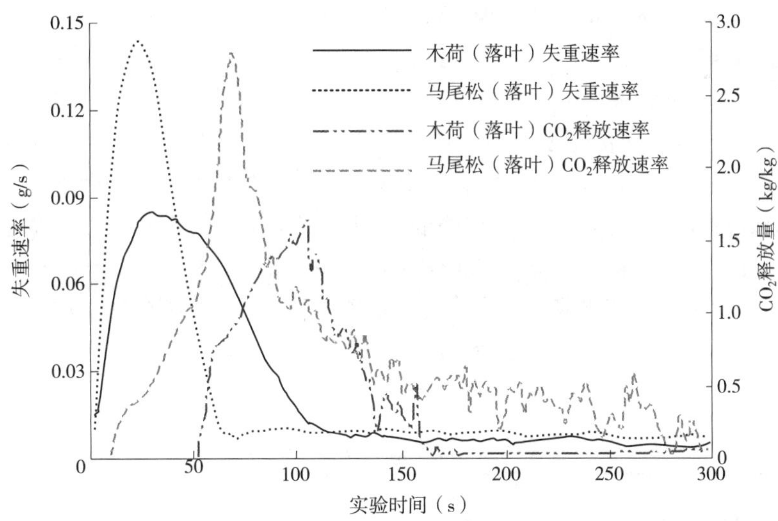

图 5-6 木荷与马尾松落叶失重速率与 CO_2 释放速率

$$FPI = TTI/HRR_{peak} \tag{5-5}$$

式中 TTI——点燃时间，s；

HRR_{peak}——热释放速率峰值，kW/m^2。

FPI 值越大，抗火能力越强。马尾松和木荷落叶的点燃时间和热释放速率峰值分别为 18s，$146kW/m^2$ 和 64s，$94kW/m^2$。木荷叶的火发生指数为 0.68，远远大于马尾松落叶的火发生指数(0.12)，这也说明木荷的抗火能力强。总之，木荷落叶与马尾松落叶的燃烧过程比较，木荷落叶燃烧慢且释放热量少。从地表落叶的燃烧性上讲，木荷适于营造防火林带。

5.3.3 野外火烧试验结果分析

由于年年防火期前清扫木荷林带地表落叶，致使林带内岩石裸露，地表几乎没有杂草。扫过的树叶堆积在林带两侧，导致边行生长良好，林带内的树木生长不良，内部林木与边行胸径差异很大，但树高差异不明显。通过标准地调查可知，林带平均树高 8.5m，平均胸径 9.86cm，活枝下高和枯枝下高分别为 1.39m 和 1.25m。木荷树干、树枝和树叶的含水率分别为 67.98%、56.74%和 56.18%，各类可燃物载量见表 5-7。树干、树枝和树叶都含有大量的水分，特别是树干含水率高，耐火烧能力强，有利于火烧后的恢复。

表 5-7 木荷林带可燃物状况

类别	主干	叶	活枝	死枝
含水率(%)	67.98	56.18	56.74	10.62
可燃物载量(t/hm^2)	22.20	5.36	5.95	1.38

从垂直分布来看，由于地表没有可燃物，可以有效阻隔地表火的蔓延。枯枝枝下高平均为 1.25m，枯枝载量仅为 1.38t/hm^2，低强度的地表火很难引燃木荷林带自身的燃烧。

马尾松林平均胸径 8.85cm，平均树高 5.8m，枯枝下高 1.4m，活枝下高 2.66m。林下灌木主要有桃金娘(*Rhodomyrtus tomentosa*)、鸭脚木(*Taxillus chinensis*)、梅叶冬青(*Ilex asprella*)、野牡丹(*Melastoma candidum*)等，盖度 0.2，平均高度 1.8m。林下草本主要是铁芒萁(*Dicranopteris dichotoma*)、五节芒(*Miscanthus floridulus*)、乌毛蕨(*Blechnum orientale*)等，盖度 0.6，平均高度 1.3m。地表可燃物厚度 8cm，主要是枯枝落叶和半腐殖质。各类可燃物载量见表 5-8，易燃可燃物(包括枯枝、地面凋落层、半腐殖质和草本)载量达到 14.43t/hm^2。与木荷林带相比，马尾松树干的含水率低 17.45%。由于马尾松枝叶和树皮容易燃烧，即使含水率较高的情况下，由于松脂的存在，也容易燃烧。大部分草本是容易燃烧的一年生草本，地表、林下可燃物和树冠形成可燃物梯，使得易燃可燃物在垂直与水平方向都呈连续分布，一旦发生地表火就易发展成为树冠火。

表 5-8 马尾松带可燃物状况

类别	主干	叶	活枝	死枝	草	半腐殖质	枯落层	灌木
含水率(%)	50.53	55.8	61.34	12.45	67.18	17.85	20.03	71.5
可燃物载量(t/hm^2)	8.01	2.35	2.12	0.94	1.81	6.16	5.52	2.00

5.3.4 火烧试验结果分析

如图 5-7(彩图 5-7)所示，火烧试验时的气象条件为：气温 21℃，空气相对湿度 47%，风速 0.8m/s，风向东偏北，大致与火蔓延方向一致。

靠近木荷林带一侧，由于可燃物湿度比较大，以地表火蔓延，蔓延速度为 1.7m/min，燃烧缓慢，火焰高度低，一般在 0.8～3.0m。通过火后可燃物调查，可燃物消耗量约 8.42t/hm^2，靠近林带的一侧主要消耗了大部分地表细小可燃物(64.7%)和部分草本(39.2%)，灌木只烧掉 7.5%，树冠基本没有消耗(表 5-9)，但另一侧发生树冠火的地段，马尾松树冠松针基本被烧掉。实验火的火线强度可以根据勃兰姆公式计算：

$$I=0.007Q_L \times W \times R \tag{5-6}$$

图 5-7 火烧实验

式中 I——火线强度，kW/m；

Q_L——可燃物的低热值，kJ/kg；

W——有效可燃物载量，kg/m^2；

R——林火蔓延速度，m/min。

表 5-9 地表火消耗可燃物量 t/hm^2

类别	火烧前	过火后	消耗率(%)
灌木	2.00	1.85	7.5
草	1.81	1.10	39.2
枯落层	5.52	4.12	64.7
半腐殖质	6.16		

由于火烧实验中，可燃物分布不太均匀，火行为复杂多样，有地表火和树冠火，采用经验计算式，利用火焰高度估测各地段的火强度更方便和准确。利用火焰高度计算火线强度公式：

$$I_l = 273h^{2.17} \tag{5-7}$$

式中 I_l——火线强度(kW/m)；

h——火焰高度(m)。

由式(5-7)可以计算出地表火的火线强度为 168～2961kW/m。远离木荷林带的一侧，由于林下堆积了大量的枝丫，平均火蔓延速度为 3.3m/min，燃烧 5min 后就形成树冠火，可燃物消耗量达到 10.77t/hm^2，火焰高度达到 8～8.5m，火线强度 24881～28379kW/m。这次火烧试验中从低强度火到高强度火都有发生，检验了木荷林带对地表火和树冠火的阻隔能力。在发生树冠火的地段，火烧掉了靠近火场的第一排木荷部分树冠，但没有形成持续燃烧，受害最严重的树大约有 1/3 树冠被烧毁。木荷林带整体受害不严重，没有林木死亡。野外火烧试验证明，在一般天气条件下，木荷林带可以阻隔高强度的树冠火和中低强度的地表火蔓延。

5.3.5 木荷林带阻火机理

林火燃烧过程受到多种因素的影响，如可燃物的特征与分布、可燃物与空气的湿度、地形与风场分布等都会不同程度地影响林火蔓延过程。森林可燃物燃烧的能量传递主要表现为热量传递，木荷林带在火烧蔓延过程中吸收的热量主要是通过辐射与对流方式。木荷林带对林火的阻隔作用主要在于它可以有效阻挡辐射和影响近处火场的对流，并形成不利于火烧蔓延的火环境。木荷林带内湿度大、气温低，不利于火蔓延。

中低强度地表火对木荷林带的直接辐射能量与它对地表可燃物的辐射强度相似，低强度火对林冠层的辐射强度很小。本次火烧实验中，木荷林带平均高度为 8.5m，平均枝下高为 1.39m，木荷林带可以阻挡地表火对前方的大部分辐射。由于林带地表无可燃物分布，地表火不能在林带内蔓延，也不易发展成为树冠火。树冠火蔓延过程中，辐射和对流是主要的传热方式。树冠火的特点是强度大、蔓延快、火焰高。与防火线相比，木荷林带影响到火烧蔓延中气体对流。木荷林带在受到火冲击时，首先析出水分和可燃性挥发气体。如果火焰达到一定的强度或持续时间较长时，分解出的可燃气体达到一定浓度就发生有焰燃烧。木荷林带的阻火时间取决于林火的强度及火场气象条件。风、气温和可燃物特性对木荷林带的阻火效果有很大影响，特别是风速是影响火行为的一种重要因子。大风和高温天气会使可燃物干燥，容易形成树冠火。火强度、风速、可燃物组成的大小和火蔓延速度决定了飞火距离。本文试验中的树冠火是在平均风速 0.8m/s 条件下发生的，没有发生远距离的飞火。但强风天气条件下产生飞火的距离很远，如澳大利亚的斜叶桉(*Eucalyptus obliqua*)大火产生的飞火距离常达到5km，而多枝桉(*E. viminalis*)燃烧的火屑可以随风飞 25km 以外的地方。所以，从火烧试验结果看，木荷林带对树冠火虽有一定的阻隔作用，但不能防止极端天气条件下发生的飞火。

锥形量热计试验使我们更好地理解了不同树种之间的燃烧性差异。比较木荷和马尾松落叶的燃烧过程，发现木荷叶燃烧慢，点燃时间长，释放热量少，着火危险性低，适宜作防火林带树种。但由于植物实验材料受地域和立地条件的影响，实验结果常有小的差异。锥形量热计测定结果适于研究中低强度的火烧，随着辐射强度的增强，树种之间的燃烧性差异表现会变小。对于中低强度火，木荷的抗火烧能力表现明显。

野外火烧试验证明，在一般天气条件下，木荷林带可以阻隔地表火和树冠火的蔓延，主要原因在于：①木荷林带的树种本身阻火能力强，不易燃烧，含水量高，较难燃烧；②由于地表可燃物得到清理，可以阻隔地表火；③木荷林带的良好结构，形成浓厚的树冠层，可以有效阻挡火焰的辐射和短距离的飞火。

防火林带不但可以起到一定的阻火作用，而且它还可以作为计划烧除的依托控制线和扑火控制线，这在防火战略上有重要作用。

5.4 森林可燃物调控技术研究

该地区植被类型属南亚热带季雨林。由于地形、母岩、土壤与气候的差异，以及人为活动的影响，植被变化较大，特别是长期人为活动的影响与植树造林，形成了天然的垂直次生草灌植被类型和人工林木类型，优势的草灌类型，在低、中山的山坡以五节芒(*Miscanthus floridulus*)为主，在山脊以铁芒萁(*Dicranopteris linearis*)为主，在坡脚为蔓生莠竹(*Microstegium ciliatum*)，而在沟谷边则为野芭蕉(*Musa balbisiana*)。在丘陵、山丘的下部多为灌木桃金娘(*Rhodomyrtus tomentosa*)、大沙叶(*Aporosa chinensis*)或草本飞机草(*Eupatorium oderatum*)，在沟坡则为乌毛蕨(*Blechnum orientale*)，在山丘常分布野香茅(*Cymbopogon tortilis*)或白茅(*Imperata cylindrica*)。人工栽培的主要林木有杉木(*Cunninghamia lanceolata*)、马尾松(*Pinus massoniana*)分布在丘陵、山丘和低中山，米老排(*Mytilaria laosensis*)、火力楠(*Michelia macclurei*)、八角(*Illicium verum*)林主要分布于低、中山，而柚木(*Tectona grandis*)、云南石梓(*Gmelina arborea*)林则仅分布在低海拔的丘陵、山丘地带。

5.4.1 调查和实验方法

见表5-10~表5-12所示，在标准地内进行每木检尺，分别测定胸径、树高、枝下高、冠幅、照度等，并调查土壤母质和土壤厚度等指标，并以胸径和树高确定标准木。根据测定结果，画出林分可燃物垂直分布图。根据树冠投影图，计算林分郁闭度。

乔木层生物量采用间接收获法，即按平均木方法直接称取群落乔木层各器官(干、枝、叶)生物量，并随机抽取一定量的样品，带回室内烘干，推算林分的生物量(干重)。下木、草本层和枯枝落叶采用直接收获法。灌木采用2m×2m样方，草本和枯枝落叶层调查用1m×1m的小样方。

表5-10 标准地基本状况

林分	起源	海拔(m)	坡向	坡位	坡度(°)	土壤
杉木纯林(C_1)	21年生人工林	250	WS10	下部	22.5	紫色土
C_2	21年生人工林	210	SW32	下部	16.5	紫色土
C_3	21年生人工林	260	WS10	上部	18.5	紫色土
杉木×火力楠($C×M_1$)	21-21年生天然林	250	SE15	中下	15.0	红壤土
$C×M_2$	21年生人工林	220	SE8	中部	20.0	红壤土
$C×M_3$	21年生人工林	230	SW15	下部	15.0	红壤土
火力楠林(M_1)	21年生人工林	200	SE40	一面坡	25.0	红壤土
M_2	21年生人工林	200	SW35	中下	18.0	红壤土
M_3	21年生人工林	220	SE23	中下部	16.5	红壤土
马尾松林(P_1)	24年生人工林	210	SW25	中上	8.0	红壤土
P_2	24年生人工林	230	SE30	中部	15.0	红壤土
P_3	24年生人工林	200	NW55	中上	5.0	红壤土
马尾松×木荷($P×S_1$)	马尾松(24年生) 木荷(7年)人工林	250	SE22.5	上部	23.5	紫色土
$P×S_2$	马尾松(24年生) 木荷(7年)人工林	265	SW18	中上部	21.0	紫色土

（续）

林分	起源	海拔(m)	坡向	坡位	坡度(°)	土壤
P×S_3	马尾松(24 年生) 木荷(7 年)人工林	235	NW45	上部	18.5	紫色土
木荷林(S_1)	21 年生人工林	240	SW29	中部	20.0	红壤土
S_2	21 年生人工林	220	SW29	中部	21.0	红壤土
S_3	21 年生人工林	260	SW45	中部	20.0	红壤土

表 5-11　标准地草、灌情况

林分	灌木盖度(%)	灌木平均高(m)	草本盖度(%)	草本平均高(m)
C_1	5.0	0.50	65	1.20
C_2	4.5	0.35	60	1.15
C_3	6.0	0.60	75	1.25
C×M_1	40	0.72	25	0.35
C×M_2	35	0.85	30	0.40
C×M_3	37	0.67	35	0.45
M_1	10	0.40	20	0.15
M_2	15	0.45	30	0.20
M_3	10	0.50	28	0.18
P_1	20	0.70	80	0.50
P_2	20	0.70	70	0.45
P_3	15	0.70	85	0.55
P×S_1	5.0	0.80	30	0.25
P×S_2	7.5	0.77	25	0.40
P×S_3	8.0	0.92	28	0.35

表 5-12　标准地林分状况

林分	年龄	郁闭度	密度(株/hm^2)	平均胸径(cm)	平均树高(m)	平均枝下高(m)	平均冠幅(m)
C_1	21	0.85	2295	14.20	11.90	8.41	2.16
C_2	22	0.85	2525	14.51	12.75	9.78	2.52
C_3	21	0.85	2475	14.04	11.85	8.70	2.38
C×M_1	22	0.8	1500	16.07	13.89	9.21	2.25
C×M_1	21	0.85	1650	14.98	12.48	8.61	2.25
C×M_3	21	0.8	1575	15.31	13.10	8.89	2.23
M_1	21	0.85	2150	13.78	14.65	9.92	2.58

（续）

林分	年龄	郁闭度	密度(株/hm²)	平均胸径(cm)	平均树高(m)	平均枝下高(m)	平均冠幅(m)
M_2	21	0.85	1975	14.21	15.01	9.78	2.71
M_2	21	0.85	2215	13.69	14.39	8.12	2.60
P_1	24	0.7	1961	15.04	13.41	9.20	2.85
P_2	24	0.7	1800	16.79	12.68	8.14	2.92
P_3	24	0.75	1942	15.54	12.81	8.32	2.89
$P\times S_1$	24	0.6	860	15.81	13.75	9.51	3.76
$P\times S_2$	24	0.6	800	16.10	14.01	9.87	3.86
$P\times S_3$	24	0.6	835	15.89	14.12	9.65	3.82
S_1	21	0.8	2350	11.89	12.15	8.04	2.68
S_2	21	0.8	2100	12.11	12.03	7.80	2.72
S_3	21	0.8	1900	13.09	12.58	8.42	2.75

在标准样地梅花型布设样方，收集下木、草本和枯枝落叶实测称重，枯枝落叶层分L层和H+C层分别测定，并随机抽取一部分样品，带回室内测定其含水量，推算每公顷下木和枯枝落叶生物量。

小气候观测采用通风干湿表、温度计、风速仪、地温表等，在阔叶林和被保护针叶纯林以及空况地上分别设3个观测点，测定1.5m高度处的湿度、空气温度和土层0cm、5cm、10cm、15cm、20cm处的温度，观测时间为6：00、12：00和18：00，并在14：00测定各林分1.5m处的温度、湿度和风速。

杉木火力楠混交林是采用带带混交(3∶2)，马尾松木荷混交林采用行带混交(1∶2)造林。

5.4.2 可燃物的载荷量与潜在能量

根据各类可燃物的燃烧特性，将各调查林分按林冠层、林下植被层和地表层划分为林冠层难燃可燃物(叶、活枝、干、皮)、林冠层易燃可燃物(枯枝)、林下植被层难燃可燃物(灌木)、林下植被易燃物(草本)和凋落物层。并根据树木各器官和各类可燃物的发热量，分别计算各类可燃物总潜能和易燃物潜能，计算公式为：总潜能=∑(标准地内树的枝、叶、皮和草本、灌木、地表凋落物的生物量×各部分燃烧热)，易燃物潜能=∑(标准地内枯枝、草本和地表凋落物的生物量×各部分燃烧热)。草本和灌木的燃烧热分别取18385kJ/kg和19817kJ/kg。

见表5-13，杉木火力楠混交林(C×M)的总生物量平均值分别高于杉木纯林和火力楠纯林17.8524t/hm² 和32.7770t/hm²，而易燃可燃物的负荷量分别比杉木和火力楠纯林低3.0289t/hm² 和1.3853t/hm²，见表5-14；杉木火力楠的总有效潜能也比杉木纯林高3.3822×10^{11}J/hm²，易燃可燃物的生物量和有效潜能所占地上部分的百分比分别比杉木纯林低2.98%和2.94%，比火力楠纯林低6.97%和7.00%。马尾松木荷混交林中平均易燃可燃物的生物量和有效潜能所占比例分别比马尾松纯林低 1.90%和 1.33%，混交林的易燃性降低。杉木火力楠混交林林冠层易燃可燃物的生物量和有效潜能的百分比比对应的针叶纯林低 2.29%；马尾松混交林的林冠层易燃可燃物的生物量和有效潜能百分比分别比马尾松纯林低 1.90%和 1.33%，这说明混交林发生树冠火的可能性低于针叶纯林。混交林的林下易燃植被的量也比针叶纯林少，杉木火力楠混交林的草本平均生物量和有效潜能比杉木纯林低 0.7998t/hm^2 和 0.1466×10^{11}J/hm^2，马尾松混交林下的草本有效潜能比纯林低 0.1682×10^{11}J/hm^2；而林下植被层的难燃灌木的生物量比纯林高，这有利于限制地表火向树冠火的转化。总之，针阔混交林对于地表火和树冠火的抵抗能力均大于针叶纯林。

表 5-13　各林分的生物量

林分	林冠难燃物(t/hm^2)/百分比(%)	林冠易燃物(t/hm^2)/百分比(%)	林下植被难燃物(t/hm^2)/百分比(%)	林下植被易燃物(t/hm^2)/百分比(%)	凋落物层(t/hm^2)/百分比(%)	易燃可燃物总生物量(t/hm^2)/百分比(%)	总生物量(t/hm^2)
C_1	126.2732/89.49	5.5043/3.90	0.9407/0.67	1.1320/0.80	7.2563/5.14	10.9263/8.32	141.1065
C_2	153.0381/91.50	5.5239/3.30	0.8542/0.51	0.9176/0.55	6.9128/4.13	10.2145/6.61	167.2466
C_3	135.8991/89.83	6.0859/4.02	1.0761/0.71	0.8520/0.56	7.3691/4.87	11.2638/7.99	151.2822
$C×M_1$	160.9292/92.97	2.0808/1.20	1.3780/0.80	0.1166/0.07	8.5875/4.96	7.2170/4.17	173.0921
$C×M_2$	152.2249/91.92	2.6282/1.59	1.1258/0.68	0.1842/0.11	9.4372/5.70	8.3554/5.05	165.6003
$C×M_3$	162.0636/92.88	2.7163/1.56	1.4063/0.81	0.2014/0.12	8.1146/4.65	7.7726/4.76	174.5022
M_1	123.2451/90.59	3.0123/2.21	0.7916/0.58	0.0929/0.07	8.9118/6.55	8.5731/6.58	136.0537
M_2	121.2867/89.75	3.5055/2.59	0.9543/0.71	0.1024/0.08	9.2888/6.87	9.4622/7.31	135.1377
M_3	129.6087/90.21	3.8421/2.67	0.8329/0.58	0.1215/0.08	9.2649/6.45	9.4657/6.88	143.6701
P_1	130.2225/89.33	2.5085/1.72	0.9607/0.66	1.1165/0.77	11.9747/8.21	10.7540/8.52	145.7829
P_2	141.6021/88.95	3.6043/2.26	0.8859/0.56	0.8650/0.54	8.2338/5.17	11.4002/7.85	159.1911
P_3	126.6142/88.00	3.4821/2.42	1.2057/0.84	0.9240/0.64	11.6530/8.10	11.7163/8.67	143.8790
$P×S_1$	91.1223/90.96	1.8552/1.85	0.3246/0.32	0.0998/0.10	6.7685/6.76	5.5022/5.67	100.1706

（续）

林分	林冠难燃物(t/hm^2)/百分比(%)	林冠易燃物(t/hm^2)/百分比(%)	林下植被难燃物(t/hm^2)/百分比(%)	林下植被易燃物(t/hm^2)/百分比(%)	凋落物层(t/hm^2)/百分比(%)	易燃可燃物总生物量(t/hm^2)/百分比(%)	总生物量(t/hm^2)
P×S_2	97.0575/89.02	1.9051/1.75	0.4839/0.44	0.1014/0.09	9.4813/8.70	7.8007/7.40	109.0224
P×S_3	94.9129/90.47	1.8544/1.77	0.4325/0.41	0.1103/0.11	7.6095/7.25	6.3683/6.26	104.9196
S_1	86.7393/96.86	2.8114/3.14	/	/	/	2.8114/3.14	89.5507
S_2	81.9910/95.85	3.5541/4.15	/	/	/	3.5541/4.15	85.5451
S_3	86.8581/96.97	2.7185/3.03	/	/	/	2.7185/3.03	89.5766

表 5-14 林分各层有效潜能

林分	林冠难燃物潜能(10^{11}J/hm^2)/百分比(%)	林冠易燃物潜能(10^{11}J/hm^2)/百分比(%)	林下植被层难燃物潜能(10^{11}J/hm^2)/百分比(%)	林下植被层易燃物潜能(10^{11}J/hm^2)/百分比(%)	凋落物层潜能(10^{11}J/hm^2)/百分比(%)	易燃可燃物总潜能(10^{11}J/hm^2)/百分比(%)	总潜能(10^{11}J/hm^2)
C_1	26.7445/90.16	1.1552/3.89	0.1925/0.65	0.2081/0.70	1.3643/4.60	2.3061/7.77	29.6646
C_2	32.4754/92.06	1.1594/3.29	0.1748/0.50	0.1687/0.48	1.2964/3.68	2.2165/6.29	35.2747
C_3	28.7877/90.45	1.2773/4.01	0.2202/0.69	0.1566/0.49	1.3847/4.35	2.3887/7.50	31.8265
C×M_1	33.6233/93.28	0.4315/1.19	0.2731/0.76	0.0217/0.06	1.6936/4.70	1.5186/4.21	36.0522
C×M_2	31.8305/92.28	0.5537/1.57	0.2231/0.65	0.0343/0.10	1.8622/5.40	1.7645/4.05	34.4942
C×M_3	33.8819/93.17	0.5636/1.55	0.2787/0.77	0.0375/0.10	1.6044/4.41	1.6315/4.48	36.3661
M_1	24.9626/91.21	0.6185/2.26	0.1518/0.55	0.0175/0.06	1.6185/5.91	1.7091/6.24	27.3689
M_2	24.5632/90.38	0.7197/2.65	0.183/0.67	0.0193/0.07	1.6928/6.23	1.8879/6.95	27.178
M_3	26.2521/90.84	0.7889/2.73	0.1597/0.55	0.0229/0.08	1.6757/5.80	1.8916/6.55	28.8993

（续）

林分	林冠难燃物潜能（10^{11} J/hm²）/百分比(%)	林冠易燃物潜能（10^{11} J/hm²）/百分比(%)	林下植被层难燃物潜能（10^{11} J/hm²）/百分比(%)	林下植被层易燃物潜能（10^{11} J/hm²）/百分比(%)	凋落物层潜能（10^{11} J/hm²）/百分比(%)	易燃可燃物总潜能（10^{11} J/hm²）/百分比(%)	总潜能（10^{11} J/hm²）
P_1	27.1282/89.33	0.5220/1.72	0.1915/0.63	0.2171/0.71	2.3089/7.60	2.4471/8.05	30.3677
P_2	29.5062/91.46	0.7500/2.32	0.1766/0.55	0.1682/0.52	1.6599/5.15	2.3745/7.35	32.2609
P_3	26.3820/88.71	0.7246/2.44	0.2403/0.81	0.1797/0.60	2.2146/7.45	2.4503/8.20	29.7412
$P\times S_1$	18.8148/93.68	0.3861/1.92	0.0647/0.32	0.0194/0.10	0.7979/3.97	1.1508/5.74	20.0829
$P\times S_2$	20.0201/91.79	0.3963/1.82	0.0964/0.44	0.0197/0.09	1.2776/5.86	1.6334/7.51	21.8101
$P\times S_3$	19.5779/93.02	0.3859/1.83	0.0862/0.41	0.0214/0.10	0.9775/4.64	1.3325/6.35	21.0489
S_1	17.4689/96.81	0.5762/3.19	/	/	/	0.5762/3.19	18.0451
S_2	16.5116/95.77	0.7284/4.23	/	/	/	0.7284/4.23	17.2400
S_3	17.4910/96.91	0.5571/3.09	/	/	/	0.5571/3.09	18.0481

5.4.3 各林分可燃物的空间分布格局

可燃物在林分中的不同分布格局直接影响着林火的火烧类型与蔓延速度。一般来讲，水平连续分布易导致火烧的迅速蔓延；易燃可燃物在垂直方向上的连续分布，则会使地表火发展成为树冠火，从而使火烧强度和蔓延速度增加。

杉木火力楠混交林的地表凋落物中有火力楠落叶，燃烧性降低，并且草本盖度比杉木纯林的小，而灌木盖度增加，易燃可燃物在垂直分布上是不连续的。杉木的枯枝在4.8m以上，地表火的火焰达不到此高度，地表火不易转为树冠火。杉木针叶较易燃，而火力楠叶不易燃烧，在混交林林冠层针叶和阔叶间隔分布，也不利于树冠火的蔓延。杉木纯林林下阳性杂草如乌毛蕨、铁芒萁等盖度大，高度也达到1.2m以上，杉木枯枝也不易凋落，枯枝平均高度在1.95m处，地表火极易发展成为树冠火。马尾松与木荷的混交林的易燃可燃物在垂直分布上更是明显地呈间歇性分布，马尾松居于第一林层，木荷处在第二林层。林分郁闭度大，林下阳性杂草少(草本盖度30%)，林分的燃烧性大大降低。利用树种间的不同生物学特征与防火性能，营造针阔混交林，使阔叶树种成为间断式的限制性蔓延带，以阻隔地表火和树冠火，控制火灾的发生与发展，有着重要的现实意义。

5.4.4 火环境

在林火危险期内，连续观测各林分类型林内气温、空气湿度、地温等气象因子，结果表明，混交林内日均温度小于相应纯林和空旷地，马尾松木荷混交林和杉木火力楠混交林内的日均气温都比相应的纯林低 0.6℃左右；混交林内气温日变化幅度也小于纯林和空旷地。马尾松木荷混交林夜间最低温度要比马尾松纯林和空旷地高 0.4℃和 0.8℃。

混交林内的空气相对湿度均高于相应纯林。尤其是在干旱季节，这种差别更加明显。马尾松、木荷混交林内的日均空气相对湿度分别比马尾松纯林和空旷地高 7.5%和 15.9%；杉木、火力楠混交林比杉木纯林高 4.0%~9.5%。出现这种结果，是因为混交林的林冠层比纯林厚，对地面的覆盖效果明显地优于纯林，如杉木和火力楠的林冠分布层次和相互镶嵌比纯林好，马尾松、木荷混交林形成复层林的林相。混交林内阳光直射减少，气温降低，地表蒸发也减少，造成低温、高湿的不利火灾发生与发展的环境。由于林分内的光照、气温和空气相对湿度的变化，地表植被也逐渐发生了改变。与纯林相比，混交林内中性灌木增加，阳性杂草减少，有利于林分燃烧性的降低。

第6章　东北林区可燃物计划火烧研究

6.1　计划火烧的意义

计划火烧的目的，是在人力能够控制的情况下，把贮量较大且可能在高火险季节酿成高强度火烧的危险可燃物，在适当时机人为点火，促其较缓慢地燃烧，以中强度及其以下火烧强度的方式，逐渐释放能量，以避免高火险季节出现高强度火烧，使目的树种免遭火害。它的作用在于：①限制危险可燃物的积累，减少森林火灾发生和蔓延的危险性。计划火烧是在森林燃烧天气等级较低的时候进行的，其燃烧强度低，除了烧掉林地和林缘的一些死、活地被物以外，对树木本身没有影响，特别对高大乔木更无影响，相反却从客观上减少了引发森林火灾的可能性。②计划火烧成本低，防火效果明显。③计划火烧可以充分发挥火对森林生态系统的有益作用。马志贵等(2000)通过定位研究，发现计划烧除虽然改变了林地地表原状，引起林地水文特征改变、地表径流和土壤流失量增加，但是，这些变化并不是想象的那么剧烈，并且小于国家水电部规定的最低允许流失量标准。而且计划烧除后3年左右林地枯落物就能基本恢复到原来状况，计划烧除林地的水文特性与计划烧除之前没有明显差异。④计划火烧使林地营养增加，可促进林木生长。⑤计划火烧还可改善某些动植物的栖息条件和生活条件。但烧除不当，特别是高强度火烧，易引发火灾，引起水土流失和环境污染。

6.2　计划火烧的林分选择

利用标准地调查确定适宜计划火烧的林分，调查的指标包括林龄、林分郁闭度、树高、枝下高度以及可烧物载量。笔者调查不同年龄和郁闭度的湿地松人工林，森林郁闭度0.4~0.75，林龄27~34年，平均树高10.5m，平均胸径15cm。通过结果分析，确定实施计划火烧林分的原则要求：一般林地落叶层高度不能超过10cm，灌木高度不能超过2m，并不与树冠(或枝下高)相接。大部分枯枝直径不超过1cm，枝杈以及直径5cm的零星树枝等可烧物的载量每公顷不超过20t，在这样的条件下，才能实施计划火烧。

6.3　计划火烧的技术方法

6.3.1　点烧季节

烧除季节应选择在火险低的时期。根据调查，在降雨较少、植被枯黄、林木正处休眠期的12月至翌年1月比较适合计划火烧。此时，易选择低强度的火烧条件，又是林木休眠期，对火的抵抗力较强，而且，烧除后不久就进入火险期，提高预防效果。季节往后推迟，烧除的危险性增大。

6.3.2 点烧时间

按照气温和空气相对湿度，推算易燃物含水量。一般易燃物的含水量不要低于12.2%。一般在上午点火，中午12点以前结束。然而，由于大部分因素能选用低强度指标或作业面积较宽、费时较多时就不应受此限制，只要在12~14点时方法上谨慎，预防力量加强，用火面积和长度严加限制，防止蔓延太快就行。林冠下烧除，尽可能按有利地形把作业区划小些，以能在12点最迟不超过14点结束。也可在晚上进行，天黑点火，天亮前或中午12点以前结束。此法的优点是晚上有下山风，湿度、气温都较低，风较小，可点逆风的上山火，蔓延速度适中，且晚上观察方便，可及时发现跑火现象。同时，晚上点烧，作业人员可免受高温烈日侵袭，能改善劳动条件，提高效率。

6.3.3 点烧方法

无论哪种计划烧除都要从火烧防火线开始，然后以此为基础开展林冠下烧除或荒山、灌木丛、疏残林地的烧除。防火线一般沿山脊或山腰、山脚有利地形设置，可采用沿等高线逆风点火法。林冠下烧除是以防火线为基础，采用下坡火带状烧除法，带宽10~15m，第一带火前进30~50m后再点第二带，依此类推。大面积荒山、灌木丛、疏残林地烧除可在夜间采用上坡逆风火，于作业区下坡以防火线为界分段点火。

6.3.4 火烧间隔期的确定

林木在生长过程中不断地向地表输送危险可燃物，同时，掉到地面的危险可燃物在微生物、昆虫和土壤动物的作用下又在不断地被分解，变成林木能够吸收利用的养分。因此，地表危险可燃物贮量并不是年产量的简单累加，而是一个积累和分解同时进行，最终得到相对平衡，并较为稳定地保持在一定数值的过程。一定时间内的危险可燃物产量与该时间内实际被分解的量之差，才是林地危险可燃物净累积量。由于危险可燃物的腐解是一个缓慢的过程，即使每年的产量是稳定的，也要从这一稳定值开始出现的当年，到这一年形成的危险可燃物完全腐解时的年份，才能出现稳定的净累积量值。因此，在危险可燃物产量和分解量达到相对平衡之前，净累积量是一个逐渐增加的过程。

计划烧除一般都是在非幼林地内进行，而林木在中龄至成熟龄的生长过程中，林分每年形成的凋落物量虽有所变化，但相对来说还是比较稳定的。

林内计划烧除是低强度计划烧除，其火强度一般为60~250kW/m，最高强度限度为500kW/m。因湿地松耐火性强，笔者确定这一上限为700kW/m(中强度火烧上限值)。对于林火强度的计算，目前一般采用拜拉姆方程式：

$$I=0.007\times H\times W\times R \tag{6-1}$$

式中 I——火强度，kW/m；

H——有效可燃物热值，J/g；

W——有效可燃物贮量，t/hm^2；

R——林火蔓延速度，m/s。

研究区湿地松林内，危险可燃物贮量6.0t/hm^2，热值4000J/g。如果危险可燃物在高火险季节以5m/s的速度燃烧，并一次性彻底地将地表危险可燃物烧尽，则最大火烧强度为840.0kW/m，已高出700kW/m的中强度火烧上限，属高强度火烧。按700kW/m为湿地松能够忍受的最大火烧强度，由拜拉姆方程计算得，林内危险可燃物贮量应低于5.0t/hm^2。为了确保湿地松森林在高火险季节不致发生700kW/m以上的高强度大火，而又适合进行计划烧除，应在林内危险可燃物净累积量达到5.0t/hm^{2}之前，即实施计划烧除。草类-湿地松森林在实施计划烧除后，林地危险可燃物年产量为1.6t/hm^{2}左右，年腐解率为0.3044g/g。由可燃物积累动态模型可以计算出计划火烧间隔期为5年。

6.4 长白山林区低强度火烧对蒙古栎林的影响

在森林生态系统中，火是一个相当重要的因子。一般来讲，低强度火和一定周期的林火能促进森林生态系统的物质流和能量流，有利于维持生态系统的稳定，有益于森林的天然更新和林地生产力的提高；高强度和过频繁的林火会破坏森林生态系统的稳定性。计划火烧已广泛用于可燃物清理，降低火险。美国、加拿大和澳大利亚等国每年都为不同目的开展大量的计划火烧，特别是在城市—乡村交界区域开展计划火烧或机械清理可燃物，降低火险。通过计划火烧减少林内可燃物载量，是预防破坏性森林火灾一项极为有效的技术措施。计划火烧还可以控制森林病虫害、改善野生动物种群栖息条件、促进森林更新和提高林木生长量。

我国多年来实施绝对的森林防火政策，很少采用计划火烧技术。延边朝鲜族自治州已经实现了连续24年无重大森林火灾，有效保护了森林资源。但多年的森林防火，林内可燃物积累量不断增加，防火期内森林火险高，发生高强度火烧的危险性增大，如何减少林内可燃物的载量，有效降低发生大火灾的危险，成为当前迫切需要解决的课题。本研究针对这一实际问题，进行低强度的计划火烧实验，了解低强度火烧对蒙古栎(*Quercus mongolica*)林森林生态系统的影响，探讨林内计划火烧降低森林火险的可行性。

6.4.1 试验地概况与火灾特点

研究区属于低山丘陵落叶阔叶林区，在自然地理位置上介于东经125°26′~131°05′、北纬41°35′~44°39′的范围内，海拔高度一般在600m以下。地形以低山、丘陵和河谷冲积平原为主，区内地带性土壤为暗棕色森林土。气候属于温带半湿润季风气候，春季干旱而风大，夏季炎热而多雨。秋短多晴，冬长寒冷。而珲春市受海洋影响，属近海洋性季风气候区，表现为冬暖夏凉，温和潮湿，雨量充沛，分布不均。

试验地位于延边朝鲜族自治州珲春市林业局，属于吉林省东部的长白山林区。延边朝鲜族自治州的森林覆盖率为80.23%，是国家重点林区，与俄罗斯和朝鲜接壤，边境线总长约768.5km，境外火入侵是当地森林火灾发生的主要火源。根据当地的气候和森林火灾特点，防火期分为春、秋两个防火期。春季森林防火期从3月15日开始到6月15日结束，4月20日至5月31日为春季森林防火“戒严期”；秋季森林防火期从9月15日开始至11月30日结束，10月1至10月31日为秋季森林防火“戒严期”。

6.4.2 研究方法

6.4.2.1 火烧试验方法

在防火期内选择适宜的林分和时间进行计划火烧试验。试验前做好预防跑火的准备，并观测当时的气象条件和火行为。火行为观测指标包括火蔓延速度和火强度等。火烧试验前后分别利用标准地调查林分可燃物载量及其分布状况。因为乔木层基本没有明显受害，所以调查研究以林下灌木层和地表植被与可燃物状况为主，乔木层采用10m×10m的标准地，林下植被调查采用5m×5m样地，分别设置4个重复。地表可燃物载量调查采用线状相交可燃物取样调查方法(Doug et al.，1979)，按不同径级调查可燃物载量，共分6个径级0.0~0.49，0.5~0.99，1.0~2.99，3.0~4.99，5.0~6.99cm和≥7.0cm。腐殖质深度测定采用“V”字形刻槽或“T”字形针，测定火烧后林地腐殖质层厚度的变化。

火烧期间观察蔓延速度和记录天气状况。在试验标准地内按照网格状埋置火烧计时器(自己设计改装，记录火焰通过的时间)，网格为5m×5m，共埋置12个计时器，用于计算火烧蔓延速度。

利用便携式气象仪器，观测火烧试验时各气象因子的变化，包括温度、大气相对湿度、风速和风向，计划火烧前和火烧期间每隔半小时进行一次观测，以便及时掌握可燃物含水率的变化趋势。

对地表凋落物、腐殖质层(0~6cm)、不同径级的地表枯枝等可燃物进行取样，腐殖质取样尽量代表火烧的主要部分，用小刀切一部分。采样盒(227g大小的土壤采样盒)用胶带密封，避免水分丧失，每份样品6个重复，带回实验室内烘干，测定可燃物的含水率。

火烧后在火烧前的调查样地上重新测定各类可燃物的量，调查方法同火烧前调查。去掉地表的灰分，测量未火烧层到刻槽的长度，确定每一样地的烧掉的腐殖质平均深度。

6.4.2.2 火烧迹地调查方法

选择2004年秋天的蒙古栎林火烧迹地，调查发生的时间、地点、可燃物状况、气象条件。在火烧迹地和附近相似林分的未火烧地块上设置标准地，测定林分基本特征和各类可燃物载量与分布特征，调查熏黑高度，研究火行为特点和火后林分生态系统变化。

6.4.3 试验与调查结果

6.4.3.1 林分基本特征

蒙古栎的群落结构和树种组成比较简单，乔木层中常混有黑桦(*Betula davurica*)、紫椴(*Tilia amurensis*)、水曲柳(*Fraxinus mandshurica*)、色木槭(*Acermono*)、白桦(*Betula platyphylla*)、山杨(*Populus davidiana*)等。下木多以胡枝子(*Lespedeza bicolor*)、榛(*Corylus heterophylla*)、毛榛(*Corylus mandshurica*)、东北山梅花(*Philadelphus schrenkii*)、绣线菊

(*Spiraea camescems*)等在不同群落中分别成为灌木层中的优势种。草本层主要为喜光、耐旱的植物占优势，如关苍术(*Atractylodes japonica*)、羊胡苔草(*Carex callitrichos*)、长白沙参(*Adenophora pereskiifolia*)、宽叶山蒿(*Artemisia stolonifera*)等(吉林森林编辑委员会，1988)。标准地基本概况及其林分基本特征见表 6-1 和表 6-2。调查的三块林地都是起源于天然次生林，郁闭度在 0.4~0.7。试验地 1 受到的人为干扰比较强，森林生长不良，平均树高只有 7.3m，平均枝下高 1.5m。在试验地 2，林下有人工栽植的红松(7 年生)，平均栽植密度为 6000 株/hm^2。林冠层郁闭度大，许多次林冠层树木自然死亡(占林冠层树木的 27%)，成为枯立木。试验地 3 受人为干扰较少，主林冠层有珍贵的阔叶树种混交，自然整枝良好，平均枝下高为 5.6m。次林冠层树木生长不良，有 20%的上层树木枯死。所有试验地的林分都有下木层，主要树种是蒙古栎幼树、色木、野玫瑰等，特别是试验地 1 由于郁闭度低，林下幼树生长较好，平均高度达到 1.21m，许多是丛状的蒙古栎萌条，下层树木密度达到 24500 株/hm^2。试验地 2 林下野玫瑰比较多(6000 株/hm^2)，下木平均高度低，仅为 0.52m。试验地 3 林下蒙古栎和水曲柳幼树较多。

表 6-1 试验地概况

编号	地点	地理位置	林冠层树种组成	起源	郁闭度	海拔(m)	坡向	坡度(°)
1	坂石林场 95 林班—6 小班	N42°42′21″ E130°17′0″	蒙古栎：枫桦：康椴(8：1：1)	天然次生林	0.4	340	半阳坡	33
2	青龙台 84 林班—1 小班	N43°17′50″ E131°13′58″	蒙古栎：糠椴(7：3)	天然次生林	0.7	647	平地	0
3	三道沟 99 林班—9 小班	N42°52′28″ E130°56′23″	蒙古栎：水曲柳：花曲柳：糠椴(5：2：2：1)	天然次生林	0.6	522	半阴	8°

表 6-2 林分基本特征

试验地编号	上层林木密度(株/hm^2)	平均胸径(cm)	平均树高(m)	枝下高(m)	下木层盖度(%)	灌木高度(m)	草本盖度(%)
1	950	18.5	7.3	1.5	60	1.21	5
2	1700	16.1	16.9	1.7	70	0.52	5
3	1500	21.2	15.2	5.6	60	0.95	70

6.4.3.2 可燃物载量调查

地表凋落层(未分解的落叶、球果等)采用小样方(0.5m×0.5m)称重法测定，每各试验地 5 个重复。地表各径级可燃物载量采用线状相交可燃物取样调查方法(边长 10m 的等边三角形样线)确定，这一调查方法的基本理论是通过估计可燃物体积，采用具体的木质材料密度计算可燃物重量。计算公式如下：

$$W=\frac{0.1234\times(n\times d_q^2)\text{或}\sum d^2\times s\times a\times c}{N\times l} \tag{6-2}$$

式中 W——可燃物载量，kg/m^2；
0.1234——体积转化为 kg/m^2 的常数；
n——直径小于 7.0cm 相交的可燃物数量；
d_q^2——平均直径的二次方，cm^2；
$\sum d^2$——横切直径大于等于 7.0cm 可燃物的直径平方和，cm^2；
s——不同径级可燃物具体重量，g/cm^2；
a——可燃物非水平角度的校正因子；
c——坡度校正因子（$c=\sqrt{1+[坡度(\%)/100]^2}$）；
N——横切可燃物的数量；
l——横切可燃物的长度，m。

对每一条样线的调查结果进行坡度校正。表 6-3 是试验地 1 的地表各径级可燃物调查结果，进行坡度校正后的总可燃物载量为 1.140kg/m²，其中，小径级可燃物 0.0–0.49 和 0.5–0.99 的载量分别为 0.015kg/m² 和 0.036kg/m²。由于该试验地的地表凋落物比较厚（3~25cm），而且受风和地形的影响，地表凋落物分布不均匀，有些小径级可燃物分布在凋落层以下。地表凋落物平均载量为 1.39kg/m²，加上各径级可燃物，地表总可燃物载量为 2.70kg/m²。

表 6-3 试验地 1 地表各径级可燃物分布

径级大小(cm)	数量	乘数因子	载量(kg/m²)
0.0~0.49	10	0.0015	0.015
0.5~0.99	6	0.006	0.036
1.0~2.99	3	0.0396	0.119
3.0~4.99	1	0.1896	0.190
5.0~6.99	0	0.4995	
≥7.0cm	1(8.5cm)	0.0108	0.780
合计			1.140

试验地 2 的天然蒙古栎次生林下栽植了红松，红松幼树平均高度为 3.0m，枝下高低，在垂直方向上与地表可燃物形成连续分布，所以，发生地表火对红松幼树的影响很大。该试验地是 2004 年 11 月过火迹地，地表的落叶层已经被火烧掉，由于火烧影响，有些树木枯枝和灌木倒落地表，地表各径级可燃物增多，各径级可燃物总载量为 4.117kg/m²（表 6-4）。从表 6-4 可以看出，火烧迹地和对照林地地表各径级可燃物的分布差别，对照林地的各径级可燃物载量低于火烧迹地，但对照林地有落叶层，地表落叶层平均可燃物载量为 0.54kg/m²，各径级可燃物总载量为 0.342kg/m²，地表可燃物总载量为 0.882kg/m²。但这些可燃物均为易燃可燃物，发生火烧的概率要大大高于火烧迹地。试验地 3（表 6-5）也是火烧迹地，其地表径级可燃物总载量为 4.589kg/m²，对照样地的径级可燃物载量为 3.269kg/m²。对照样地地表凋落物载量为 0.48kg/m²，凋落层平均厚度 10cm，分布比较均匀，有草本层，草本盖度为 70%。

表 6-4 试验地 2 地表各径级可燃物载量调查

径级大小(cm)	火烧迹地数量	对照数量	乘数因子	火烧迹地可燃物载量(kg/m²)	对照可燃物载量(kg/m²)
0.0~0.49	23	3	0.0015	0.035	0.005
0.5~0.99	26	10	0.006	0.156	0.060
1.0~2.99	14	7	0.0396	0.554	0.277
3.0~4.99	0	0	0.1896	0.000	0.000
5.0~6.99	5	0	0.4995	2.498	0.000
≥7.0cm	1(9cm)	0	0.0108	0.875	0.000
合计				4.117	0.342

表 6-5 试验地 3 地表各径级可燃物载量调查

径级大小(cm)	火烧迹地数量	对照数量	乘数因子	火烧迹地可燃物载量(kg/m²)	对照可燃物载量(kg/m²)
0.0~0.49	19	7	0.0015	0.028	0.011
0.5~0.99	9	8	0.006	0.056	0.048
1.0~2.99	15	11	0.0396	0.594	0.436
3.0~4.99	3	1	0.1896	0.506	0.253
5.0~6.99	5	5	0.4995	2.498	2.498
≥7.0cm	1(9cm)		0.0108	0.875	0.000
合计				4.556	3.245
坡度校正				4.589	3.269

由于是阔叶林，林内易燃可燃物在垂直方向上分布不连续，而地表落叶层在水平方向上连续分布，所以，这些林分都容易发生地表火，特别是在火险期内，地表可燃物干燥易燃，林冠层下的蒙古栎幼树树冠在非生长期残留的枯叶也容易发生火烧，增加了火烧强度。比较火烧前后林地径级可燃物的载量变化，发现这三块试验地在火烧后径级可燃物载量都有所增加，这是由于火烧引起部分枯死木倒伏或下木层树枝被烧断引起的，但由于地表易燃的落叶层消失，林分燃烧性还是降低了。调查中也发现，虽然试验地 2 和试验地 3 的火烧强度低，但由于火蔓延速度慢，火在可燃物上停留时间长，林地倒伏和掉落的大径级可燃物增多，总径级可燃物载量分别达到 4.117kg/m² 和 4.589kg/m²(表 6-4、表 6-5)。

6.4.3.3 火行为与可燃物变化

2005 年 4 月 9 日上午，在试验地 1 进行计划火烧。当时的天气为多云，气温 10.1~11.5℃，大气相对湿度 55%~63%，平均风速 0.2m/s，阵风最高风速 1.9m/s。测定的地表凋落层可燃物含水率为 20.76%。火烧方式采用上山顺风火，但由于气温较低、空气湿度高、可燃物湿度较大，火蔓延速度比较低，平均蔓延速度为 1.7m/min，测定的火场中心蔓延速度为 1.2~2.5m/min。山坡下部的火烧出现“花脸”现象，火蔓延方向并不是依线状由山底向山脊蔓延，这也影响了对火蔓延速度的测定与观测。通过对测定结果的分析发现，火烧计时器测定火烧蔓延速度更适合用于线状蔓延的比较稳定火烧，或用于平坦地形或比较均匀的平缓坡地的火烧。火烧基本消耗掉了凋落层，而腐殖质层由于湿度大，基本没有被烧掉。由于受风和地形的影响，地表凋落层分布不均，造成局部火强度的差异比较大。观察到的火焰高度在0.5~2.5m。火烧后，乔木平均熏黑高度1.12m，灌木平均熏黑高度0.43m。

火焰长度大于树干熏黑高度，后者大约少50%(杨美和等，1992)。所以，利用熏黑高度计算火线强度时，采用2倍的树干熏黑高度。树干熏黑高度与火线强度的关系如下：

$$I = 259.833 \times h^{2.174} \tag{6-3}$$

式中 I——火线强度，kW/m；

h——火焰高度，m。

计算结果见表6-6。由于试验地1的火烧试验中测定了地表可燃物(主要消耗的可燃物)的含水率和载量，也可以根据拜拉姆公式计算火线强度，计算公式如下：

$$I = Q\,\overline{W}R \tag{6-4}$$

式中 I——火线强度，kW/m；

Q——可燃物低发热量，kJ/kg；

$\overline{W}$——可燃物载荷，kg/m^2；

R——林火蔓延速度，m/s。

根据平均木质可燃物的燃烧热20000kJ/kg，按照有效可燃物载荷1.39kg/m^2，平均林火蔓延速度0.028m/s，计算的火线强度为787.7kW/m。这与利用熏黑高度计算的结果664.9kW/m差别不太大，根据拜拉姆公式计算的结果比熏黑高度计算结果高15%。

其他两块试验地是2004年秋季的火烧迹地。试验地2的过火时间为2004年11月2日，过火面积12.4hm^2，火灾类型为地表火，当天风力为2级，气温-2~7℃。根据树木熏黑高度计算，火险强度为70.9kW/m。火烧只消耗了大部分地表落叶层，火强度为低强度地表火。但林下红松幼树受火烧影响，树冠枯死高度平均为1.45m，生长后受到影响，但大部分树木没有死亡。试验地3过火时间为2004年10月18日，过火面积20hm^2，火灾类型为地表火。当天风力为2~3级，气温-2~19℃。根据树木熏黑高度计算，火险强度只有8.4kW/m。火线强度是单位时间单位火线长度上释放出的热量。一般认为火线强度在750kW/m以下为低强度火，750~3500kW/m为中等强度火。由表6-6对3块试验地的火行为描述，可知这三块林分上的火烧强度都为低强度火烧。

表6-6 试验地的火行为描述

试验地号	熏黑高度(m)	火线强度(kW/m)	消耗可燃物量(kg/m^2)	地表可燃物描述
1	1.12	664.9	1.39	可燃物分布不均匀，厚度3~25cm，腐殖质1~2cm
2	0.4	70.9	0.54	只烧除了表层落叶，半腐殖质层未被烧掉
3	0.15	8.4	0.48	火后落叶层消失，腐殖质层没有被烧掉，地面有大量倒木与大径半腐枝丫

6.4.3.4 低强度火烧对林分结构的影响

通过对3块试验地的调查，低强度火烧对林冠层林木的生长基本没有明显的影响。虽然试验地2和试验地3林分有不少枯死木，但可以判定这些枯死木不是这次低强度火烧引起的，蒙古栎系喜光树种，除幼龄比较稍能耐庇萌外，一般不能忍受来自上层林冠的庇护，处于林冠下层的树木长期生长不良会自然死亡。低强度火烧对蒙古栎林下层林木有影响，下木死亡率在25%~42%。低强度火烧后地表枯落物被烧掉，土壤表面最高温度为177℃，土壤0.76cm深处温度为121℃(郑焕能，1991)，小径级的树木受害严重。试验地1和3林分下木主要是自然更新幼树和灌木，低强度火烧降低了下木密度，有助于林分卫生状况的改善，对保存下来的幼树生长有促进作用。但试验地2林下有人工栽植的红松，平均树冠烧焦高度达1.45m，这些红松幼树能否存活，还需要1~2年的观察。目前，可以断定这些红松幼树受到的伤害很大，这类林下有人工栽植针叶幼树的林分不宜进行低强度火烧，但可以在栽植前进行低强度计划火烧，降低林分燃烧性，不但有利于人工造林和减少下木对针叶幼树的竞争，而且避免幼树受到火烧威胁。

原生蒙古栎红松林，经过量砍伐后，残留一部分原生的蒙古栎林木，由于其具有较强的有性和无性繁殖能力，逐步发展成为蒙古栎异龄林或复层林。蒙古栎具有较强的耐火能力，森林遭火灾后，蒙古栎容易幸存下来，随着其他树种的消失，林冠的疏开，逐步演变成为灌丛状的多代萌生林(如试验地1)。

6.4.4 讨论与结论

通过火烧试验和火烧迹地调查发现火烧对地表可燃物的影响，低强度火烧可以减少林地地表易燃可燃物载量，特别是地表落叶层可燃物。而腐殖质层由于湿度大，基本没有被烧掉。对照林地的各径级可燃物载量低于火烧迹地，但对照林地有落叶层，易燃可燃物多，容易发生火烧。虽然试验地2和试验地3的火烧强度低，但由于火蔓延速度慢，消耗的有效可燃物多，林地倒伏和掉落的大径级可燃物也多，总径级可燃物载量分别达到4.117kg/m^{2}和4.589kg/m^2。

火烧均为低强度地表火，对林冠层林木的生长基本没有明显的影响，下木死亡率在25%~42%。火烧降低了下木密度，有助于林分卫生状况的改善，对保存下来的幼树生长有促进作用。林下人工栽植的红松幼树受火烧影响，树冠枯死高度平均为1.45m，这种林分不适宜进行计划火烧，但可以在栽植前进行低强度计划火烧，降低林分燃烧性。

蒙古栎林内计划火烧要掌握合适的火烧强度，点烧时用火烧间距来控制火烧强度，火焰高度以不超度1.5m为宜，火强度不会超过700kW/m。火烧间隔期要根据可燃物的积累过程和林分结构的变化进行确定。

观察蔓延速度的方法需要进一步完善，在平缓地段进行火烧试验，并采用更多的火烧计时器来记录火烧的蔓延过程，也可以考虑采用红外相机进行空中或高处拍摄，可以更好地描述林火行为。利用熏黑高度估算的火线强度比拜拉姆公式的计算结果偏低，但在对火烧迹地的调查中还是估计火行为的一个比较好的方法。不同林分结构的火行为表现不同，要建立树干熏黑高度与火强度的关系模型，还需要更多的试验结果。

6.5　计划烧除对大兴安岭南部落叶松生长的影响

在大兴安岭南部选择林龄为25a的计划烧除落叶松林样地(图6-1)，对照样地选择与计划烧除样地相毗邻的相同立地条件的落叶松林，比较分析两种样地在乔木层、灌木层和草本层的差异。

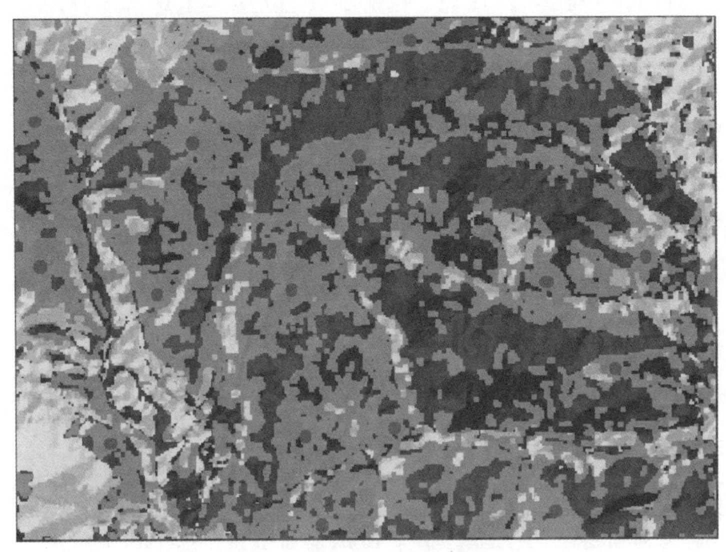

图6-1　研究区落叶松采样点

落叶松林计划烧除样地平均树高和平均胸径分别比对照样地高1.37m和1.44cm(表6-7)，北方无霜期短、低温寒冷，生长季节短，地表枯落物腐化慢。计划烧除样地由于多次进行烧除，烧除后的灰分和碳化动植物残体以及烧除时高温刺激土壤微生物活动，均有利于加快地表可燃物腐化，加速营养物质的转化，以利于林木吸收。

落叶松林计划烧除样地平均活枝下高和平均死枝下高分别比对照样地高2.39m和2.62m(表6-7)，计划烧除样地因为经过多次烧除和清理，所以枝下高较对照样地高。一旦发生火灾，不易由地表火转为树冠火。

表6-7　大兴安岭南部落叶松林烧除后林分变化

样地类别	平均树高(m)	平均胸径(cm)	平均活枝下高(m)	平均死枝下高(m)	熏黑高度(cm)
对照样地	12.72+1.75	18.52+3.50	6.03+2.12	2.37+1.76	
计划烧除样地	14.09+2.28	19.96+3.22	8.42+2.31	4.99+2.05	4.06+1.32

计划烧除样地和对照样地相比较(表6-8)，地表可燃物厚度和载量均极显著减少($P<0.01$)，灌木层载量极显著减少($P<0.01$)和高度显著减少($P<0.05$)，草本层载量极显著减少($P<0.01$)和高度显著减少($P<0.05$)。半腐殖质层和腐殖质层的厚度和载量均达差异性极显著增加($P<0.01$)。计划烧除大量烧除地表可燃物，减低可燃物厚度和载量，多次

烧除后灌木层、草本层的载量和高度大幅降低，增加了半腐殖质层和腐殖质层的载量和厚度，加速可燃物的腐化和转化速度。

表 6-8 大兴安岭南部落叶松林烧除后各类型可燃物变化

样地类别	地表可燃物		灌木层		草本层		半腐殖质层		腐殖质层	
	厚度(cm)	载量(t/hm²)	高度(m)	载量(t/hm²)	高度(cm)	载量(t/hm²)	厚度(cm)	载量(t/hm²)	厚度(cm)	载量(t/hm²)
对照样地	4.50[A] ±0.18	13.14[A] ±3.23	1.23[a] ±0.67	1.32[A] ±0.73	0.54[a] ±0.28	2.02[A] ±1.16	2.31[A] ±1.24	1.61[A] ±0.85	3.83[A] ±1.32	1.79[A] ±1.42
计划烧除样地	2.50[B] ±0.13	6.31[B] ±1.67	0.82[b] ±0.49	0.64[B] ±0.42	0.23[a] ±0.24	0.84[B] ±0.81	3.66[B] ±1.69	2.82[B] ±1.16	6.16[B] ±1.54	3.27[B] ±1.53

注：不同大写字母代表差异极显著($P<0.01$)，不同小写字母代表差异显著($P<0.05$)。

计划烧除后迹地灌木种类较对照样地多，但平均高度、平均地径、最大地径和盖度均比对照样样地要小(表6-9)。计划烧除对灌木有清理的功能，反复烧除后能减低灌木高度，计划烧除能增加灌木种类，是因烧除时的高温刺激种子发芽，但一年的时间灌木生长高度有限，烧除后迹地的灌木高度、盖度均下降。

计划烧除样地的草本种类比对照样地少，各种类的最大高度、平均高度、盖度均比对照样地小(表6-10)。

表 6-9 大兴安岭南部落叶松林计划烧除后灌木层变化

样地类别	植物名称	灌木/幼树	最大高度(m)	平均高度(m)	最大地径(cm)	平均地径(cm)	盖度(%)
对照样地	刺梅	灌木	1.27	1.03	0.7	0.50	30
	白桦	幼树	2.62	1.65	1.80	1.80	
	柳树	幼树	1.35	1.10	1.2	1.00	
	珍珠梅	灌木	1.17	0.81	0.3	0.30	
	榆树	幼树	0.86	0.86	0.7	0.70	
	榛子	灌木	1.70	1.20	1.8	0.70	
计划烧除样地	刺梅	灌木	1.42	0.90	0.8	0.40	15
	白桦	幼树	1.61	1.10	3.0	1.65	
	细叶沼柳	灌木	0.69	0.54	0.5	0.35	
	枫桦	幼树	0.70	0.45	0.6	0.40	
	笃斯越橘	灌木	0.40	0.30	0.2	0.15	
	丛桦	幼树	0.70	0.45	0.5	0.35	
	榛子	灌木	0.70	0.50	0.5	0.40	

表 6-10 大兴安岭南部落叶松林计划烧除后草本层变化

样地类别	植物名称	最大高度(m)	平均高度(m)	盖度(%)
对照样地	苍耳	0. 48	0. 48	30~40
	地榆	0. 90	0. 78	
	东方草莓	0. 18	0. 18	
	蒿子	0. 62	0. 57	
	禾本科草	0. 60	0. 40	
	菊科草	0. 42	0. 35	
	菊科紫苑	0. 28	0. 33	
	苦菜	0. 61	0. 49	
	老鹳草	0. 35	0. 35	
	藜	0. 65	0. 65	
	柳兰	0. 41	0. 41	
	鹿蹄草	0. 02	0. 02	
	轮叶婆婆纳	0. 74	0. 61	
	耆	0. 17	0. 17	
	莎草科草	0. 80	0. 70	
	唐松草	1. 40	1. 20	
	蹄叶托伍	0. 27	0. 27	
	土三七	0. 23	0. 23	
	悬钩子	0. 30	0. 30	
	野豌豆	0. 49	0. 49	
	野芝麻	0. 20	0. 20	
	紫鸢	1. 50	1. 20	
计划烧除样地	问荆	0. 45	0. 45	5~10
	玉竹	0. 50	0. 30	
	东北拉拉藤	0. 50	0. 50	
	蒲公英	0. 40	0. 40	
	茜草	0. 25	0. 25	
	鹿蹄草	0. 05	0. 30	
	禾本草科	0. 07	0. 07	
	苔草	0. 30	0. 30	
	东方草莓	0. 05	0. 05	
	地榆	0. 50	0. 36	

6.6 计划烧除对大兴安岭南部白桦生长的影响

在大兴安岭南部选择林龄为25年的计划烧除白桦林样地(图6-2)，对照样地选择与计划烧除样地相毗邻的相同立地条件的白桦林，比较分析两种样地在乔木层、灌木层和草本层的差异。

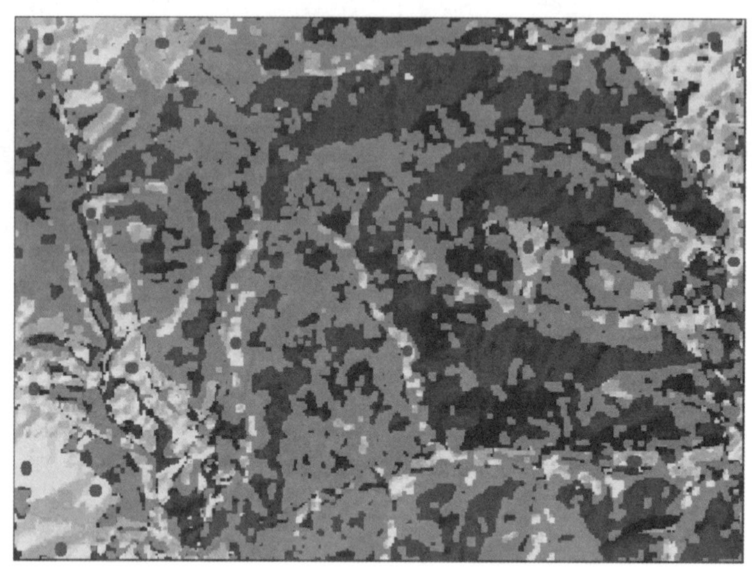

图6-2 研究区白桦采样点

白桦林计划烧除样地平均树高和平均胸径比对照样地分别高1.78m和1.49cm(表6-11)，计划烧除加速了可燃物转化为林木易吸收的腐殖质的速度，促进了林木生长，平均活枝下高和平均死枝下高分别比对照样地高1.48m和2.05m。

白桦林计划烧除后迹地地表可燃物厚度和载量均极显著减少($P<0.01$)，灌木层载量和草本层载量均极显著减少($P<0.01$)和高度显著减少($P<0.05$)。半腐殖质层和腐殖质层的厚度和载量均达差异性极显著增加($P<0.01$)(表6-12)。计划烧除能促进可燃物的转化速度，增加腐殖质。

白桦林计划烧除后迹地灌木种类较对照样地多，但平均高度、平均地径、最大地径和盖度均比对照样样地要小(表6-13)，草本种类及其最大高度、平均高度和盖度也小(表6-14)。计划烧除对灌木、草本有清理的功能，能有效降低灌木和草本的高度。

表6-11 大兴安岭南部白桦林计划烧除后林分变化

样地类别	平均树高(m)	平均胸径(cm)	平均活枝下高(m)	平均死枝下高(m)	熏黑高度(cm)
对照样地	9.87±3.10	10.03±2.96	4.17±3.51	2.10±2.46	
计划烧除样地	11.65±2.96	11.52±3.13	5.65±2.22	4.15±2.11	4.56±1.23

表 6-12 大兴安岭南部白桦林计划烧除后各类型可燃物变化

样地类别	地表可燃物		灌木层		草本层		半腐殖质层		腐殖质层	
	厚度(cm)	载量(t/hm^2)	高度(m)	载量(t/hm^2)	高度(cm)	载量(t/hm^2)	厚度(cm)	载量(t/hm^2)	厚度(cm)	载量(t/hm^2)
对照样地	$2.55^A \pm 0.23$	$8.5^A \pm 1.62$	$1.25^a \pm 0.67$	$1.8^A \pm 1.31$	$0.83^a \pm 0.45$	$3.7^A \pm 1.16$	$1.7^A \pm 0.73$	$2.46^A \pm 1.19$	$2.38^A \pm 0.86$	$3.4^A \pm 1.42$
计划烧除样地	$1.83^B \pm 0.18$	$4.3^B \pm 0.98$	$0.85^b \pm 0.54$	$0.9^B \pm 0.94$	$0.54^b \pm 0.37$	$1.2^B \pm 0.86$	$3.8^B \pm 1.15$	$4.5^B \pm 1.72$	$4.67^B \pm 1.43$	$5.9^B \pm 1.78$

注：不同大写字母代表差异极显著($P<0.01$)，不同小写字母代表差异显著($P<0.05$)。

表 6-13 大兴安岭南部白桦林计划烧除后灌木层变化

样地类别	植物名称	灌木/幼树	最大高度(m)	平均高度(m)	最大地径(cm)	平均地径(cm)	盖度(%)
对照样地	白桦	幼树	2.20	1.76	1.8	1.50	20~40
	柳	幼树	1.77	1.24	1.60	1.10	
	细叶沼柳	灌木	0.80	0.53	0.6	0.40	
计划烧除样地	蒙古栎	幼树	0.78	0.55	0.8	0.70	5~20
	榛子	灌木	0.70	0.50	0.5	0.40	
	白桦	幼树	1.00	0.60	0.7	0.30	
	枫桦	幼树	0.90	0.40	0.6	0.20	
	细叶沼柳	灌木	0.80	0.50	0.4	0.25	

表 6-14 大兴安岭南部白桦林计划烧除后草本层变化

样地类别	植物名称	最大高度(m)	平均高度(m)	盖度(%)
对照样地	笃斯越橘	0.45	0.40	25~40
	莎草科	0.60	0.60	
	接骨草	0.60	0.60	
	蕨	0.45	0.40	
	唐松草	0.63	0.58	
	菊科草	0.85	0.80	
	黄花	0.86	0.86	
	地榆	0.78	0.73	
对照样地	蒿子	0.57	0.49	25~40
	金丝桃	0.59	0.55	
	禾本科草	0.79	0.72	
	莎草科草	0.24	0.21	

(续)

样地类别	植物名称	最大高度(m)	平均高度(m)	盖度(%)
对照样地	歪头菜	0.69	0.69	25~40
	东方草莓	0.22	0.20	
	蹄叶托伍	0.90	0.75	
	裂叶蒿	0.33	0.33	
	薹草	0.40	0.30	
	玉竹	0.50	0.30	
	东北拉拉藤	0.50	0.50	
	蒲公英	0.40	0.40	
	茜草	0.25	0.25	
计划烧除样地	蓍	0.70	0.70	10~20
	蒿子	0.40	0.30	
	地榆	0.90	0.80	
	东方草莓	0.45	0.30	
	裂叶蒿	0.60	0.60	
	伞形科草	0.80	0.80	
	薹草	0.50	0.50	

6.7 基于 FARSITE 软件的计划烧除模拟

FARSITE 软件能模拟景观尺度上的火行为，按软件要求输入对应的可燃物信息、天气信息和地形信息的相关因子，可以根据某一点任何时刻的环境特征计算火蔓延速度和方向，能够模拟地表火、树冠火、飞火的火行为特征。该软件广泛用于美国的救火行动和规划，已被纳入美国国家野火协调小组[National Wildfire Coordinating Group(NWCG)]火行为培训内容(493)，并在 2009 年被纳入更高级的培训课程(S-495)。

6.7.1 大兴安岭南部落叶松林-草甸研究区的空间数据处理

将采样点的坐标加载到大兴安岭归一化植被指数图层，依据采样点选择研究区。选用非监督分类——K-means 分类法进行解译，结合实际的采样结果进行重分类，分为阔叶林、针叶林、草甸，并将分类后遥感影像进行主/次要分析、分类集群和分类筛选，得出林分分布图。根据 DEM 数据提取坡向分布图、坡度分布图和海拔分布图。

将地形数据和植被数据进行重采样，设置栅格大小为 30m×30m，再由栅格格式输出 ASCⅡ文本。同时将海拔、坡度、坡向、树高、胸径、郁闭度、枝下高、树冠密度、腐殖质载量等相关数据由栅格格式输出 ASCⅡ文本(图 6-3~图 6-6)。

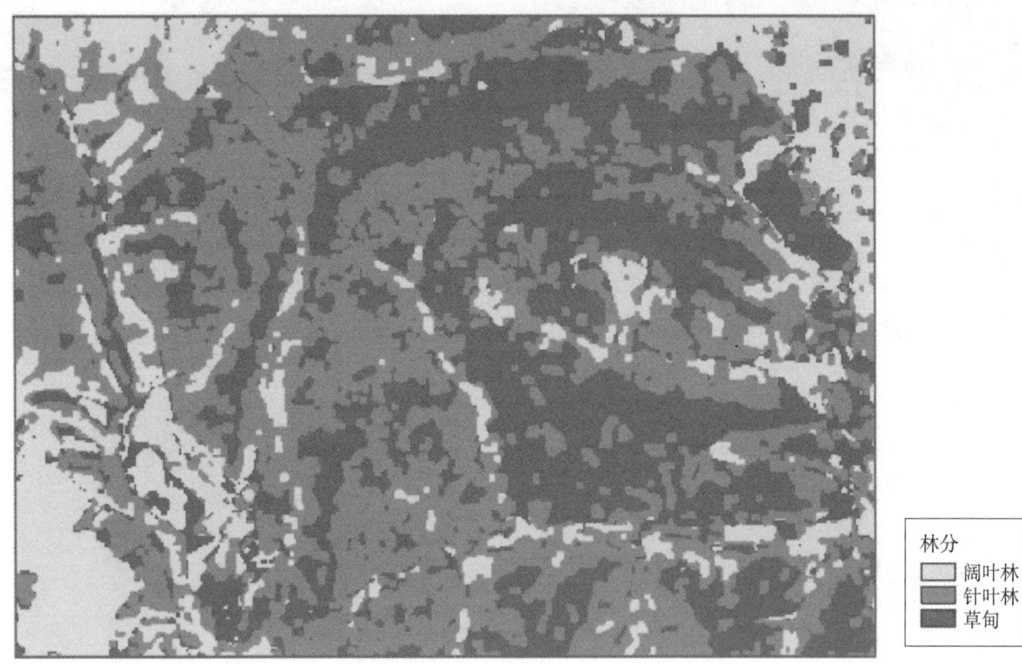

图 6-3　林分分布

图 6-4　坡向分布

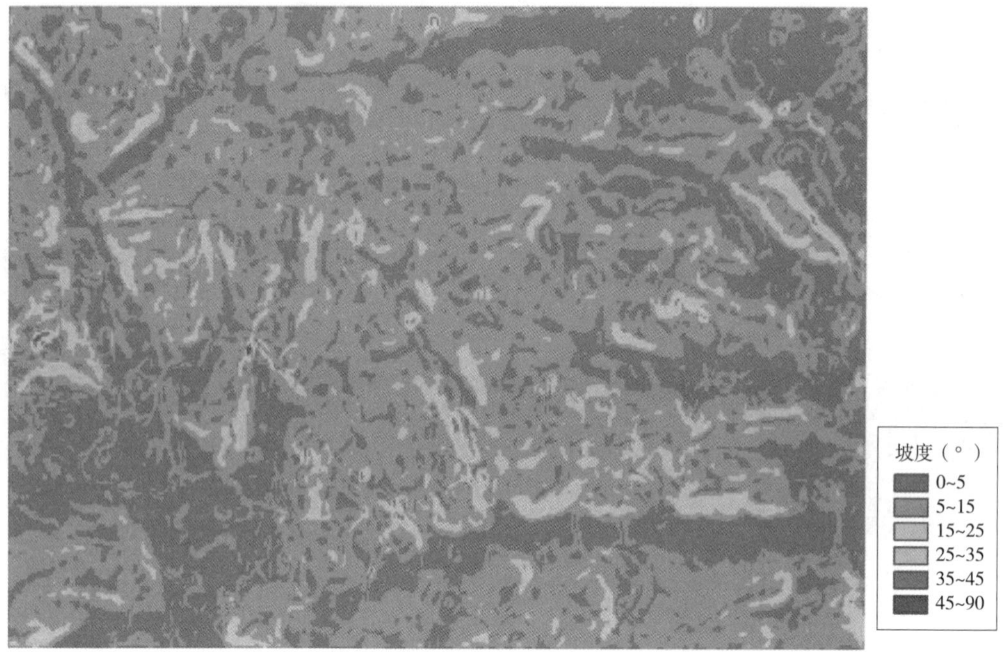

图 6-5　坡度分布

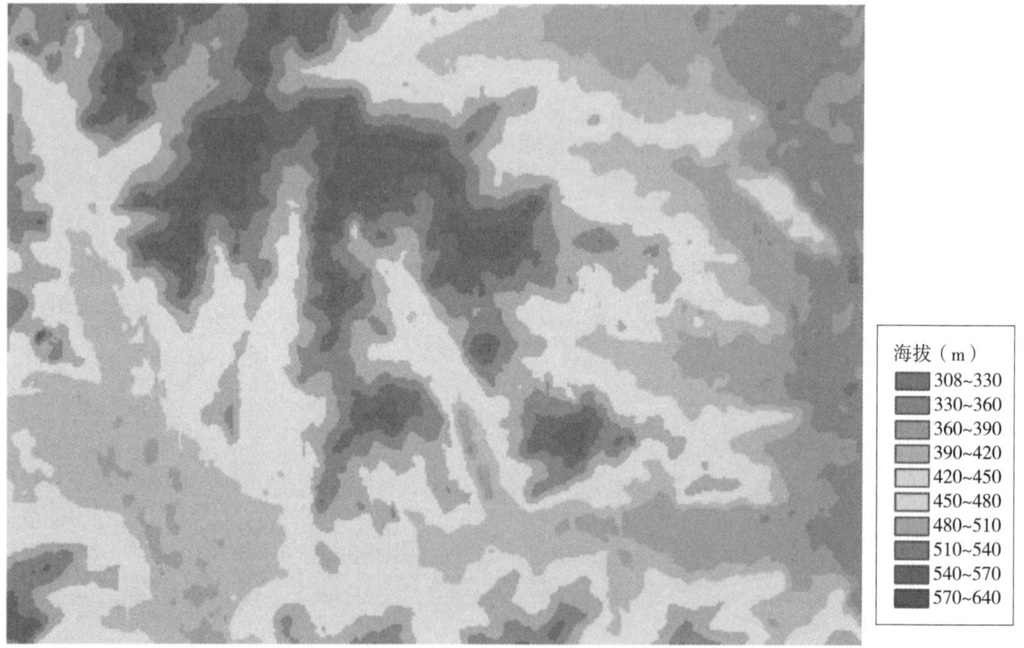

图 6-6　海拔分布

6.7.2 FARSITE 火烧模拟数据准备

(1)可燃物载量模型数据准备

采样数据经 SPSS 软件得出结果见表 6-15。

表 6-15 可燃物载量模型

模型	载量(t/hm^2)					可燃物层厚度(m)
	1h 时滞	10h 时滞	100h 时滞	灌木层	草本层	
阔叶林	2.75±0.89	1.64±0.62	0.86±0.32	1.29±0.74	1.95±1.23	0.045
针叶林	7.23±2.56	3.97±1.37	0.89±0.38	1.12±0.82	1.16±0.94	0.05
草甸	5.41±1.43	0	0	0	0	0.25

(2)气象数据模型准备

提取加格达奇 3 月气象数据，按 FARSITE 软件要求将计划烧除日期的气象数据及烧除日期的每日每时的数据录入软件并生成 ASCⅡ文件。气象信息见表 6-16，风因子信息见表 6-17。

表 6-16 气象信息

日期		降水量(mm)	最低温度时间(min)	最高温度时间(min)	最低温度(℃)	最高温度(℃)	最大湿度(%)	最小湿度(%)	海拔(m)	降水	
月	日									开始时间(min)	结束时间(min)
3	18	0	600	1400	-10	6	76	23	400	-	
3	19	0	2200	1100	-2	3	69	32	400	-	-
3	20	0	600	1500	-8	6	78	30	400	-	-
3	21	0	500	1400	-9	11	90	23	400	-	-
3	22	0	600	1500	-4	11	80	25	400	-	-
3	23	0	500	1600	-2	14	80	18	400	-	-
3	24	0	100	1600	-1	14	75	18	400	-	-
3	25	0	600	1400	-5	12	78	19	400	-	-
3	26	0	200	1300	-4	11	89	13	400	-	-
3	27	0	600	1600	-9	14	75	18	400	-	-
3	28	0	2200	1600	-2	11	10	59	400	-	-

表 6-17 风因子信息

日期		时间(min)	风速(m/s)	风向(°)	云量	日期		时间(min)	风速(m/s)	风向(°)	云量
月	日					月	日				
3	18	100	1	315	0	3	19	100	2	315	0
3	18	200	1	315	0	3	19	200	2	315	0

(续)

日期		时间	风速	风向	云量	日期		时间	风速	风向	云量
月	日	(min)	(m/s)	(°)		月	日	(min)	(m/s)	(°)	
3	18	300	1	315	0	3	19	300	1	315	0
3	18	400	2	315	0	3	19	400	2	315	0
3	18	500	1	315	0	3	19	500	2	315	0
3	18	600	2	315	0	3	19	600	2	315	0
3	18	700	2	315	0	3	19	700	2	315	0
3	18	800	2	315	0	3	19	800	2	315	0
3	18	900	2	315	0	3	19	900	2	315	0
3	18	1000	2	315	0	3	19	1000	2	315	0
3	18	1100	2	315	0	3	19	1100	2	315	0
3	18	1200	2	315	0	3	19	1200	3	315	0
3	18	1300	4	315	0	3	19	1300	2	315	0
3	18	1400	3	315	0	3	19	1400	3	315	0
3	18	1500	2	315	0	3	19	1500	3	315	0
3	18	1600	2	315	0	3	19	1600	2	315	0
3	18	1700	2	315	0	3	19	1700	3	315	0
3	18	1800	1	225	0	3	19	1800	2	315	0
3	18	1900	1	90	0	3	19	1900	2	315	0
3	18	2000	1	45	0	3	19	2000	2	315	0
3	18	2100	2	315	0	3	19	2100	2	315	0
3	18	2200	2	45	0	3	19	2200	2	315	0
3	18	2300	1	315	0	3	19	2300	2	315	0
3	18	2400	2	45	0	3	19	2400	2	315	0

6.7.3 大兴安岭落叶松林-草甸计划烧除FARSITE火行为模拟

将地形信息ASCⅡ文件、植被信息ASCⅡ文件、气象信息ASCⅡ文件和风因子信息ASCⅡ文件以及可燃物模型信息ASCⅡ文件载入FARSITE软件，选择参数模型(Parameters)，设置时间步长30min、烧除日期和点火点(或线或面)。计划烧除完成后可以根据模型计算结果查询任意区域的蔓延速度、火线强度、火焰高度等火行为相关数据，还可查询烧除区域面积、周长与时间的关系，蔓延速率与热量的关系，以及三维图形(图6-7~图6-14)。

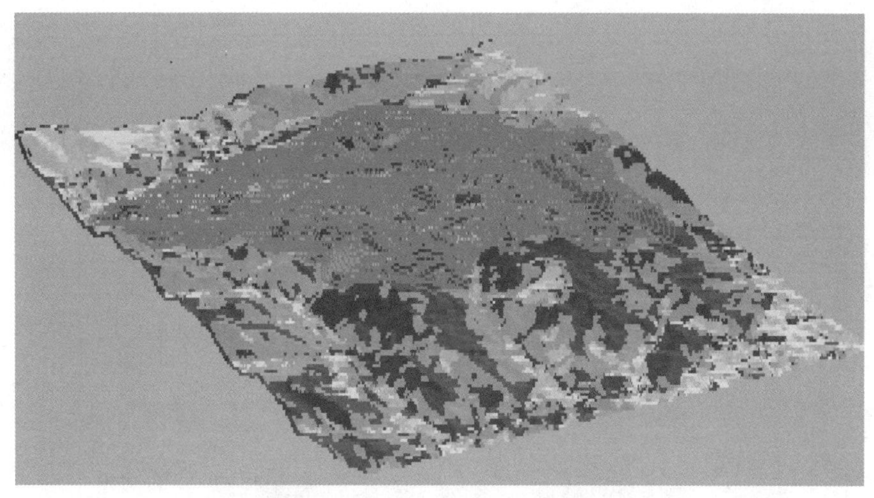

图 6-7 研究区计划烧除的三维视图

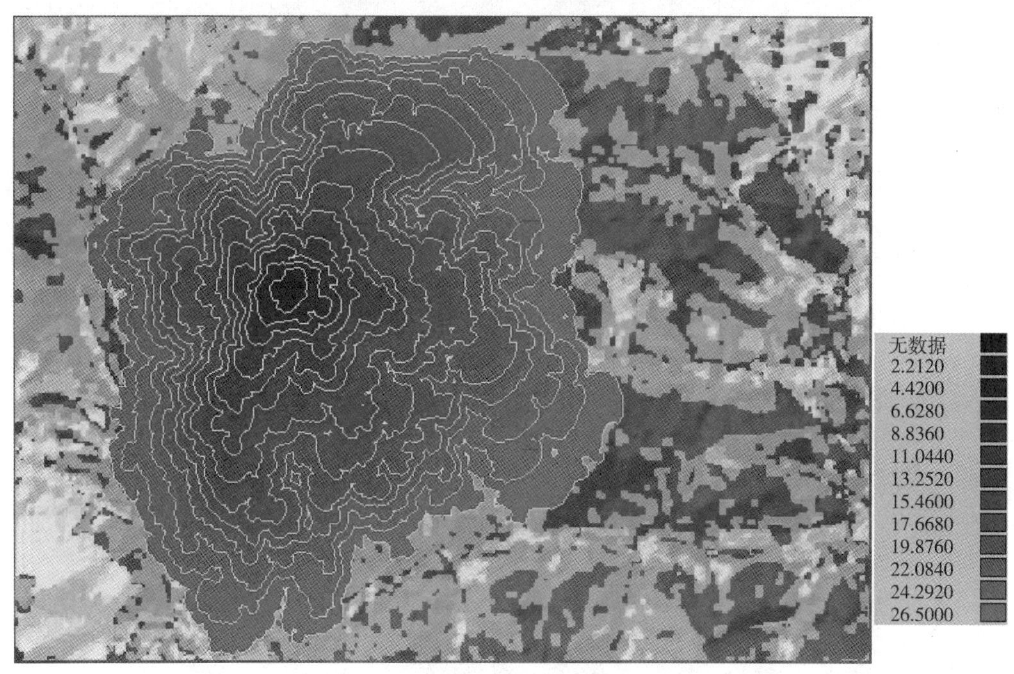

图 6-8 火头到达时间(h)

高火险区域通常是可燃物含水率低、载量高、热量释放大、蔓延速度快以及可能发生特殊火行为的高火强度区域。可燃物含水率低则可燃物易燃，燃烧蔓延快，可燃物载量高区域将增加火强度，热量释放高，增大预热范围，加速火线前锋可燃物的干燥速度和时间，快速降低可燃物含水率，加快火蔓延速度，特殊火行为包括飞火、火爆、火旋风等能将火场变得复杂，快速扩大火场面积，增加扑救难度。火险也受地形因素和气象因素的影响，坡度大的区域可燃物含水率低，且坡度能增大热辐射区域面积和温度，加快可燃物水分蒸发，能使火呈跳跃式蔓延而进一步加速林火蔓延，也可能引燃坡脚可燃物形成新火

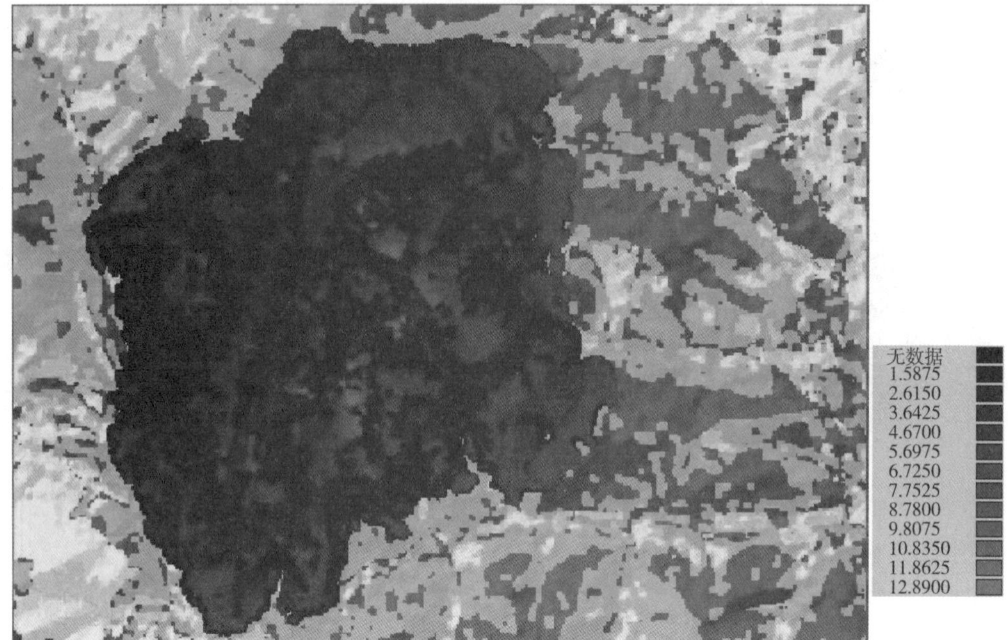

图 6-9　蔓延速度分布示意(m/min)

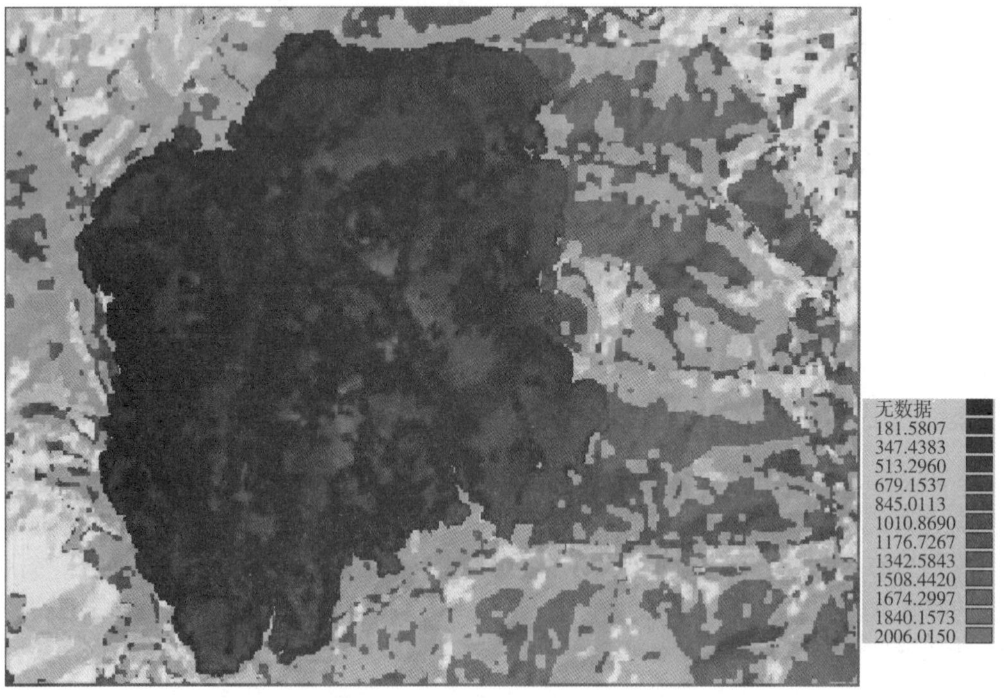

图 6-10　火线强度分布(kW/m)

图 6-11　火线长度示意(m)

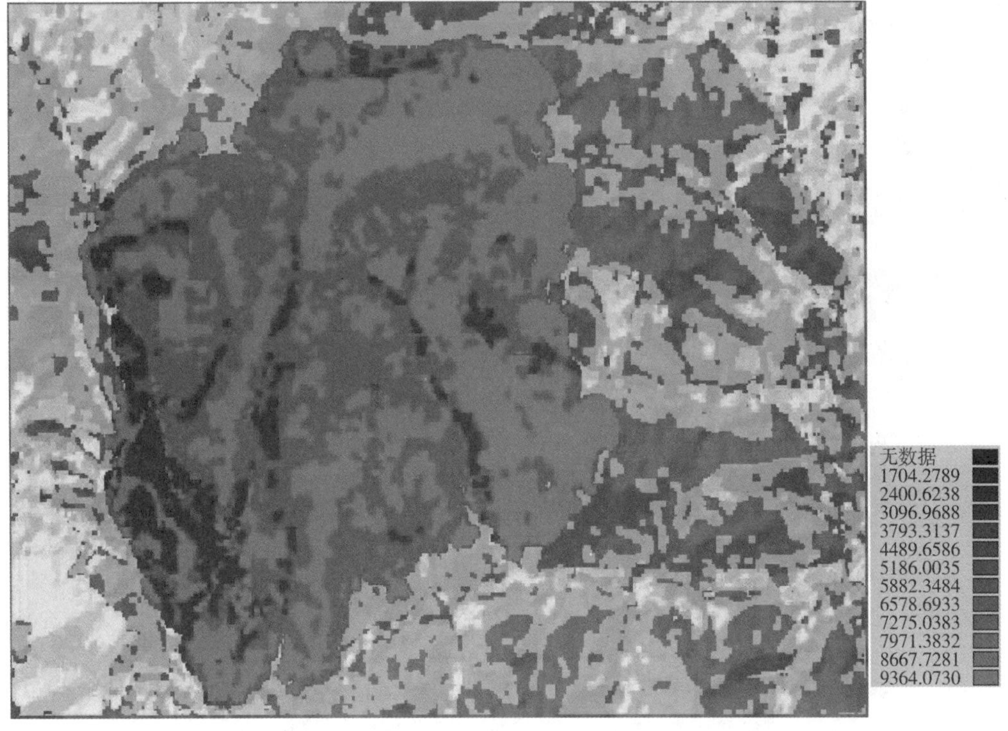

图 6-12　热量释放分布(kJ/m^2)

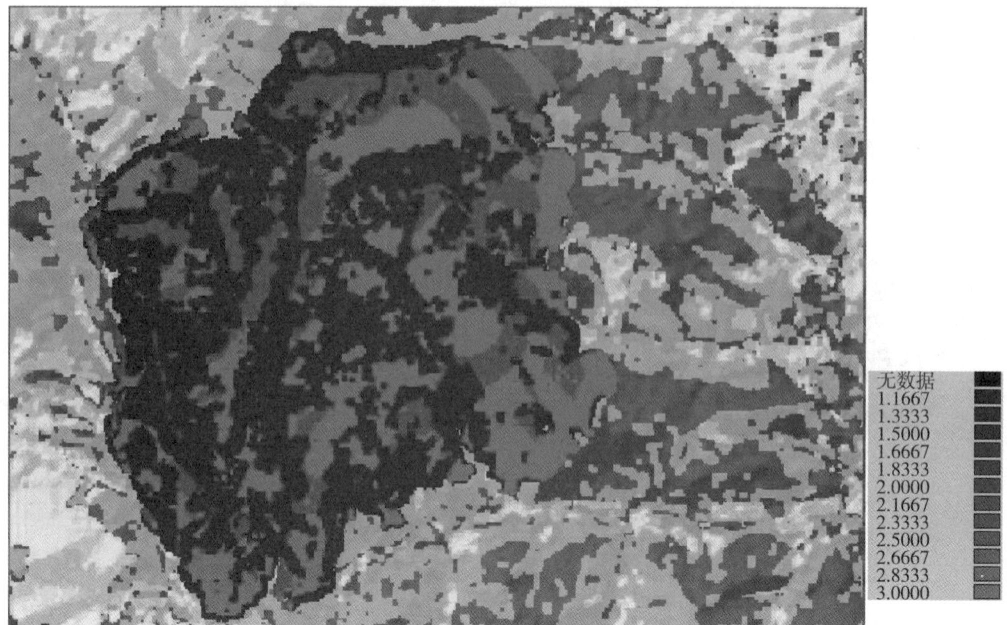

图 **6-13**　树冠火概率分布

图 **6-14**　蔓延方向分布

场，造成火场情况复杂，扑救困难。坡向影响火蔓延主要体现为可燃物分布情况和含水率高低，阳坡草类多，可燃物含水率低，干燥易燃，火势强，蔓延速率快，阴坡多为茂密林地，湿度大，可燃物含水率高不易燃烧，火势弱，蔓延较缓慢。风速能减低湿度和可燃物含水率以及补充燃烧需要的氧气，增加火蔓延速度，甚至引发特殊火行为。

按火线每两小时达到的范围计算，草甸区域火线扩散比其他林分扩散快，是因可燃物种类的燃烧性存在差异，草类易燃，燃烧蔓延快，针叶林和阔叶林较慢。根据白兰(Byram)公式和昌特莱尔公式可知火线强度与蔓延速度、火焰长度(高度)密切相关，蔓延速度快、火焰长度(高度)大的区域也是火线强度高的区域。极少部分区域的蔓延速度达到10~13m/min，这部分区域大多是森林—灌丛—草甸交界的区域，存在一定的坡度以及当时风速达到4m/s以上，是烧除过程中风速最高的时段，以致这部分区域的蔓延速度到达了较高水平。图6-10火线强度分布情况、图6-11火线长度分布情况与图6-9蔓延速度分布情况相似，只是数值存在差别。

可燃物热值是影响烧除热量释放高低的首要因素，热值高则相同载量下的热量释放量高。落叶松和樟子松的枯枝、落叶、朽木等的热值在19~21kJ/g，蒙古栎、白桦的枯枝、落叶、朽木等的热值在17~19kJ/g，薹草的热值在17~18.5kJ/g，虽然薹草的热值较低，但燃烧速率快，所以释放的热量高。草甸区域的热释放量最高，其次是针叶林，最后是阔叶林。

阔叶林、针叶林由于设置了枝下高，发生树冠火的概率较小，森林—灌丛—草甸交界区域有可能促发树冠火，草甸没有设置枝下高，软件默认为发生树冠火。图6-14所示的火蔓延方向与坡度、坡向和风速有关，极少部分区域蔓延方向变化较快。

FARSITE软件可应用的范围广，依据坡度、坡向、海拔地形信息和树高、胸径、郁闭度、枝下高、树冠密度等植被信息以及灌木层、草本层和腐殖质层载量信息、气象数据进行模拟，根据软件输出模拟结果中的火线强度、火线长度、蔓延速率、释放热量高低、树冠火发生概率以及蔓延方向变化，进行划分火险区域的等级、分析火行为特征等工作。本研究应用FARSITE软件进行计划烧除模拟，输出结果以图形的方式直观地展示了计划烧除过程中相关的火行为，计划烧除工作人员关注火线强度高、火线长度长、蔓延速率快、热量高、树冠火发生概率大及蔓延方向变化的区域，提前开展相关的预防工作，避免计划烧除跑火，将获得更好的防火效果和生态调控作用，为林火管理和森林生态系统管理提供理论依据。

第 7 章 中国林火分区施策

7.1 国内外发展概况

目前，世界各国都非常重视火险区划分工作，并采取了多种多样的方法进行研究。20 世纪 70 年代后期，加拿大的瓦格那(1987)根据加拿大月火灾危险天气指标，将其划分为 7 个带，并绘制了全国森林火灾分布图。20 世纪 70 年代，美国在其南方林区，也以县为单位，按火源出现等级图划分了 7 个等级，并用不同颜色表示火险等级，而且美国南方林区进行防火规划时采用了此法。加拿大和美国都划分了各自国家的不同可燃物类型。美国还建立全国 21 个可燃物模型，这些为我国林火分区提供了理论依据。

我国的火险区划分开始于 20 世纪 50 年代，主要集中在东北林区。最早划分火险区是 50 年代中期，由中国科学院林业土壤研究所王战、王正非将东北林区划分为 3 个不同火险区。50 年代后期，东北林学院按林型划分了大小兴安岭火险等级，并依据不同林区的气候条件、主要树种和火灾等资料，将全国划分为 7 个火险区；进入 80 年代，又划分了东北林区大兴安岭和长白山林区的可燃物类型。

在小兴安岭自然保护区按林型燃烧性划分火险等级，按河流系数、次生林区和农田系数划分火险亚级。在 1990 年，吉林林学院提出按小班测树指标和火源综合班得分确定林班火险等级指标，此方法已通过鉴定。1991 年，林业部林业规划设计院依据森林燃烧环理论、正交设计和数量论理论，以县为单位，划分了 3 个火险等级，其指标主要有过火面积、森林面积和蓄积量、树种或树种组的易燃性、降水量、温度、风速(为防火季节月平均数量)、农村人口密度和道路密度，在全国提取 500 多个县(局)、林场资料，制定了全国火险区划标准，并在全国执行。

森林火险区划，应以大的生态系统为单位划分不同火险区，采用大的植物区为基本单位，按照植被区内火的性状特点以及火的作用和影响划分不同火险等级区。森林火险区划的依据主要有林火行为、森林分布及其类别、气候条件、火源条件等。林火行为是森林燃烧的重要指标，在森林火灾历史中，需要掌握森林火灾指标(森林火灾发生率、年森林燃烧率、年过火面积和平均每次森林火灾面积)；森林分布及其类别中优势树种起着极其重要的作用。森林燃烧主要是地表火，所以说，地被物是主要燃烧对象。森林结构及其类型中乔木起着主导作用，不同优势树种对林下植物的种类数量以及地被物的种类都起关键性的影响作用；火源条件主要影响发火和消防条件。人口密度、道路网密度以及各地林火控制能力和林火管理水平等因素直接或间接影响火源条件。对中国森林火险分区进行细化，对于林火管理、火险预报等具有重要意义。

7.2　中国林火分区的目的和意义

中国地域辽阔、自然条件十分复杂，人均所占森林资源水平较低，人工林和次生林所占比重较大，森林火灾比较严重。中国的林火受年际间的气候变化和区域性可燃物分布的影响，有明显的时间和空间分布规律。林火次数较多和受害面积较多的林区主要集中在东北和西南一些省份。受大气环流和季候季风的影响，中国的森林火险期也有明显的季节性变化。人为因素是引起森林火灾的主要原因。中国的森林防火工作，是以 1987 年 5 月 6 日发生的震惊中外的大兴安岭特大森林火灾为转折点，在总结经验教训的基础上，不断研究探索森林火灾的特点和规律，全面加强管理和技术防范，逐步提高森林火灾的综合控制能力，使火灾损失有了明显的下降。

中国位于北半球，受大气环流和季风类型的影响，东北、内蒙古、南方、西南有不同的森林火险期。受大气环流和气候季风的影响，中国南北各大林区的森林火险期形成了明显的季节变化。一般，东北、内蒙古林区防火期春季从 3 月中旬到 6 月中旬，紧要期为 4~5 月；秋季防火期从 9 月中旬到 11 月中旬，紧要期为 10 月。南方和西南林区防火期为 11 月中旬到翌年的 5 月底，紧要期多在 2~4 月。西北林区(主要是新疆)防火期从 4 月到 10 月，紧要期在 7~9 月。遇有特殊干旱气候，防火期的一般规律改变，南北方的夏季也发生森林火灾，且损失更为严重。

据统计分析，历年来森林火灾次数最多、受害面积最大的省份主要是：黑龙江、内蒙古、云南、广西、贵州、四川，而火灾在这些省内也是分布不均的，多集中在部分重点地区的 100 多个重点县(市)。在中国的南方，森林火灾的发生次数比较多，而在东北和内蒙古，森林火灾的受害面积比较大。森林火灾次数最多的是云南、广西、福建、湖南、浙江、贵州、广东、四川、江西等省(自治区)，发生火灾次数占全国火灾次数的 80%以上。按大的林区划分，南方林区占火灾总数的 52%，西南林区占 37%，西北林区占 6%，东北、内蒙古林区占 4%，其他少林区仅占 1%。森林火灾受害森林面积最大的省(自治区)是黑龙江、内蒙古、云南和广西，以上 4 省(自治区)受害森林面积占全国的 74%；其次是贵州、四川、广东、福建 4 省，受害森林面积占全国的 20%左右。

随着社会经济的发展，受全球变化的影响，在全国范围内森林火灾表现出新的特点，主要表现为：极端天气事件发生频繁；防火期开始模糊，时间明显延长；随着天然林资源保护工程和退耕还林工程的实施，森林覆盖率明显提高，许多地区居民区与森林相互交错，林火与家火相互影响，相互威胁；随着公路、铁路的修建以及交通工具的改善，人们的活动能力大大增强，随着人们在林中活动的增加，人为火源的管理日益困难。我国森林火灾的防扑火能力整体水平不高，主要表现在：监测覆盖率不高，存在大量的育区；扑火设备工具效益不高，还主要以手工为主，航空灭火及大型扑火机具还不能广泛应用；伤亡比较大，扑火人员的培训和职业化还存在很大的不足。同时，自然条件和社会发展的不均衡性使得不同区域的森林火灾表现出不同的特点，不同地区的防火基础设施和防扑火能力具有很大的差异，而了解不同地区林火发生的特点和各地之间的差异对制定不同的管理措施和应对方案至关重要。基于这种考虑，对我国林火管理进行有效分区，是我国进行中长期规划，实现林火管理可持续全面协调发展的关键步骤。

中国幅员辽阔，人口众多，资源分布不均衡，形成了形形色色的自然条件、经济条件和社会条件，搞好全国的林火管理工作必须充分了解气候、植被、地形地貌、社会经济等特点，针对全国不同林火分区中林火的作用和影响，有的放矢地把林火管理工作搞好。为此，应该根据不同林区的特点进行林火分区，并针对不同分区的特点进行林火管理，真正做到因地因林制宜，不但要做到不同分区之间的统筹兼顾，还要具有针对性，不但要符合林火发生规律，还要与当地的社会经济发展状况相适应，既要认识林火发生过程中林火管理的主观性特点，又要深刻认识林火发生的客观规律，与之相对应，在林火管理过程中要发动全社会的力量进行宣传、教育、火源管理等，在扑救中又要认识林火发生蔓延的火行为特点，增强专业性，要以人为本，两者兼顾，才能实现全面协调可持续的发展。

7.3 中国林火分区的原则和依据

林火分区，应以大的生态系统为单位划分，要以森林火灾发生的基本规律为指导。确定划分不同分区的指标时，既要考虑到各火险区可燃物类型的构成、天气条件和地形地貌特点，又要考虑各火险区的林火管理水平和火源条件等的综合作用和影响。笔者以大的植物区为基本单位，综合考虑“中国植被区划”“中国森林分区”“中国气候区划”等分区方法，分析与森林火灾发生、扑救、管理等相关的因素，包括可燃物、温度、降水、地形、公路网、人口等，同时分析相关历史数据，包括火灾发生次数、面积、扑火人员伤亡等，把我国划分为6大分区，针对不同的分区实施不同的林火管理策略。主要依据以下基本指标，对林火分区进行划分。

林火行为：它是森林燃烧的重要指标。在森林火灾历史中，需要掌握森林火灾指标（森林火灾发生率、年森林燃烧率、年过火面积和平均每次森林火灾面积）。其中，最重要的是年森林过火面积，其次是平均每次森林火灾面积，第三是森林火灾年发生次数。

森林分布及其类别：森林是森林燃烧的物质基础，森林中优势树种起着极其重要的作用。森林燃烧主要是地表火，所以说，地被物是主要燃烧对象。笔者认为，在森林结构及其类型中乔木起着主导作用，不同优势树种对林下植物的种类数量以及地被物的种类都起关键性的作用。一般地说，在什么树种下就有什么植物，因此，要根据优势树种、森林覆被率和林木蓄积量划分森林的可燃物类型。

气候条件：气候条件直接或间接影响森林燃烧的火环境。火环境是森林燃烧的重要条件。首先是森林气候，森林气候是发生森林火灾的环境条件，在森林气候区域内，那些属于半湿润区的森林更干旱、更容易发生森林火灾。湿润区的森林相对来说难以燃烧。其次是火灾季节，如火灾季节月平均降水量、月平均气温、月平均相对湿度和月平均风速等直接影响发生森林火灾的难易程度。在非森林气候区，如温带荒漠和青藏高原，前者森林分布在海拔2000m以上的高山林区，后者森林分布在河谷。因此，它们不会发生森林区内的大火，也不会烧毁大面积森林。

火源条件：火源条件主要影响发火和消防条件。人口密度、道路网密度以及各地林火控制能力和林火管理水平等因素直接或间接影响火源条件。

基础设施和扑救火能力：包括防火林带长度、公路网密度、扑火人员数量、设备数量、通信设备数量等。

地形特点：地形特点与火行为和伤亡情况密切相关。

7.4 中国林火分区概述

7.4.1 东北区域

7.4.1.1 自然地理和林火概况

该区包括内蒙古、黑龙江、吉林和辽宁4个省(自治区)。该区域总面积19701万hm^2，其中，林业用地面积7785万hm^2，有林地面积4818万hm^2，森林覆盖率25.8%，活立木总蓄积量366676万m^3；总人口12956万人，人口密度65.8人/km^2；森林消防专业队伍26339人，半专业队伍98335人。

本地区总的地貌除长白山部分地段外，地势比较平缓，森林组成以落叶松、红松、云杉、冷杉、樟子松等针叶树种为主，又混生多种优良阔叶树种，包括椴树、水曲柳、黄檗、核桃楸、榆树、槭树等；桦木和山杨是针叶林下的伴生树种和先锋树种；在谷地和河川两岸有大青杨和钻天杨。

该区森林火灾季节为春、秋两季，其中，春季火灾季节长，一般为3~6月；秋季火灾季节为9月中旬至10月。春季火灾季节中，5至6月中旬为戒严期，而秋季，9月中旬至10月中旬为戒严期。另外，在夏秋季的干旱期也可能发生较严重的森林火灾。

该区森林火灾特点是春季容易发生大面积森林火灾，主要原因有三方面：一是该区处于半湿润区、干旱区，气候比较干旱，春季火灾季节长，降水量小，仅占全年降水量10%左右，加上春季多大风天气，一旦发生火灾，多形成特大森林火灾。二是该林区草本植物很发达，沟塘草甸约占20%。此外，兴安落叶松林林冠稀疏，林下阳光比较充足，阳性杂草丛生，兴安落叶松成过熟林又居多，林下有大量杂乱物和较厚的腐殖质层，一旦发生森林火灾容易迅速蔓延又难以进行扑救和清理。三是该林区位于高寒地区，地广人稀，交通极不方便，公路网密度小，其中还有部分林区尚未开发，有些地方方圆百里无人烟，加之该林区控制火灾能力薄弱，又存在一定数量的自然火源，一旦发生森林火灾很难被扑灭，往往酿成特大森林火灾，森林火燃烧最长的达一个半月甚至2个月之久，因此，要迅速提高该林区的林火控制能力。

该区域是我国国有森林资源分布最为集中的地区，也是我国森林火灾的重灾区，防火任务重，雷击火多，易发生重特大森林火灾。在东北内蒙古国有林区，境外火、草原火对森林资源威胁严重，通信盲区多，通信能力差，路网密度低，路况差，通行能力弱，及时扑救困难。

该区森林火灾面积居六大区之首，年均过火面积达274433hm^2，而火灾次数仅为505

起，居六大区的第三位，而雷击火次数居六大区之首，年均雷击火次数达 60.63 起，年均伤亡为人数为 7.25 人，居六大区第五位。由于该区具有较长的边境线，与多个国家接壤，因此也有一定数量的境外火。

7.4.1.2 林火发生特点和林火管理策略

该林区是我国最危险的火险区。该林区由于属于半湿润区，气候干旱，植被易燃，火源复杂，又存在一定数量的自然火源，地广人稀，交通不便，林火控制能力薄弱，容易发生森林火灾，尤其是春季干旱时间长，常有大风，往往容易酿成特大森林火灾。综合分析该区主要林火特点，相对于其他分区，其管理策略主要包括以下几个方面。

(1)大面积森林火灾频发，亟须加强航空灭火及提高监测覆盖率。该林区地广人稀，交通不便，往往因扑火人员不能及时赶到火场而酿成特大森林火灾，所以要充分利用直升机不受地形和道路限制的特点灭火。增加直升机的数量，发挥直升机的多种功能，运送扑火人员，吊桶灭火、运水清理火场等。利用直升机直接灭火和运载化学药剂灭火，迅速提高灭火水平，力争将火扑灭在萌芽状态。除此以外，飞机还能承担航空护林等多种任务。同时，要增加瞭望塔的密度和地面巡逻的密度，减少盲区，实现早发现早扑救。加强火场应急通信能力和大型防火装备水平，提高航空消防能力。

(2)雷击火发生频率较高，且多在偏远山区，扑救难度大，亟须开展雷击火的预测和预报，及时发现雷击火。根据多年统计，雷击火主要发生在 5 月或 6 月。另外，该林区雷击火多在雷暴天气发生。引起该地区火灾的是锋面雷暴，这种雷暴进入该林区有 3 条路线，即东路、中路和西路。需要掌握 5 月或 6 月是否有雷暴、干雷暴，并掌握其路径，对其进行预防，并组织飞机和扑火队员，一旦发生雷击火立即降落将火扑灭。

(3)由于该区腐殖层较厚，有大量的草甸沟塘分布，在长期干旱条件下，易引发地下火。因此，需要提高地下火的探测和扑救能力。可以利用热红外成像仪对地下火进行探测，进而有效扑救。

(4)近年来夏季森林火灾发生频繁，对树木伤害大。要提高夏季火源管理能力、林火灾的监测水平及扑救能力。监测全球增温及区域降水的变化，将夏季森林火灾的预测及防控能力提高到更高的水平。

(5)综合森林防火规划。进行综合森林防火规划，要从森林生态角度出发，既要考虑到不同森林生态系统中火的作用和影响，又要考虑火在生态系统中的地位；既要考虑设计的科学性、先进性，又要考虑其适用性、可行性，力争在短期内迅速提高林火控制能力，使森林火灾受害面积迅速下降，提高该林区林火管理的总体水平。综合利用生物防火、计划烧除、多种防火隔离带等措施，既要能够快速扑救大面积森林火灾，又要减少损失和伤亡。

7.4.2 西南区域

7.4.2.1 自然地理和林火概况

该区包括四川、云南、贵州、重庆、广西、西藏 6 个省(直辖市、自治区)。该区域总面积 26030 万 hm^2，其中，林业用地面积 9311 万 hm^2，有林地面积 6118 万 hm^2，森林覆盖率 23.8%，活立木总蓄积量 622455 万 m^3；总人口 24916 万人，人口密度 95.7 人/km^2；森林消防专业队伍 13031 人，半专业队伍 122548 人。

该区域是我国重要的林区之一，气候类型复杂，森林类型多样，海拔高，山高路险，林区交通不便，通信和瞭望塔覆盖率低，森林火灾频发，有境外火威胁，火灾扑救困难。

该林区地形复杂。地带性植被为常绿阔叶林，以青冈和栲属为主，针叶树有云南松、细叶云南松、思茅松等，其植被带谱分明。本地区降水主要来自印度洋的孟加拉湾。由于山高谷深，森林和土壤垂直带谱明显。特别在谷地，气候干热，有热带干旱植被，狭窄的谷地则湿度较大。在深谷中，常保存近湿润型的常绿阔叶林。本地区降水的季节分配很不均匀，有明显的湿季和干季。11 月到翌年 4 月，6 个月的降水量只有全年总降水量的 5%~15%，东南部和西部则在 15%左右。雨季一般从 5 月下旬或 6 月开始到 10 月结束。

该区虽然为亚热带常绿阔叶林区，但是气候比东部干旱，为半湿润区。气候干燥，尤其是干季，火源数量多，又有易燃的云南松广泛分布，所以森林火灾多且严重。该区山高，交通不便，人口分散，火源多，林火发生次数多。

森林火灾发生季节为干季。火灾比较严重季节主要在 2~3 月，刚从雨季转为干季时，草本植物枯黄，易燃。但灌木体内含水分较多，难燃。此时开展计划火烧，火强度较小，对林木生长发育影响较小。而 2~3 月连续干旱时间长，林下灌木体内含水分小，一旦发生火灾，火强度大，危险性高，火对林木生长发育影响也大，损失也严重。海拔高度也影响火灾季节。一般低海拔地区火灾季节较长，而高海拔地区的火灾季节相对短些。因此，海拔高处，气温低，相对湿度大，转暖时间晚，森林火灾季节向后推延。

在该区发生的火灾种类多为地表火，而在一些针叶林内有时也发生树冠火或冲冠火，尤其是云南松和思茅松林，人工针叶林有时也可能发生比较强烈的树冠火。因为气温较高，微生物活动强烈，地下枯枝落叶极容易分解，所以一般不发生地下火，少数高山有云冷杉林分布，林下有大量腐殖质积累，也有可能发生腐殖质火，对森林危害严重。但这种火只发生在极其干旱的年份。一般来说，高山火比较容易扑灭，但因山高，交通不便，扑火人员不能及时赶到火场，造成巨大损失，在高山峡谷发生的林火更难扑救，易造成大量人员伤亡。

7.4.2.2　林火发生特点和林火管理策略

该林区是我国重点火险区。森林火灾次数多，面积也大，损失也较严重。要提高林火管理水平，降低森林火灾的影响，必须加强该林区的林火管理。该区主要有以下几个特点和应对措施。

(1)该区海拔高、地形复杂，扑火人员伤亡严重。该区年均扑火伤亡人数为 77.5，居各大区之首。扑火伤亡人数与可燃物状况、地形特点及气候特点密切相关。该区域森林大都分布在大坡的山区，扑救难度大，易造成人员伤亡。因此，针对人员伤亡，除了客观因素外，也要加强扑火队员的培训和演练，提高个人和指挥员的素质，减少老、弱、幼、残及没有经过训练人员的扑火数量。

(2)加强航空扑火能力。该区处于高原，地形复杂，交通不便，一旦发生火灾，往往酿成大灾。为此，在该区最适宜采用航空灭火。飞机因不受交通条件和地形的限制，能快速将人员和灭火物资运到火场。该区山高林密，有些地方坡度陡，应选择使用直升机，短距爬高性能要好，要以采用索降开辟机降点或在林区事先开辟出临时机降点。还可以采用飞机喷洒液态化学灭火剂、水灭火和进行人工降雨灭火来提高飞机灭火功效。

(3)对扑救难度极大、扑火人员和飞机均无法到达的区域以监测控制为主，可以有效减少伤亡，降低损失。该区海拔3000m以上的区域占西南分区的56%。其中，森林在3000m以上的区域占森林总面积的36%，对于这些区域，航空灭火和航空巡护存在很大的局限性，对于直升机的起降和安全性均具有很大的挑战性。因此，对于海拔高、扑火队员徒步和航空无法达到的区域以监测控制为主。但对于这些区域物限定需要进一步根据客观条件和经验进行划定。

(4)境外火发生严重。该区域是我国境外火发生最严重的区域，主要发生在广西和云南，要采用开展国际合作，开设边境防火隔离带等措施防范边境火入侵。

(5)海拔高、地形复杂，监测、通信难度大。加强建设林火预测预报网、通信网和监测网络。增加瞭望塔的密度，增加地面巡逻的范围，在较短的时间内，尽快提高林火的控制能力，使森林火灾明显下降，林火管理水平迅速提高。

(6)该区域民族成分复杂，不同民族生活、生产用火习惯有很大的不同，因此，开展广泛的社会教育和宣传对控制火源，减少人为火的发生至关重要。该林区火灾次数多，火源复杂。但其中绝大多数火源是人为用火不慎引起的。加强群众防火工作，健全各级护林防火组织机构，使防火的法令法规家喻户晓，使广大的林区群众都重视森林防火，人人成为森林卫士。

(7)外来物种紫茎泽兰对当地的森林防火工作提出了很大的挑战。紫茎泽兰是我国西南地区分布面积较大、危害最为严重的外来有害杂草。紫茎泽兰原产于美洲的墨西哥至哥斯达黎加一带，大约20世纪40年代，紫茎泽兰由中缅边境传入云南南部，至目前为止，云南80%面积的土地都有紫茎泽兰分布。西南地区的云南、贵州、四川、广西、西藏等地都有分布，以每年10~30千米的速度向北和向东扩散。该物种生长速度、扩散快、燃烧性强、地表连续性高，一量发生火灾，蔓延迅速，易引发树冠火，扑救难度极大。在适宜的条件下有计划开展计划火烧将有效降低地表紫茎泽兰的载量，降低火强度，减少人员伤亡。

(8)计划烧除与生物防火林带建设相结合。要大力造林，绿化荒山荒地，提高森林的覆被率。在营造森林时，要选择好树种，针阔叶搭配，做到在提高森林生产率的同时也提高森林的抗性。在针叶林周围应有常绿阔叶林带，保护针叶林免遭火灾危害。在针叶林下，选择耐火灌木和草本植物降低森林的燃烧性。此外，在近山区栽种果树和其他经济树种，在提高经济收入的同时改善生态环境，既活跃山区经济，又有防火作用，一举多得。火也是一种可以利用的工具和手段，尤其是该区有大面积的云南松林，它本身有较强抗火能力，可以在云南松林内开展计划火烧，减少可燃物，降低林分燃烧性。使营林用火有章可循；严格控制未受过培训人员用火和一切未经批准的野外用火。

7.4.3 西北区域

7.4.3.1 自然地理和林火概况

该区域包括陕西、甘肃、宁夏、青海、新疆5个省(自治区)。该区域总面积30914万hm^2，其中，林业用地面积4517万hm^2，有林地面积1364万hm^2，森林覆盖率5.8%，活立木总蓄积量 91209 万 m^3；总人口 9282 万人，人口密度 30 人/km^2；森林消防专业队伍 2212 人，森林消防半专业队伍 39586 人。

该区域林区相对分散，干旱少雨，生态脆弱，地广人稀，瞭望监测覆盖率和通信覆盖率低，基础设施差，森林火灾防控能力弱。

本地区属干旱地区，但境内高山仍有森林分布。本地区处于欧亚大陆中心，气候干旱，为荒漠、半荒漠地区。本区境内有不少高山，如天山、祁连山、阿尔泰山以及南侧的昆仑山和阿尔金山。这些高山有较多的降水，气温较低，有森林分布。本地区气候的主要特点是干旱少雨。本地区有高大的山岭，辽阔的盆地和巨大的沙漠、戈壁。在海拔高 1200~2200m 的山地有森林分布，主要在阴坡，阳坡为草原。森林优势树种主要有西伯利亚红松、西伯利亚云杉、西伯利亚落叶松和西伯利亚冷杉，另外还有欧洲山杨。本区以西伯利亚成分为主，到盆地边缘有欧洲黑杨自然分布。昆仑山处于内陆中心，垂直带谱中除星散分布(天山)云杉外，基本上无森林带，海拔 3500~4000m 的荒漠草原带中有锦鸡儿。

胡杨林分布在南疆一带。随立地条件的变化，燃烧性变化很大。生长在河流两旁的胡杨林，由于水分充足，林木生长旺盛，干材通直，枝叶茂盛，体内含水分多，因而不易燃。生长在干旱沙地上的胡杨林，由于干形弯曲，枝叶变形，体内含水分较少，因而易燃。在阿尔泰山地区的西伯利亚红松，枝、叶、干都含有大量松脂和挥发性油类，林下多生长易燃杂草，故该林分易燃。天山东部的西伯利亚落叶松树枝易燃，林下也有一些喜光杂草可燃。此外，有些杨、桦、柳林下有大量落叶，可燃；一些落叶阔叶树也属于可燃范围。比较难燃类型为雪岭云杉和冷杉林。云冷杉的枝叶干均含有挥发性油类，自然整枝不好，容易着火燃烧。但由于云冷杉树冠深厚、荫蔽，林下又有一些藓类覆盖，凋落物细小紧密，化冻晚，易保持林下湿度，一般情况下不易燃，只有在连续干旱的天气条件下才能发生火灾，还有发生树冠火的危险。

该区的森林火灾成带性分散于各大山系。各大山系的阳坡多为草原植被，阴坡和谷地以及伊犁河谷盆地多为暗针叶林，易发生地表火。一旦在连续干旱天气条件下形成森林火灾，也容易烧入暗针叶林。由于暗针叶林自然整枝不良，容易由地表火转变为树冠火，对森林危害严重。火强度高，破坏力大，因此，过火后的森林难以恢复。

该区森林火灾多为牧业用火不慎引起的，其次为吸烟和野外用火不慎引起的。此外，还存在部分自然火源，主要原因是该地区森林火灾季节较晚，夏季多有雷暴出现，加之气候干旱，降水量少，植物易燃。干雷暴容易形成雷击火。雷击火的发生也有其规律性，根据其开展雷击火的预测预报工作，就可以有效地控制雷击火的发生，减少森林火灾带来的巨大损失。

该区的森林火灾季节比较长，从 4 月至 10 月，历时 7 个月。森林火灾高峰期集中于夏季，主要原因是该地区属于荒漠，气候十分干燥，森林多分布在高山，高山的气候寒冷，融雪晚，故森林火灾季节集中于夏季，又因为南北跨十几个纬度，南北差异大，森林火灾季节由南向北推移。南疆胡杨林林区的森林火灾季节在 4 月或 5 月，天山森林火灾季节在 7 月或 8 月，阿尔泰山集中在 7~9 月。森林火灾最盛季节为夏季的 7、8、9 月。

该地区面积占我国国土面积的比例比较大，然而森林面积不大，且多分布在山地上。森林火灾次数不多，年平均发生森林火灾次数为 116 起，年森林过火面积为 2280hm^2，火灾次数和面积均是我国最小的区域。

7.4.3.2 林火发生特点和林火管理策略

该区属于荒漠区，但山系的森林是该区涵养水源的所在。天山山系的雪水是该区水的来源。维护山地森林对于维护该区的生态环境具有十分重要的意义。为此，搞好森林防火和保护好该地区山系森林对发展生产和维护森林生态良性循环都具有重要的现实意义。

(1)加强火险预报和雷击火预报。在重点火险区和各大山系有林区，开展林火预测预报工作，使森林防火工作人员对其做到心中有数。因为该区森林防火季节长，森林防火工作人员可以依照林火预报结果及时采取针对性的防火措施，有效地预防森林火灾。在各大山系的有林地区，气象因子变化较大，直接或间接影响林火预测预报的精度，因此应适当增加各大山系气象台站的密度。此外，该地区有一定数量的雷击火，找出雷击火的分布区，同时摸清雷击火发生的条件、时间和特点，对雷击火进行预测预报，才能更有效地控制雷击火的发生，减少该区森林火灾的数量和损失。

(2)加强航空护林。该区面积大，人烟稀少，交通不便。在各大山系人烟更少，交通更不方便，最适宜开展航空护林，以便及时发现火情，及时报告，力争打早、打小、打了。

(3)森林火灾在该区的发生是成带性的，主要集中在几个大山系，且多在海拔2000~4000m的阴坡。抓住森林火灾这一特点，重点设防，严加控制，就可以大大降低森林火灾的危害。

7.4.4 东南区域

7.4.4.1 自然地理和林火概况

该区域包括山东、江苏、上海、浙江、福建、海南、广东7个省(直辖市)。该区域总面积7051万hm^2，其中，林业用地面积3365万hm^2，有林地面积2944万hm^2，森林覆盖率37.2%，活立木总蓄积量121810万m^3；总人口34276万人，人口密度486人/km^2；森林消防专业队伍16163人，半专业队伍164308人。

该区域地域跨度大，林业经济发达，人口密度大，人员活动频繁，干旱季节易引发森林火灾，林区火险预测预报能力较弱，林火监测体系有待加强。

该区地带性植被为热带雨林、季雨林、常绿阔叶林以及落叶阔叶林，主要是常绿阔叶林，群落层次复杂，层外植物多，有板根、气根。山地则具有垂直带植被类型，有平地的季雨林、雨林，山地的雨林、常绿阔叶林及针叶林等，有东部地区偏湿性的类型和西部地区偏干性的类型，有较长的干旱季节。主要土壤类型为砖红壤，北部为赤红壤，滨海地带为滨海沙土。

除了北部区域外，该区森林燃烧性与其他各区相比较是低的，主要原因有3个：一是该地区大部分属于热带雨林和山地雨林，林内湿度大，其相对湿度不低于75%。未遭受破坏的森林是不容易燃烧的，林木体内含有较多水分，是不易燃烧的。二是该区处于热带，气温高，微生物活动能力极强，大量凋落物能快速分解。在林地没有可燃物积累，即使发生森林火灾，火强度也不高，且容易扑灭。三是热带雨林、季雨林林分结构复杂，层次多，形成多层郁闭，加上该地区年降水量大。林内保持一定湿度，不容易发生森林火灾，发生火灾也比较容易扑灭。该地区一般易燃类型多属被破坏的次生草本群落和杂灌丛、部分人工营造的海南松林、引种的松林以及一些稀树草原等。

森林火灾在该区多发生在旱季的季雨林、落叶阔叶林和针叶林中。森林火灾次数较多，大约每年平均发生1807起，年过火森林面积为23522hm^2。森林火灾季节主要集中在旱季，即每年10月至翌年4月。火灾高峰期为1~3月。该地区热带风暴或台风较多时，年森林火灾次数少，面积也小，相反则增加。在北部区域由于森林覆盖率较低，火灾次数处于各区中等水平，以人为火为主。

7.4.4.2　林火发生特点和林火管理策略

该区自然环境较优越，火灾次数、火灾面积及伤亡人数等均居中等水平，经济较为发达，人为活动频繁，主要以人为火为主。但该区域南北狭长，区域内火险期、森林覆盖率等差别大。

（1）加强森林火险的预测预报。该区多台风，多暴雨，森林火灾的发生与降水有密切关系，该区域南北差别大，防火期每年一般从南向北推移，逐步过渡。因此，了解该区域内天气和物候变化对森林火灾发生的影响至关重要。

（2）开展生物防火与营林防火，有效控制火灾发生。该区应尽快发展林业，恢复森林，改善环境，促进生态良性循环，同时大力开展生物防火和营林防火。木荷为常绿阔叶林中阻火性能最强的树种，它的枝、叶、干都有一定的阻火能力，该区的许多地块选它作为防火林带树种。木荷落叶可以燃烧，但燃烧非常缓慢。在不同地区，木荷分布受海拔高度的影响较大。木荷被火烧伤后，树干有较强萌芽能力。在适应生长的海拔高度范围内，它能够生长在比较干燥的立地条件上。在山脊上种5~6行木荷树就可以阻止树冠火的扩展。

7.4.5　中部区域

7.4.5.1　自然地理和林火概况

该区包括河南、安徽、湖北、湖南、江西5个省。该区域总面积8701万hm^2，其中，林业用地面积4271万hm^2，有林地面积3158万hm^2，森林覆盖率33.3%，活立木总蓄积量125915万m^3；总人口33355万人，人口密度为383人/km^2；森林消防专业队伍6393人，半专业队伍70548人。

该区域是我国重要的集体林区，森林覆盖率较高，人口密度较大，林农交错，生产生活用火频繁，火灾发生频率高，防火机具装备条件差，防火专业队伍不足。

该区气候炎热湿润，降水量1000~3000mm，全年生长期逾300d，为我国亚热带常绿阔叶林区。该区人口众多，物产丰富。常绿阔叶树有山毛榉科、樟科、金缕梅科、山茶科和大戟科；针叶树种有马尾松、杉木、铁杉等，高处有华山松和黄山松等。

该区多为低山丘陵，森林垂直分布明显。该区森林类型多样，树种丰富。低山丘陵以常绿阔叶林为主，混有落叶阔叶树。南部以季风常绿阔叶林为代表性植被。有一些较大面积的纯林，但多数为几个树种组成的混交林。在较高山地有多种阔叶树林，树种十分丰富。

该区针叶树种较多，分布也很广。它们体内含有松脂和挥发性油类，一般比阔叶树易燃。但是，不同的针叶树的生物学特性和生态学物性不同，其燃烧性也有明显的差异。如马尾松为该区分布最广的针叶树种，生长在比较干旱、土壤瘠薄的山脊阳坡，经常作为先锋树种侵入各类空地，形成非常易燃的林分。若分布在立地条件较好的地段，同时又混生有大量阔叶树时，其林分燃烧性下降。在该区的碱性土壤和石灰岩地区，生长大量侧柏。侧柏枝叶含有挥发油类，加之生长缓慢，也属于易燃类型。

该区地带性植被为亚热带常绿阔叶林。因气温高，水量充沛，植被又为常绿阔叶林.一般情况属于不燃或难燃类型。但是，由于该区森林环境长期遭受人为干扰和破坏，从而大大提高了森林的燃烧性。

该区主要森林火灾季节是冬春两季。但在长江中游的一些地区，伏旱也能发生森林火灾。另外，该区森林不集中，多发生小面积地表火。只有远山区和大面积人工针叶林区才有可能发生较高强度的火灾。由于该区人口稠密，交通比较发达，人为火源多，因此林火发生次数也多，为全国之首。

从火源分析，以农业生产用火不慎引起森林火灾为最多。因此，只有做好群众性防火工作，并不断改进农业耕作方式，才能有效地控制林火的发生，因该地区人口多、交通比较方便，该区发生的森林火灾多为地表火。在人工马尾松林和杉木林区，因连续干旱可能发生树冠火。一般不发生地下火，其原因是该区气温高，湿度大，有利于土壤微生物的活动，地面枯枝落叶容易分解，不易形成较厚的腐殖质层。进一步组织群众，提高群众扑火技术，可以使森林火灾的损失进一步下降。

该区森林火灾发生次数多，平均每年发生林火 3183 起，居各大区之首。年均过火森林面积 24849hm^2，但平均每次过火森林面积小，是全国平均每次火灾面积较小的地区。人员伤亡比较大，年均 40. 38 人，均各区第二位。

7. 4. 5. 2　林火发生特点和林火管理策略

该林区是我国森林面积大且分散的地区。林火发生次数最多，年过火面积比较大。提高该区的林火管理水平，对于保护好现有森林，发展林业具有十分重要的意义。该区面积大，人口稠密，交通比较方便，地处我国长江中下游，林区分散，农林交错，森林面积大，大多属于人工林。单次森林火灾过火面积小，主要原因是农林交错，森林分割，人口稠密，发现、扑救及时。针对该区的特点提高林火管理水平的措施有以下几项。

(1)全面规划，抓住重点。为了进一步加强该区的森林防火工作，要全面开展森林防火规划设计，明确目标。根据该区面积大，森林分布广而分散的特点，进行全面的森林防火规划，抓住重点。如该区的天然公园、风景林区和许多经济林、水源涵养林、水土保持林，在发展国民经济、保护生态环境方面起着非常重要的作用，要进一步做好这些林区的森林防火规划设计。

(2)加强群众防火，改善农业生产用火方式。该林区林火发生次数为全国之冠。要想使火灾发生次数有明显减少，必须广泛宣传，使山区群众人人重视森林防火。制定各种规章制度，尤其在森林防火季节，严格管理火源，对农业生产用火和炼山造林等有明确规定，同时制订法律，以法治林，依法治火。只有提高该林区群众护林防火意识，火灾次数才会明显下降。

(3)保护森林旅游资源，搞好风景林防火。该林区有许多名山大川和旅游胜地，在这些地区保护好森林旅游资源成为首要任务。要搞好这些名山大川的森林防火规划，这些地区的防火不仅要具有一般森林防火要求，同时还有其本身的特点。风景愈好，游人愈多，就愈应该在导游过程中广泛宣传防火的重要性，对游人要有用火规定，使游人自觉注意护林防火。此外，对名胜古迹和名树古树要倍加保护，损害或破坏者应重罚，并制定游览须知作为处罚的依据。在规划防火设施，维护自然环境时，不应破坏风景。各种森林防火设施在造型时应注重考虑与自然景观的协调，如瞭望塔修建成庙宇式或亭阁，而且要色调相配，多营造防火林带以控制火灾的扩展。在游览区要分区分段设巡护和扑火人员，特别是火险高的地段，目的是一旦发生山火能及时扑灭，保护好旅游资源。

(4)大力开展生物防火。该林区气候温和，降水充沛，树种繁多，多为常绿阔叶林。充分开展生物防火，用防火林取代防火线。防火林带树种很多，要力求适地适树，特别是大面积营造人工针叶丰产林，一定要设置常绿阔叶防火林带，这既有利于防火，又有利于防治病虫害和防止水土流失。在大面积远山飞播马尾松林中考虑集中营造常绿阔叶林。在选择防火树种时，既要考虑阻火性能，还要考虑树种的防护效能和经济价值。

7.4.6 华北区域

7.4.6.1 自然地理和林火概况

该区域包括北京、天津、河北、山西4个省(直辖市)。该区域总面积3747万hm^2，其中，林业用地面积1650万hm^2，有林地面积802万hm^2，森林覆盖率15.7%，活立木总蓄积量26840万m^3；总人口12222万人，人口密度为326人/km^2；森林消防专业队伍9320人，半专业队伍60182人。

该区域名胜古迹众多，北京是我国的政治文化中心，火灾影响大。森林防火专业队伍少，装备差，林区通信覆盖率相对较低。

该区气候特点是夏季湿润，冬季寒冷、干燥，该区年降水量500~600mm，东部山区超过700mm。高山降水量更高。土壤为棕色森林土和褐土，黄土高原还有一种黑垆土。

该区森林多为次生林和人工林。植被以落叶阔叶林为主，针叶林在沿海一带栽种有赤松，在山地有油松、华山松、白皮松、侧柏、桧，在亚高山地带有华北落叶松，青杆和冷杉等。该区是一个少林的地区，这与长期的人为干扰和自然条件有关。在自然条件方面，降水量虽有500~600mm，但降水的季节很不均匀，有漫长的冬春干旱季。夏季又多暴雨，降水的年变率很大。天长日久，陡峻山地土壤冲刷殆尽，有些终于成为石质山地，森林恢复更新更加困难。向阳坡地形成相对稳定的半旱生型的荆棘灌丛，成为偏途顶极群落。

华北地区仅在华北山地有超过海拔2000m的山体，表现有明显的植被垂直带谱，一般在海拔1500m以下的山地主要是落叶阔叶林，特别是落叶栎类。一般在海拔1500~2500m，有亚高山针叶林，主要有臭冷杉、青杆、白杆、华北落叶松。海拔2500m以上则为亚高山草甸带。

该区森林多次遭受到人为破坏，多形成次生林，林相残缺不全，森林分布极不均衡，林中空地多，树木低价值、低密度或为灌丛状，大大增加了森林的燃烧性。该区地带性森林有落叶阔叶林，由杨、桦、槭、柳和白蜡树等阔叶树组成，其燃烧性中等。一般秋后阔叶树落叶后容易着火。但随着时间推移，阔叶树的凋落物较快被分解，只有在比较干燥的立地条件上生长的栎林容易着火。如北部的辽东栎、蒙古栎和槲栎，南部的麻栎、栓皮栎均易燃。

该区营造的多为人工针叶林，即油松林，它种植在干旱的立地条件上，加之油松枝、叶、干都含有大量树脂和挥发性油，极易燃，大大增加了森林的燃烧性。但是，由于森林分布分散，人口密度大，交通比较方便，限制了森林火灾的发生发展，故森林火灾损失较小。

引起森林火灾的火源绝大多数是人为用火，但随季节不同，火源种类也不同，春季大多数为农业生产用火，秋季多为小秋收、采药材、野外用火，此外，还有吸烟、工业副业用火。该区发生的森林火灾种类多为地表火。一般田缘、荒草坡和林缘、空地引火蔓延至林内，火强度较小，面积也不大。只有在人工针叶林、油松林可能发生树冠火，给森林带来较大损失。此外，该区有的山区有较大面积的各类栎林，幼年叶干枯不脱落，在冬春季干旱季节，也有可能发生冲冠火或树冠火。由于这些栎类有较强的抗火能力和较强的萌生能力，森林火灾过后不久又能萌发。

该区森林火灾季节长，夏季为雨季，一般不发生或很少发生森林火灾，春、秋、冬季均可发生森林火灾。每年的2~4月为森林火灾多发期。该地区每年发生森林火灾149起，年均过火面积3328hm^2左右，次数和面积均为我国较少的区域。因为人口较稠密，交通比较方便，森林又分散，所以很少发生大面积森林火灾。

7.4.6.2 林火发生特点和林火管理策略

该区人为火源较多，因此森林多次遭受破坏，多处形成秃山、矿质山和黄土高原，连年水土流失，淤塞河道。为此，在此区应大力发展林业，重视林火管理，达到涵养水源、保持水土的目的。该地区的林火管理有以下几种主要措施。

(1)保护好现有林，加强火险区划。该地区原生林残存甚微，有林地面积不大。保护好现有林免遭森林火灾危害是当前的迫切任务。这些林区也是该区的重点火险区，应对这些林区做好重点防火区划，以它们为基地不断发展林业，促进该区生态的良性循环。

(2)发动群众，搞好群众性防火。该区人口密度大，森林火灾发生次数不多，但大都是人为火源。所以，在重点林区和火险区应进一步动员群众，发动群众，搞好森林防火工作。这是发展生产的重要措施之一。同时，要严格控制野外用火，有目的地制订农业和牧业用火规定。

(3)开展生物防火与营林防火，有效控制火灾发生。该区应尽快发展林业，恢复森林，改善环境，促进生态良性循环，同时大力开展生物防火和营林防火，提高森林覆被率。

华北的荒山区飞播的绝大多数树种是油松。由于油松本身含有大量树脂，非常易燃，其幼年又与杂草、灌木混生，一旦发生火灾，将严重影响飞播造林的保存率。因此，在一定面积上应飞播带状难燃的阔叶树种，这样既有利于隔火，又有利于控制病虫害、改良土壤。为了增加森林覆被率，加快绿化该地区，在造林规划时应考虑森林防火。在常绿针叶林周围增加防火林带。此外，在进行各项营林措施的同时，也应做好营林防火工作，增强森林阻火功能。

另外，该区人口较稠密，交通也较方便，可大力开展生物防火，发展农林间作、林果间作、林药间作，繁荣山区经济。在重点林区增加森林防火工程建设，提高森林自身对森林火灾的控制能力，使森林火灾损失降低到最小限度。

参考文献

柴瑞海，赵雨森，杜秀文，1988. 大兴安岭林区草甸火顺风蔓延模型的研究[J]. 东北林业大学学报(04)：90-94.

除多，2003. 基于 NOAA AVHRR NDVI 的西藏拉萨地区植被季节变化. 高原气象，22(增刊)：145~151.

邓湘雯，文定元，张卫阳，2002. 山脊防火林带透风系数的确定. 中南林学院学报，22(2)：62-65

杜军，2001. 西藏高原近 40 年的气温变化. 地理学报，56(6)：682-690.

段文霞，朱波，刘锐，等，2007. 人工柳杉林生物量及其土壤碳动态分析. 北京林业大学学报(02)：55-59.

关德新，朱廷曜，2000. 树冠结构参数及附近风场特征的风洞模拟研究. 应用生态学报，11(2)：202-204.

郭平，康春莉，田卫，等. 2002 . 草地可燃物床特性与草地火行为的关系. 干旱区研究，19(4)：13-16.

胡海清，孙龙，国庆喜，等，2007. 大兴安岭 1980—1999 年乔木燃烧释放碳量研究. 林业科学，43(1)：82-88.

焦燕，胡海清，2005. 黑龙江省 1980—1999 年森林火灾释放碳量的估算. 林业科学，41(6)：109-113.

金可参，居恩德，1990. 林火管理知识问答. 哈尔滨：黑龙江出版社.

阚振国，张昊，2004. 谈西藏林区森林灭火的对策. 防护林科技(4)：48~49.

寇晓军，林其钊，王清安，1998. 山地林火特征与扑救的若干问题. 火灾科学，7(2)：35-42.

李华，杜军，田晓瑞，2002. 黑龙江大兴安岭林区森林草类可燃物潜在能量研究. 火灾科学，11(1)：49-51.

吕静，王宇飞，李承森，2002. 古炭屑与古森林火. 古地理学报，4(2)：71-76.

马志贵，鄢武先，杨道贵，等，2000. 计划烧除引起水土流失的定量研究[J]. 四川林业科技(01)：7-12.

欧建德，2001. 人工林防火林带网络密度的研究. 西南林学院学报，21(2)：101-103.

舒立福，王明玉，田晓瑞，等，2004. 关于森林燃烧火行为特征参数的计算与表述. 林业科学，40(3)：179-183.

宋卫国，范维澄，汪秉宏，2001. 整数型森林火灾模型及其自组织临界性. 火灾科学，1：53~56.

孙龙，赵俊，胡海清，2011. 中度火干扰对白桦落叶松混交林土壤理化性质的影响. 林业科学，47(02)：103-110.

田晓瑞，舒立福，王明玉，2003. 1991—2000 年中国森林火灾直接释放碳量估算. 火灾科学，12(1)：6-10.

田晓瑞，舒立福，阎海平，等，2002. 华北地区防火树种筛选. 火灾科学，11(1)：43-48.

王效科，冯宗炜，庄亚辉，2001. 中国森林火灾释放的 CO_2、CO 和 CH4 研究. 林业科学，37(1)：90-95.

王效科，庄亚辉，冯宗炜，1998. 森林火灾释放的含碳温室气体量的估计. 环境科学进展，6(4)：1-15.

王正非，1958. 森林火灾危险性预告与天气条件. 中国科学院林业土壤研究所林业集刊(1)：1-149.

王正非，1985. 森林气象学. 北京：中国林业出版社，372-402.

王正非，1992. 通用森林火险级系统. 自然灾害学报，1(3)：41-44.

文定元，1992. 关于防火林带几个问题的探讨. 森林防火(4)：22-23，33.

文定元，舒立福，1999. 林火理论知识. 哈尔滨：东北林业大学出版社：21-27.

徐永荣，冯宗炜，朱敬恩，2004. 武汉和天津园林植物叶片热值比较研究. 生态学杂志，23(6)：11-14.

杨美和，高颖仪，许忠学，等，1992. 过火林木受害与火环境变化的研究. 吉林林学院学报(02)：29-38.

詹超亚，魏华山，1993. 论南方林区防火林带的建设与管理. 森林防火(02)：32-34.

张家来，曾祥福，胡仁华，等，2002. 湖北主要森林可燃物类型及潜在火行为研究. 华中农业大学学报，21(6)：550-554，2002.

赵茂盛，RONALD P. Neilson，延晓冬，等，2002. 气候变化对中国植被可能影响的模拟. 地理学报，57(1)：28-38.

郑焕能，姚树人，尚德雁，1992. 谈营造多功能综合阻火林带[J]. 森林防火(03)：39-40.

周顺武，假拉，杜军，2001. 近42年西藏高原雅鲁藏布江中游夏季气候趋势和突变分析. 高原气象，20(1)：71-75.

AGEE J K，1991. The historical role of fire in Pacific Northwest Forests. Corvallis，Oregon：Oregon State University Press：25-38.

ALLISON E C，PETER Z F，JOSEPH E C，2005. Comparison of burn severity assessments using differenced Normalized burn ratio and data. International Journal of Wildland Fire，14：189-198.

AMIRO B D，TODD J B，WOTTON B M，et al.，2001. Direct carbon emissions from Canadian forest fires，1959 to 1999. Canadian Journal of Forest Research，31：512-525.

ANDERSON J A，1964. Observations on climatic damage in peat swamp forest in Sarawak，Commonw For. Rev，43(2)：145-158.

BANCROFT L，1976. Natural fire in the Everglades. In：PROC. Fire by prescription symposium proceedings. Washington，D. C：USDA Forest Service：47-60.

DROSSEL B.，SCHWABL F，1992. Self-organized critical forest-fire model. Physical Review Letters，69：1629-1632.

FEARNSIDE P M, LEAL N Jr, FERNANDES F M, 1993. Rainforest burning and the global carbon budget: biomass, combustion efficiency, and charcoal formation in the Brazilian amazon. Journal of Geophysical Research, 98(D9): 16733-16743.

FORTHOFER J, BUTLER B, 2007. Differences in simulated fire spread over Askervein Hill using two advanced windmodels and a traditional uniform wind field. In: BUTLER, BRETW, COOK, et al. The fire environment—innovations, management, and policy, conference proceedings. Fort Collins, CO: US Department of Agriculture, Forest Service, Rocky Mountain Research Station.

FRANDSEN W H, 1987. The influence ofmoisture andmineral soil on the combustion limits of smoldering forest duff. Can. J. For. Res., 17: 1540-1544.

GREGOIRE T G, VALENTINE H T, 2003. Line intersect sampling: Ell-shaped transects andmultiple intersections. Environmental and Ecological Statistics, 10: 263-279.

HOELZEMANN J J, SCHULTZ G M, BRASSEUR P G, et al., 2004. Global wildland fire emission model (GWEM): evaluating the use of global area burnt satellite data. Journal of Geophysical Research-atmospheres, 2004, 109: 14-18.

IPCC, 2001. Climate Change 2001: The Scientific Basis. Contribution of Working Group I to the Third Assessment Report of the Intergovernmental Panel on Climate Change. In: HOUGHTON J T, DING Y, GRIGGS D J, et al. Cambridge, United Kingdom and New York, NY, USA: Cambridge University Press: 881.

ITO A, PENNER J E, 2004. Global estimates of biomass burning emissions based on satellite imagery for the year 2000. Journal of Geophysical Research, 109: D14S05.

JAIN A K, 2007. Global estimation of CO emissions using three sets of satellite data for burned area. Atmospheric Environment, 41(33): 6931-6940.

KEANE R E, BURGAN R, WAGTENDONK J V, 2001. Mapping wildland fuels for firemanagement acrossmultiple scales: integrating remote sensing, GIS, and biophysicalmodeling. Internat. J. Wildl. Fire, 10: 301-319.

KIRSTEN T, SERGEY V, STEPHEN S. et al. , 2001. The role of fire disturbance for global vegetation dynamics coupling fire into a Dynamic Global Vegetation Model. Global Ecology & Biogeography, 10: 661−677.

LI Z, JIN J, FRASER R H, 2000. Mapping burning areas and estimating fire emissions over the Canadian boreal forest. Proceedings of the Joint Fire Science Conference and Workshop, Idaho, USA, 2: 247-251.

LU A, TIAN H, LIU M, et al., 2006. Spatial and temporal patterns of carbon emissions from forest fires in China from 1950 to 2000. Journal of Geophysical Research, 111: D05313.

MOUILLOT F, NARASIMHA A, BALKANSKI Y, et al., 2006. Global carbon emissions from biomass burning in the 20th century. Geophysical Research Letters, 33: L01801.

OSWALD B P, FANCHER J T, KULHAVY D L, et al., 1999. Classifying fuels with aerial photography in East Texas. Internat. J. Wildl. Fire, 9(2): 109-113.

RINGVALL A, STÄHL G, 1999. Field aspects of line intersect sampling for assessing coarse woody debris. Forest Ecology and Management, 119: 163-170.

SEILER W, CRUTZEN P J, 1980. Estimates of gross and net fluxes of carbon between the biosphere and the atmosphere from biomass burning. Climate Change, 1980, 2: 207- 247.

SPECHT R L, 1991. Changes in the *Eucalypt* forests of Australia as a result of human disturbance. Cambridge: Cambridge University Press: 177-197.

VAN Der Werf G R, RANDERSON J Y, COLLATZ G J, et al., 2003. Carbon emissions from fires in tropical and subtropical ecosystems. Global Change Biology, 9: 547-562.

VAN Wagner C E, 1987. Development and structure of the Canadian forest fire weather index system. Ottawa: Canadian forest service.

WARD D E, HAO W M, SUSOTT R A, et al., 1996. Effect of fuel composition on combustion efficiency and emission factors for African savanna ecosystems. Journal of Geophysical Research, 101(D19): 569-576.

WARREN W G, 1990. Line intersect sampling: an historical perspective. In: LABAU V J, CUNIA T. State-of-the-art methodology of forest inventories: a symposium proceedings. USDA Forest Service GeneralTechnical Report, PNW-GTR-263: 33-38.

WIEDINMYER C, QUAYLE B, GERON C, et al., 2006. Estimating emissions from fires in North America for air qualitymodeling. Atmospheric Environment, 40: 3419-3432.

WILLIAM H. Frandson, 1977. Ignition probability of organic soils, Can. J. For. Res, 27: 1471-1477.

WONG C S, 1979. Carbon input to the atmosphere from forest fires. Science, 204: 210.

ZHU Jiao-jun, LI Xiu-fen, GONDA Yutaka, et al., 2004. Wind profiles in and over trees. Journal of Forestry Research, 15(4): 305-312.

彩 图

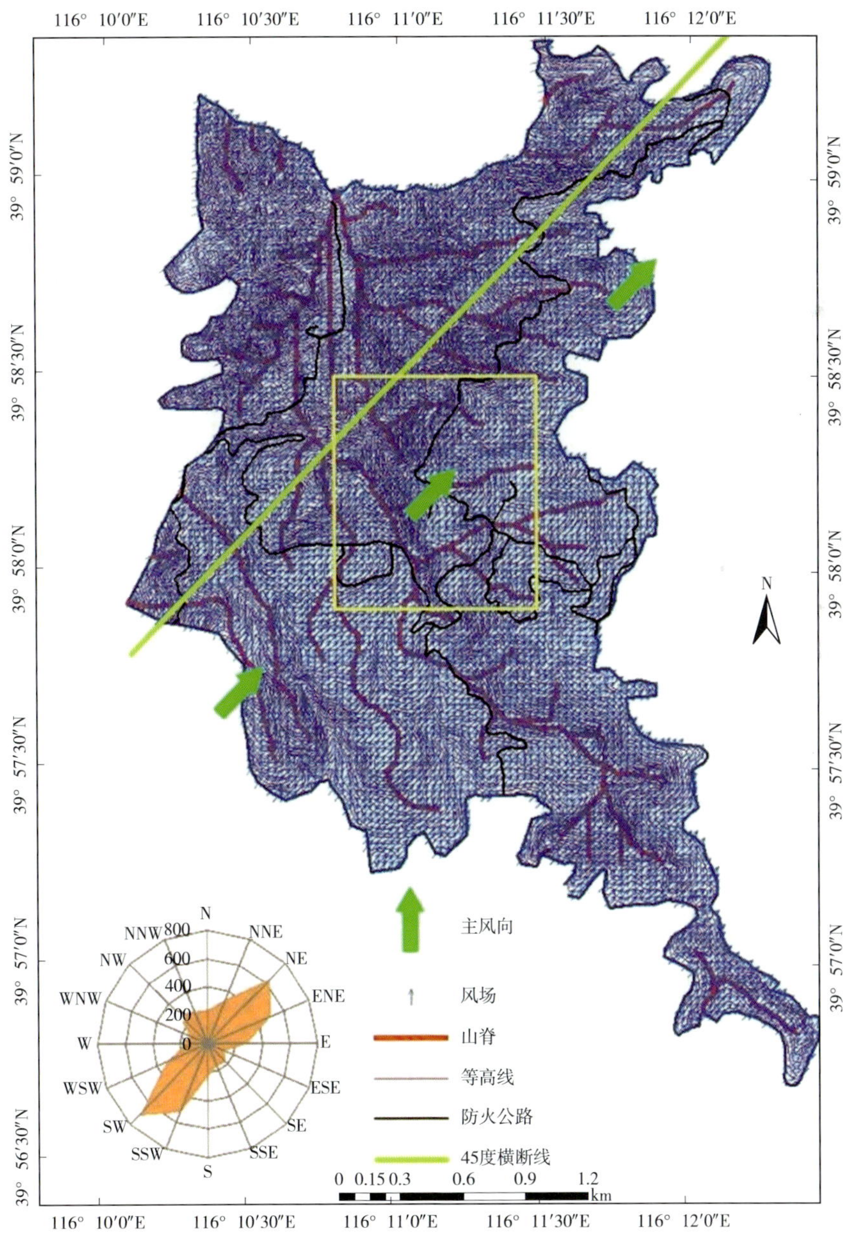

图 1-4 风速 3.6m/s 条件下的风速场

116° 10′0″E
116° 10′30″E
116° 11′0″E
116° 11′30″E
116° 12′0″E
39° 59′0″N
39° 58′30″N
39° 58′0″N
39° 57′30″N
39° 57′0″N
39° 56′30″N
N
N
NNE
NE
EN
E
ES
SE
SSE
S
SSW
SW
WSW
W
WNW
NW
NNW
800
600
400
200
0
主风向
风速（m/s）
10
2
45度横断线
防火公路
山脊
0 0.15 0.3 0.6 0.9 1.2
km

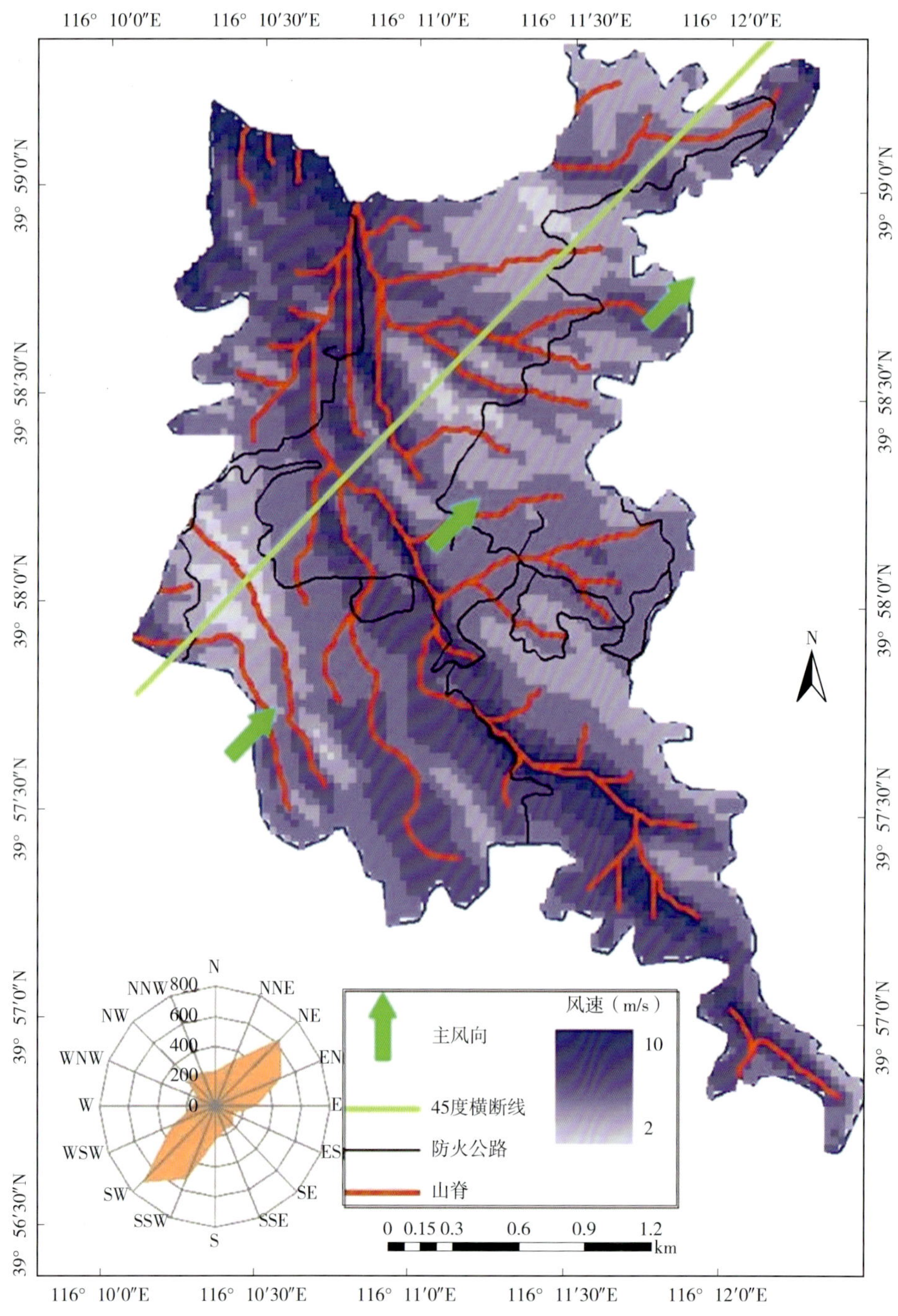

图 1-6 主风向下风速场

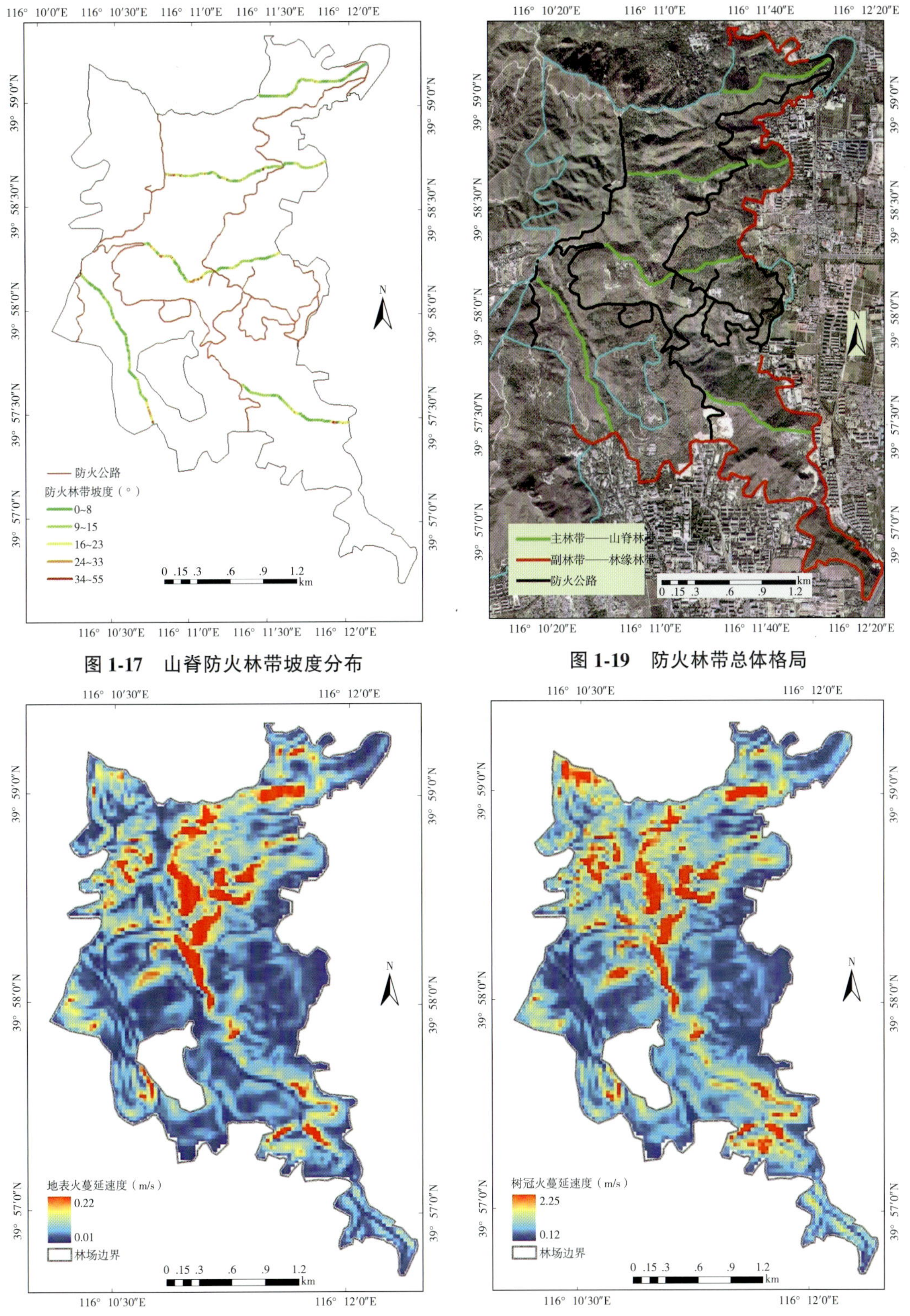

图 1-17 山脊防火林带坡度分布

图 1-19 防火林带总体格局

图 1-20 地表火蔓延速度

图 1-21 树冠火蔓延速度

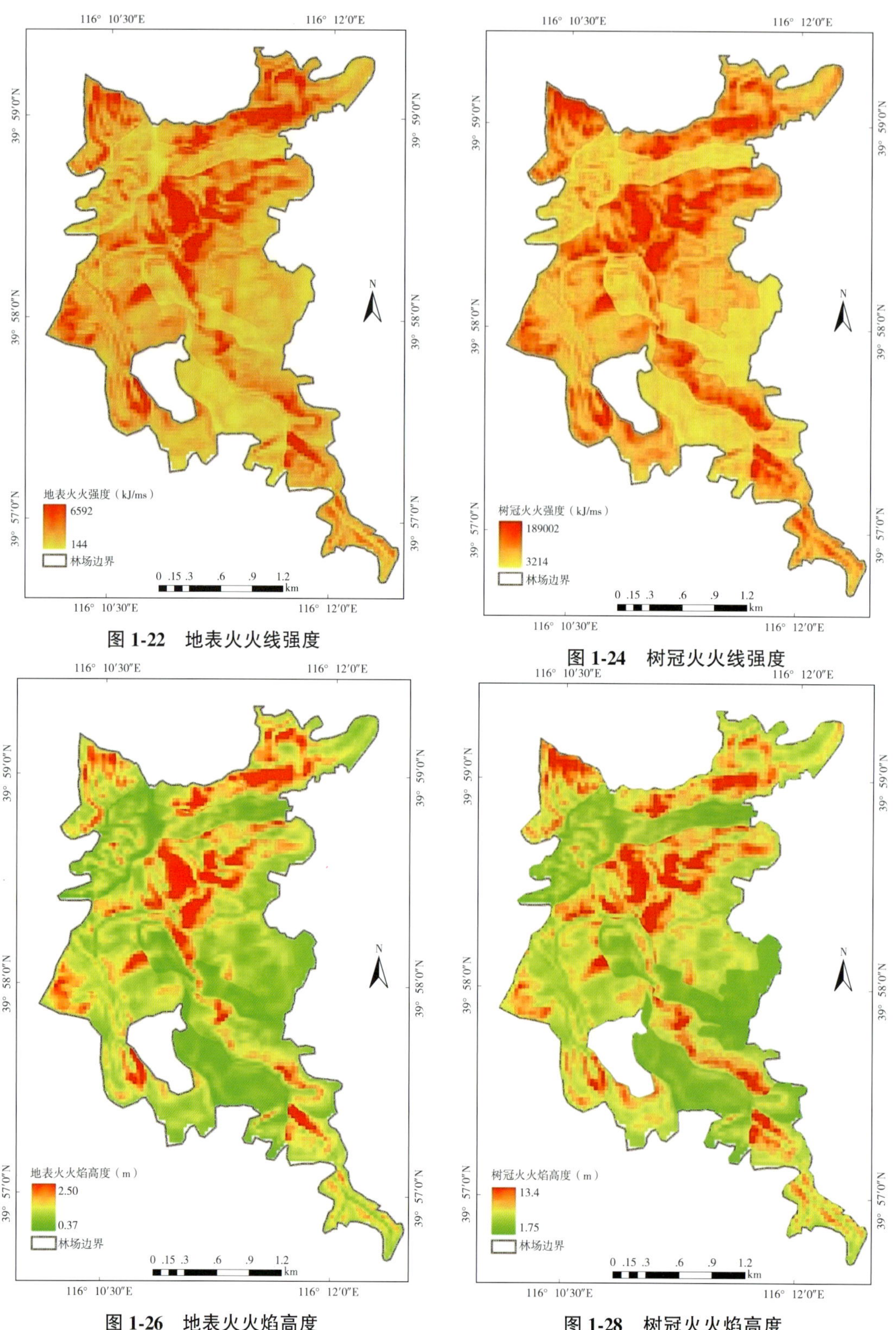

图 1-22　地表火火线强度

图 1-24　树冠火火线强度

图 1-26　地表火火焰高度

图 1-28　树冠火火焰高度

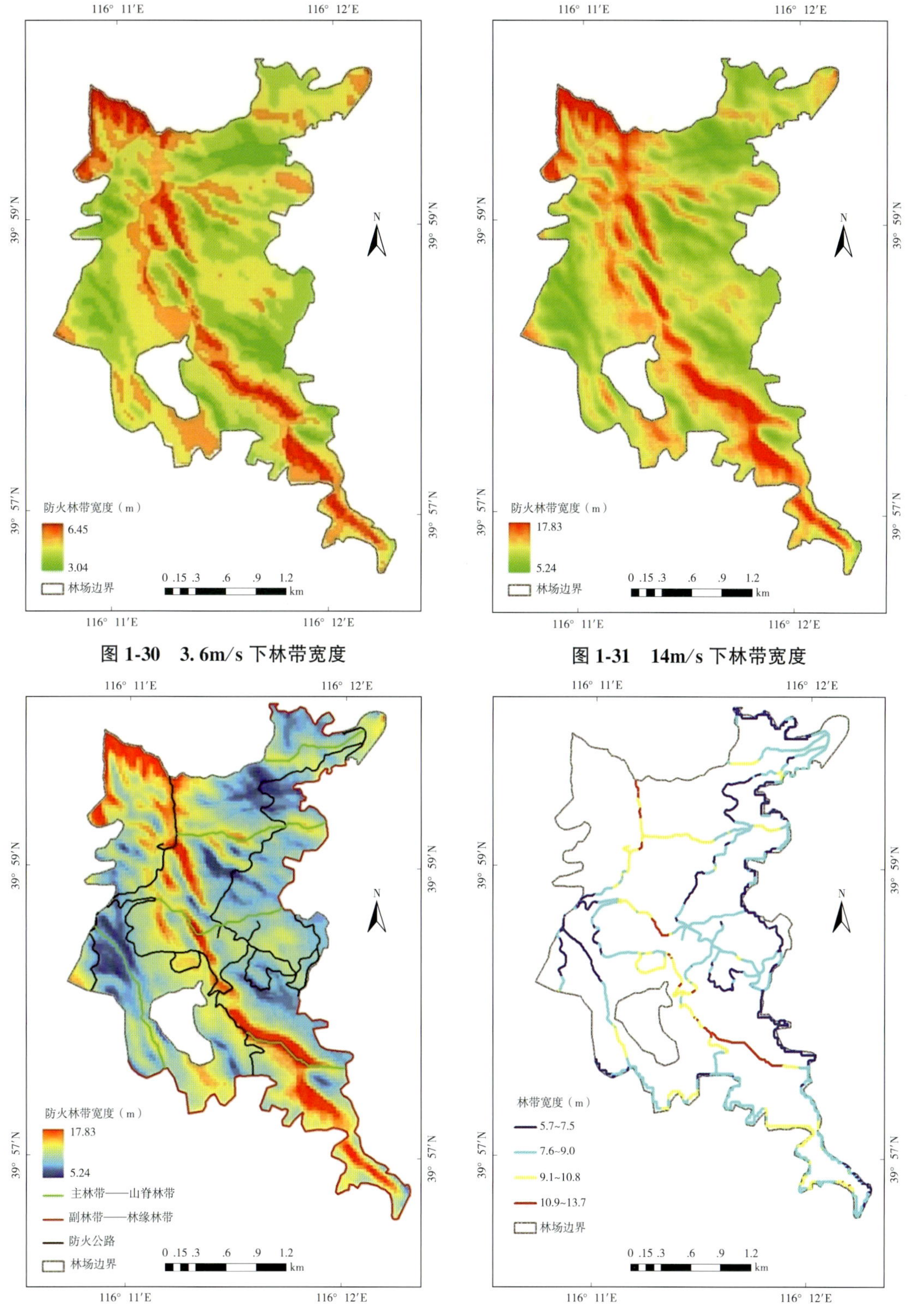

图 1-30 3.6m/s 下林带宽度

图 1-31 14m/s 下林带宽度

图 1-33 14m/s 下林带宽度

图 1-34 林带宽度分布

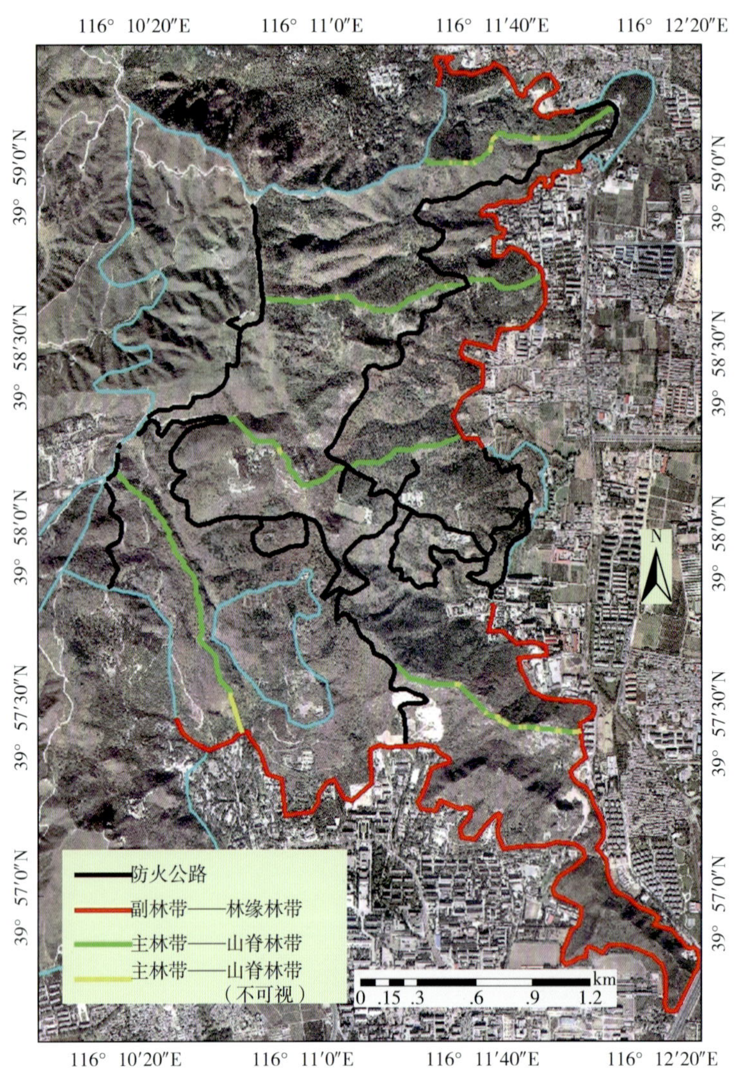

图 1-37　防火林带视域分析

图 1-39　防火林带三维效果图

图 3-22　易燃可燃物丰富，发生火灾后极易燃烧蔓延

图 3-23　林下灌木、杂草、枯落物大量堆积，一旦遇有火源，难以扑救

图 5-7 火烧实验